U0458153

# 艺术概论

## Introduction to Art

主　编　朱辉球

副主编　解　帅　岳顶聪

编　委　胡婉滢　汤红艳　徐庭丽

　　　　余一鸾　高胡琨　胡吟月

北京理工大学出版社

BEIJING INSTITUTE OF TECHNOLOGY PRESS

# 内 容 提 要

本书共分为九大模块，主要内容包括艺术的起源、艺术本质论、艺术的社会功能与艺术教育、艺术创作论、艺术作品论、艺术门类论、艺术接受论、艺术鉴赏与艺术批评。书中全面叙述了艺术的基本理论，着重介绍了各种艺术门类，如造型艺术、表演艺术、语言艺术、实用艺术和动漫艺术，语言通俗易懂，图文并茂。

本书可作为高等院校艺术类相关专业的教材，也可作为广大艺术爱好者的参考书。

**版权专有　侵权必究**

**图书在版编目（CIP）数据**

艺术概论 / 朱辉球主编 . -- 北京：北京理工大学
出版社，2023.8
　　ISBN 978-7-5763-2738-0

　　Ⅰ.①艺⋯　Ⅱ.①朱⋯　Ⅲ.①艺术理论　Ⅳ.① J0

中国国家版本馆 CIP 数据核字（2023）第 153076 号

出版发行 / 北京理工大学出版社有限责任公司
社　　　址 / 北京市丰台区四合庄路6号院
邮　　　编 / 100070
电　　　话 / （010）68914775（总编室）
　　　　　　（010）82562903（教材售后服务热线）
　　　　　　（010）68944723（其他图书服务热线）
网　　　址 / http://www.bitpress.com.cn
经　　　销 / 全国各地新华书店
印　　　刷 / 河北鑫彩博图印刷有限公司
开　　　本 / 889毫米×1194毫米　1/16
印　　　张 / 10.5　　　　　　　　　　　　　　　　责任编辑 / 李　薇
字　　　数 / 342千字　　　　　　　　　　　　　　　文案编辑 / 李　薇
版　　　次 / 2023年8月第1版　2023年8月第1次印刷　责任校对 / 周瑞红
定　　　价 / 98.00元　　　　　　　　　　　　　　　责任印制 / 王美丽

图书出现印装质量问题，请拨打售后服务热线，本社负责调换

# Preface

## 前言

　　"坚持以人民为中心的创作导向，推出更多增强人民精神力量的优秀作品，培育造就大批德艺双馨的文学艺术家和规模宏大的文化文艺人才队伍"是党的二十大报告对文艺工作的重大部署。作为艺术工作者，在理论学习和艺术实践中必须把学习贯彻党的二十大精神与学习贯彻习近平总书记关于文艺工作的重要论述结合起来，用以看待和解决学习实践中遇到的问题，自觉以如磐理想信念涵养艺术初心、以文化自信激发创造活力，推动各门类艺术创作繁荣发展、人才队伍不断壮大，使社会主义文艺百花园呈现出生机勃勃的繁荣气象。

　　艺术概论是一门研究艺术活动基本规律的课程，是以阐述艺术的基本性质、艺术活动系统及艺术种类特点为宗旨的科学体系。如果从原始艺术算起，人类的艺术活动已有数万年的历史。可以说，人类的艺术史同人类的文化史一样古老。然而，艺术学作为一门正式学科，是19世纪末叶才逐渐形成的。从总体上讲，艺术学理论的内容应当包括艺术理论、艺术批评和艺术史。对艺术发展脉络、艺术门类流派、艺术现象观念等的深入了解和研究，需要更为全面、缜密的艺术逻辑思维锻炼，对艺术概论的学习就是为了指导人们按照艺术的特殊规律进行艺术创作和艺术鉴赏，提升人们的艺术修养，充分发挥艺术的各种功能。

　　理论学习是艺术学习的重要支撑，只有对艺术理论有了一定了解才能更好地指导艺术实践活动。艺术实践必然会有艺术理论或艺术经验的产生，总结归纳又可以推动艺术的发展。之所以要学习"艺术概论"课程，就是在于提升受众的艺术综合素养，更好地指导受众的艺术实践活动，甚至在艺术理论基础上完成新的理论总结和创造。

党的二十大报告对科教兴国和文化强国建设作出战略部署，并对创作推出优秀文艺作品、培养造就高素质专业化人才提出明确要求。本书编者坚持以习近平新时代中国特色社会主义思想为指导，深入学习党的二十大精神和习近平总书记关于文艺工作的重要论述，以艺术工作者理论学习需求为出发点，以"培根铸魂、成风化人"为艺术使命，系统地阐述了艺术发展基本理论知识，为艺术创作实践提供理论支持与指导。

本书主要分为九大模块，包括：艺术的起源、艺术本质论、艺术的社会功能与艺术教育、艺术创作论、艺术作品论、艺术门类论、艺术接受论、艺术鉴赏与艺术批评。书中全面叙述了艺术的基本理论，着重介绍了各种艺术门类，例如造型艺术、表演艺术、语言艺术、实用艺术和动漫艺术。

本书的主要特点，一是努力从美学的角度来阐释艺术概念、理解艺术现象，通过图文并茂的方式，利用通俗易懂的语言，深入浅出地表达深奥难懂的艺术理论。二是编写结构系统、完整，每个模块前面都配有知识目标、能力目标、素质目标以及详细的模块导入，后面附有模块小结和练习思考，旨在夯实受众的艺术理论基础，提高欣赏艺术的技巧和能力水平。三是在全面阐述艺术基本理论的基础上，加入更多欣赏、举例的内容，力图将理论知识的学习和对艺术品的欣赏实践相结合，以求达到更佳的学习效果，提高受众的艺术欣赏水平和素养。

真正的艺术创作都是美的创造，而创造美需有一定的美的规律、艺术的规律，对艺术理论的学习就是提升艺术家美的思维与意识水平的重要途径。艺术实践不断发展，艺术理论也应不断随之变化，最终随着时代的发展而不断地增加新的内容，形成新的理论体系，因此，对待艺术的观念和视角也是随着时间和语境的变化不断丰富和完善的，本书也希望通过基础且系统的艺术理论概述，培养受众客观全面的艺术观念，以便更好地应用于自身的艺术创作或鉴赏活动。

本书可作为高等院校学生的教材，也可供广大艺术爱好者参考，帮助他们学习艺术理论知识，提高艺术欣赏水平和素养。由于编者水平有限，书中难免存在不妥和疏漏之处，敬请各位同仁批评指正。

朱辉球

# Contents

## 目录

# 模块一

## 艺术的起源

■ **知识目标：**

1. 了解艺术起源的七种观点。

2. 了解艺术起源论的几位代表人物。

3. 了解艺术起源的代表观点。

4. 了解艺术起源内容并进行论述。

5. 掌握劳动在艺术起源中的作用。

6. 掌握马克思主义关于艺术生产与物质生产发展不平衡的理论。

■ **能力目标：**

能够识记、理解艺术起源中的其他学说观点。

■ **素质目标：**

培养学生协同合作的团队精神和良好的组织纪律性。

■ **模块导入：**

关于艺术起源历来众说纷纭，各执一词。以亚里士多德为代表的古希腊哲学家们提出艺术起源于模仿，以美学家苏珊·朗格为代表提出艺术起源于情感表现，以人类学家爱德华·泰勒为代表提出艺术起源于巫术，还有席勒和斯宾塞的艺术起源于游戏，普列汉诺夫的艺术起源于劳动，等等。诸种学说都未从多元角度阐释其动因。艺术起源的前提是劳动，是以巫术为中介，且包含模仿、表现和需要的多种因素，是多种因素合力作用的结果。

艺术与人类相伴产生和发展，纵观艺术发展进程，艺术的内容与形式为经济基础所决定与制约；但特殊时期或特殊阶段，艺术与经济基础难以同步而行，艺术超越于当时经济基础呈现出繁荣景象，在艺术史上是存在的，代表性的有中国古代魏晋南北朝、19世纪的俄国。

# 单元一　中外艺术史关于艺术起源的七种观点

自古以来，人们一直有个疑问："艺术是什么？""什么才是艺术？"并不断试图找寻"艺术最初是如何产生的？"了解并解释艺术的起源，成为人们一直追寻的话题。

关于艺术起源的问题，可以追溯到冰河时代，它是一个极其漫长的过程，也让我们对艺术起源产生更深的好奇，人类最初的艺术活动在国内外都能追根溯源，从艺术是对自然的模仿而形成的到艺术的起源是将过剩的精力用于艺术中；从国外发现西班牙阿尔塔米拉洞窟到中国的岩画、壁画等古代凿刻或绘制在山崖岩壁上的图画体现原始人类企图征服野兽的愿望，与狩猎的巫术有关。更有甚者认为艺术起源于祭祀和图腾崇拜。正是由于历史悠久，在人类发展初期，人们试图用神话来解释一些无法找到答案的"神秘力量"。随着社会不断发展，科技的不断进步，研究艺术起源的专家也通过不同角度进行解释，形成了各种关于艺术起源的学说，论述各自不同的学说观点，阐述各自观点的可实施性。

中外艺术史学家关于艺术起源主要出现了以下七种说法。

## 一、模仿说

模仿说是关于艺术起源最古老的说法。最早提出这一说法的是希腊的赫拉克里特，早在 2 000 多年前，古希腊哲学家德谟克利特认为：艺术是对自然的"模仿"，他认为人们通过模仿鱼儿学会游泳；模仿鸟儿歌唱学会唱歌；模仿蚂蚁学会了搬家。人们发现一切都可以通过模仿获得，艺术起源是通过模仿而来的说法出现。

继德谟克利特之后，亚里士多德指出：所有的文艺都是模仿，"模仿"是人类的本能。这一观点的提出更加肯定了模仿学说。

无巧不成书，《管子》中就有一段话提道：音乐的音调与鸟兽的鸣声相同。作者把五声音阶跟不同动物的鸣声对应起来，说那五个音类似小猪尖叫、马嘶、牛鸣、离群羊的啼声等，音乐是模仿动物的声音而来的，为模仿说的出现再次奠定基础。

模仿说认为艺术起源于对自然的模仿，具有一定的合理之处，肯定了艺术源于客观的自然界和社会现实，具有朴素唯物主义的观点，但并未揭示本质，未能说明艺术产生的根本原因，较为片面。

代表人物及主张如下：

（1）德谟克利特（古希腊哲学家）认为艺术是对自然的"模仿"。

（2）亚里士多德（古希腊哲学家）认为"模仿"是人类的本能，所有的文艺都是"模仿"，模仿所用的媒介不同，所取的对象不同，所用的方式不同，所有的艺术都起源于对自然界和社会现实的模仿。

（3）《管子》（春秋时期）认为音乐是模仿动物的声音而来的。

## 二、游戏说

游戏说认为艺术起源于人有过剩的精力，将过剩的精力运用在艺术中，就像一种游戏。"游戏说"又被称为"席勒－斯宾塞理论"。流行于 19 世纪末 20 世纪初，代表人物有德国著名美学家席勒和英国学者斯宾塞，并以他们的名字命名。游戏说是艺术起源理论说当中较有影响力的一种理论学说。该学说认为艺术活动或审美活动起源于人类所具有的游戏本能，由于人有过剩的精力，人们常将过剩的精力运用到没有实际效用、没有功利目的的活动中，体现为一种自由的"游戏"。游戏说的贡献在于突出了艺术的无功利性，但是把艺术的起源归于游戏又过于简单化。游戏说强调了游戏冲动，对我们理解艺术的本质是富于启发的。

游戏说将艺术看成脱离社会实践的绝对自由的纯娱乐性活动，脱离了社会实践，是不切实际的，不能全面地认识艺术的起源，且偏重从生物学的意义上来看待艺术的起因，过分强调了艺术与功利的对立，有绝对化和片面性的弊病。

代表人物及主张如下：

（1）席勒（德国哲学家）的《审美书简》认为人的"感性冲动"和"理性冲动"必须通过"游戏冲动"才能有机地协调起来。

（2）斯宾塞（德国哲学家）认为人类是高等动物，比低等动物有更多的过剩精力，艺术和游戏就是人的过剩精力的发泄。

（3）布鲁斯（德国学者）认为游戏是在轻松愉快的活动中，不知不觉地在为将来的实际生活做准备或练习。

## 三、巫术说

出现于20世纪的巫术说，是西方在艺术起源上影响最大的一种理论。至今仍然占有一席之地，大量考古资料和实地考察发现，早期的造型艺术确实与巫术有关。我国现存最早的岩画以及欧洲发现的大量史前洞穴壁画都能证实这一观点，通过将大量的动物绘制在墙上、岩壁上记录，运用图腾绘画寄托内心情感，用巫术保佑自己及祈祷来年的丰收。同时，证明了前人对祈求以及图腾的信仰，巫术观念确实是原始社会的突出特征，也是具有重要影响力的原因之一。

巫术说在原始艺术绘画和雕塑艺术中表现得极为明显，如通过绘画动物形象，祈祷狩猎顺利，通过原始雕塑能表现出艺术作品对女性生殖的崇拜，运用凸显女性特征丰乳肥臀，体现原始人类对生殖器的崇拜，将巫术通过艺术的方式表现出来。

但是这种说法仍有一些不妥，原因在于审美意识早于制造工具的产生，最终还是应当归结于人类的社会实践活动，将艺术完全归结于巫术是不妥的，并具研究分析表明，并不是所有的艺术都与巫术有关。

代表人物及主张如下：

（1）爱德华·泰勒（英国人类学家）在《原始文化》中最早提出"万物有灵"的巫术理论主张。

（2）弗雷泽（英国文化人类学家）的《金枝》认为原始部落的一切风俗信仰，都源于交感巫术，巫术是原始人面对自然的一种手段，目的是作用于社会实践，所以艺术的起源最终应该归结于社会实践活动。

（3）希尔恩（艺术史学家）的《艺术的起源》认为当北美印第安人或卡菲儿人或黑人在表演舞蹈时，这种舞蹈全部是对狩猎活动的模仿。

（4）马斯·门罗（美国著名美学家）在《艺术的发展及其他文化史理论》一书中指出，原始歌舞常常被原始人用来保证巫术的成功，祈求下雨就泼水、祈求打雷就击鼓、祈求捕获野兽就扮演受伤的野兽等。

## 四、表现说

表现说认为：艺术将自己的感情感受传递前，要唤起自己内心情感，将内心情感通过艺术作品进行表现，艺术是人类传递情感的符号。

该学说起源对中外艺术起源的发展都有着重要影响，特别是对19世纪的西方文艺界影响较大，为西方现代文艺思潮的主要理论奠定基础，认为艺术是人类情感的符号形式，应该用艺术表现自我、表达艺术和情感。在西方，与"模仿说"相对，它认为艺术是为了让自己的感情感受传达给他人，所以唤起自己内心的情感，并通过艺术进行表达，与通过模仿产生艺术的理论有着不同的论点。

表现说的论点在中国文人画的发展中表现得尤为明显，艺术作品强调表现画家的内心情感，将内心感受通过艺术加以表现，这也是表现说的重要论点。

表现说认为把艺术的起源归结为"表现"脱离人类的社会实践，依旧把现象当成本质，把结果当作原因，依然是片面的。

代表人物及主张如下：

（1）《毛诗序》（东汉）认为"情动于中，而形于言，言之不足故嗟叹之，嗟叹之不足故歌咏之，歌咏之不足，不知手之舞之，足之蹈之也。"

（2）克罗齐（意大利美学家）认为"直觉即表现"，艺术的本质是直觉，直觉的来源是情感，直觉即表现。因而，艺术归根结底是情感的表现。

（3）科林伍德（英国史学家）认为只有表现情感的艺术才是所谓"真正的艺术"，艺术就是艺术家的主观想象和情感表现。

（4）列夫·托尔斯泰（俄国作家）认为艺术起源于传达感情的需要。

（5）苏珊·朗格（美国当代美学家）认为艺术是人类情感符号形式的创造，艺术品就是人类情感的表现形式。

## 五、"潜意识"说

"潜意识"说认为艺术是个人潜意识的表现，"潜意识"便是被压抑的性欲。

对"潜意识"说最有建树的代表人物是弗洛伊德，他认为潜意识是人被压制的性欲，通过艺术进行描绘，这是弗洛伊德对潜意识的看法。这一学说被用来解释原始洞窟和岩画，如《劳塞尔的维纳斯》[又名《持角杯的维纳斯》（图1-1-1）、《持角杯的女巫》]。我们会发现造型将女性特征夸大，被认为是女性崇拜和生殖崇拜。将被压制的性欲通过艺术作品表达出来。

"潜意识"说的说法还是具有局限性的，将人类文明的艺术当作性欲与繁衍的工具，依旧是"片面"的。

代表人物及主张如下：

（1）弗洛伊德把艺术看作个人潜意识的表现，"潜意识"便是被压抑的性欲。

（2）格罗塞（德国艺术史家）在《艺术的起源》中曾对原始氏族的爱情舞蹈做过描述，认为"这种舞蹈大部分无疑是想激起性的热情"。

图1-1-1　《劳塞尔的维纳斯》

## 六、劳动说

劳动说认为艺术起源于生产劳动，该学说出现于19世纪末，在我国发展迅猛，并占有一席之地。代表人物有恩格斯、毕歇尔、希尔恩等。他们认为艺术起源最初最重要的原因及动力是人类的社会实践活动，艺术是通过社会实践所产生的，比较符合艺术发展的前提。

在希尔恩《艺术的起源》中列出专章来阐述艺术与劳动的关系，强调艺术起源于劳动。1900年，俄国共产主义革命家普列汉诺夫在《没有地址的信》中系统地论述了艺术的起源和发展的问题，并且得出了艺术发生于"劳动"的观点。

人类起源与艺术起源紧密相连。因为，有了人类才有艺术，劳动创造了人，劳动也为艺术的产生提供了前提。

代表人物及主张如下：

（1）普列汉诺夫（俄国共产主义革命家）在《没有地址的信》中系统地论述了艺术的起源和发展的问题，并且得出了艺术发生于"劳动"的观点。

（2）希尔恩在《艺术的起源》中列出专章来论述艺术与劳动的关系。

（3）恩格斯认为首先是劳动，然后是语言和劳动一起，成为两个主要的推动力，在它们的影响下，猿的脑髓就逐渐地变成了人的脑髓。

### 七、多元说

艺术起源说除"模仿说""游戏说""巫术说""表现说""劳动说""潜意识说"等比较具有影响力的关于艺术起源问题外，我们发现艺术的产生是全面的、多元的。

艺术的诞生，可能就是由各个方面、各种因素促成的，所以，在追溯它产生的原因时应该从多元的角度出发。

法国结构主义学者阿尔都塞提出"多元决定论"，认为任何文化现象的产生，都有多种多样的复杂原因，而不是由一个简单原因造成的，我们应从多角度、多元性出发了解艺术起源的问题，才能客观地认识艺术起源的问题。

对于艺术起源这个复杂的问题不能用单一的原因去解释，影响艺术的方面具有多元性。

代表人物及主张如下：

阿尔都塞（法国结构主义学者）提出"多元决定论"，认为任何文化现象的产生，都有多种多样的复杂原因，而不是由一个简单原因造成。

## 单元二　原始艺术作品

古今中外美术发展史出现了各种形式多样的艺术作品。每个时代的艺术作品被赋予的意义有所不同，如果我们说艺术意味着建筑、庙宇、房屋、绘画、雕塑等，那么没有一个民族没有艺术。每个艺术作品都有它独特的魅力，由此，我们从原始艺术作品的出现进行探究。

人类早期的艺术作品最具代表性的有洞窟壁画、岩画以及原始雕塑。虽然在不同国家、领域出现，但是，它们具有很多相似之处，绘画内容大部分为动物。而刻画的人物具有母性和生殖崇拜。其中最具代表性的洞窟壁画莫过于西班牙北部的阿尔塔米拉洞窟壁画（图1-2-1）和与它齐名的法国的拉斯科洞窟壁画洞顶画（图1-2-2），又被誉为"史前的卢浮宫"。全副壁画有65头大型动物形象，有从2 m到3 m长的野马、野牛、鹿，有4头巨大公牛，最长的5 m以上，绘画生动、有趣，栩栩如生，令人叹为观止，真是惊世的杰作。同时，洞窟壁画的发现，也让我们见识到原始艺术作品的魅力。

图1-2-1　西班牙北部的阿尔塔米拉洞窟壁画　　　　图1-2-2　法国的拉斯科洞窟壁画洞顶画

通过探索，我们惊奇地发现洞窟壁画与岩画有许多相同之处，岩画（图1-2-3）就是岩穴、石崖壁面和独立岩石上的彩画、线刻、浮雕的总称。自从远古时代起，它就不断地被人类使用，作为劳动工具，也作为日常用品。岩石，同时也是世界上最早的绘画材料，古人在岩石上摹刻和涂画，来描绘人类的生活，以及他们的想象和愿望。与洞窟壁画有许多相似之处，都是在石壁、岩壁上进行绘制。据猜测，绘制内容具有祈求和祭祀的作用。

图 1-2-3    广西左江花山岩画

除了绘画艺术以外，史前雕塑也非常有特点，如法国劳塞尔的执牛角的女裸浮雕。这位女子右手拿角状器物，左手搭在稍有隆起的腹部，披肩长发，双乳、腹部、臀部突出。沃尔道夫的维纳斯（又名"威伦道夫的维纳斯"）是一尊很小的女性裸体雕像，高仅 11 cm，运用夸张的手法雕刻强调女性部位，像这样的形象还有很多。这些雕像突出女性理想化描绘，雕像的脸部无法看见，弱化脸部的刻画，迄今为止发现的原始雕刻大多为小型动物雕刻，少数人像雕刻中，裸体女性雕像占主要地位，这些女性雕像夸张女性的生理特点，体现出原始人对于母性和生殖的崇拜意识。

仔细观察发现，原始艺术作品大量表达的都是古人狩猎的场景和对母性和生殖的崇拜意识，我们所见的最初人类的原始艺术作品具有一定的审美功能，但对于最初的人类来说实用功能大于审美功能。所以，它们虽然被学者称为"原始艺术"，但实际上它们并不是建立在传统的艺术概念上的。

艺术之所以有魅力，是因为它承载着国家的历史以及文化发展和变迁，让现在的我们能够透过作品走进需要探索的那个时代，了解艺术的发展感受它的独特，感受艺术赋予的不同时代发展的意义。

# 单元三    中国原始艺术精神

艺术之所以独特在于表达的内容各有不同，自成体系，每个艺术家对艺术的呈现方式、表达内容、情感不同，具有独特魅力。艺术独特性到底在哪儿？艺术中有什么吸引我们的魅力？原始艺术为何能存留至今？所有一切，都可以从艺术精神中寻求答案。

艺术精神体现出艺术当中的精、气、神，是整个艺术构成的灵魂和关键，我们将从道、气、心、舞、悟、和六个方面进行阐述。

## 一、道——中国传统艺术的精神性

说到传统艺术精神不得不说到道家，道家侧重于大道无为，主张道法自然、天人合一。由此可见，"道"体现了天、人的统一，这与我们所看到的文人、士大夫所绘制的国画气韵不谋而合，道家思想认为宇宙天地本来的模样是将精神和物质浑然一体，与自然和谐相处，提倡无为而治，道法自然而其中精神又起到重要的作用。

## 二、气——中国传统艺术的生命性

"气"是传统艺术在历朝历代发展中的不断实践，主要代表是南齐谢赫，他在《古画品录》中提及"谢赫六法"，分别是气韵生动、古法用笔、应物象形、随类赋彩、经营位置、传移摹写，其中气韵生动是"六法"中最重要的一环，强调生动地表现画面的气韵，渐渐地已经成为中国画创作的重要标准，更成为中国古代文人追求艺术的标杆。

### 三、心——中国传统艺术的主体性

方士庶在《天慵庵笔记》里说："山川草木，造化自然，此实境也。因心造境，以手运心，此虚境也。虚而为实，是在笔墨有无间。……故古人笔墨具见山苍树秀，水活石润，于天地之外，别构一种灵奇。"宗白华认为艺术意境的创构，是使客观景物作我主观情思的象征。这种微妙境界的实现，端赖艺术家平素的精神涵养，天机的培植，在活泼的心灵飞跃而又凝神寂照的体验中突然地成就。足以凸显"心"在中国原始艺术精神中的重要地位。中国大画家石涛也说："山川使予代山川而言也。……山川与予神遇而迹化也。"

如郑板桥画竹三阶段："眼中之竹""胸中之竹""手中之竹"第一阶段是视觉中竹子外在形态——"眼中之竹"通过外在研究、观察把竹子的形态描绘出来。第二阶段是竹子外形在画家头脑中的反映——"胸中之竹"，溶入画家的审美意识和分析判断。第三阶段是"胸中之竹"物化结果——"手中之竹"，我们可以将"胸中之竹"理解为"心"。"心"更多地可以解释为胸中意气，通过表达自己内心情感，将艺术呈现。我们会发现万事万物都不外乎于心，郑板桥画竹更多的在于"心"，心在绘画中也同样具有重要地位。

艺术家以心中所想绘制万事万物，绘制山石鱼虫，所想表现的是主观的意向与客观的自然景象交融互渗，成就一个鸢飞鱼跃、活泼玲珑、渊然而深的灵境。这灵境就是艺术中的"意境"，就称为"心"。

### 四、舞——中国传统艺术的乐舞精神

中国历史上下五千年，原始的图腾绘画记录了有趣的场景，敦煌是探索中国传统文化的重要地方，中国传统艺术就是"舞"的艺术。

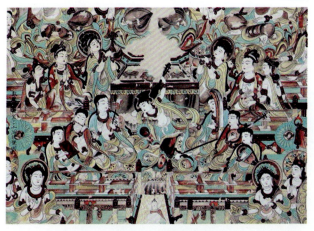

图1-3-1　敦煌壁画

据统计，敦煌存有壁画、塑像的洞窟492个。绝大多数洞窟有舞蹈形象，如在窟顶、龛楣飞舞翱翔的飞天，在天宫凭栏演乐、舞蹈的天宫伎乐（图1-3-1），在大铺经变画中居于显著地位正在真实地"舞蹈着"的伎乐天，在供养人行列中起舞、具有浓郁生活气息的舞蹈人形以及那些富于舞蹈美感的塑像、菩萨、力士等。这些舞蹈形象是现实生活舞蹈直接或折光的反映，也是中华传统文化的继承和发展，更是中国传统艺术的重要原始精神。

由于中国传统艺术是舞的艺术、乐的艺术，与绘画、书法艺术都有相通之处。所以，说我们中国传统艺术精神中具有乐舞精神。

### 五、悟——中国传统艺术的直觉思维

钱钟书先生认为："悟"是一种最自由的精神活动状态，是一种体验有得的创造性思维方式。创作艺术过程中常常会说到"悟性"，它是一种对艺术的直觉思维。

而我国佛教中的"顿悟说"强调以直觉的思维和跳跃的思维去思考问题。真正的艺术家必须是有悟性的。这是艺术家与画匠的最大区别，艺术作品要有自身的绘画语言与对艺术有敏锐的直觉感受，"悟"对一个艺术家的发展起着至关重要的作用，也决定着艺术家发展的高度。

所以说"悟"是中国传统艺术的直觉思维，也是重要的原始艺术精神。

### 六、和——中国传统艺术的辩证思维

传统的儒家、道家思想体现"和"的思想，强调"和而不同"，同时，唯物辩证法告诉我们要用发展的眼光看问题，世界是对立统一的，整体思维本身又包含着直觉思维和辩证思维。所以，"和"是指多样统一或对立统一的意思，根本上说"和"与"同"还是不一致的。

"和"是指多样统一或对立统一。这种"和"更多地强调人与社会的和谐，主张情与理的统一，与道家的"天人合一"不谋而合，艺术就是需要恰好找到那个点，把握"度"的问题，在中国传统艺术中要严格把握好辩证法的思维，将它作为人生的最高境界与理想追求。

在艺术创作中也要做到和而不同，有自己的艺术特征和风格，要找到艺术的"点"，将艺术用辩证的眼光去看待。

## 单元四　艺术发展的不平衡关系

艺术是表现美的作品，对历史、文化等有着重要的影响。艺术随着时间不断发展，每个朝代都有具有代表性的艺术作品留传于世，让我们欣赏到不同时期的艺术，但是艺术的发展与社会的发展不是成正比例的，就像我们所看到的中国被外国侵略的那些年，艺术界大放异彩的艺术家还是比比皆是，艺术并不完全依赖经济，而是具有其固有的规律性和相对独立性。简而言之，艺术与其他精神关系是相互联系的，但又相互独立，艺术的发展具有相对独立性。

艺术的发展在各个领域都有着重要的作用，艺术不会直接转化成生产力，但是艺术的作用在于间接性地不断影响文化、生活、宗教、道德、哲学等。艺术的出现也对经济的发展起到极大的推动作用。如我们所熟知的名画之一——宋代张择端所绘的《清明上河图》（图1-4-1），使人们对宋代当时的经济、文化、政治的理解更加深刻。

图1-4-1　《清明上河图》　张择端

从艺术作品中我们不难发现，经济、政治的发展会促进艺术的发展，影响艺术的发展程度和方向。

但艺术的发展与政治经济的发展并不具有一致性。不同的政治主张也会导致艺术发展出现不均衡，唐朝经济兴盛，绘画出的仕女画表现出唐朝女子的雍容华贵，如周昉的《簪花仕女图》（图1-4-2）、张萱的《捣练图》（图1-4-3）等，都能凸显出唐朝女性特征。

图 1-4-2 《簪花仕女图》 周昉

图 1-4-3 《捣练图》 张萱

图 1-4-4 八大山人绘画

清朝是中国历史上最后一个封建王朝，将中国古代封建主义专制推向高潮。然而艺术的发展出现各种代表性的流派，如"四王"（王时敏、王鉴、王翚、王原祁），他们绘画形式倾向于"摹古"，他们对传统画法了解深刻，善于绘画山水，在摹古方面，确是身体力行，他们崇尚古人，使自己的绘画风格靠近古人，在当时受到王公贵族的追捧。"四僧"（石涛、八大山人、髡残和弘仁），都是个人绘画风格鲜明的画家，与"四王"有明显的差别，这四个人都是由明入清的遗民画家，绘画带有浓烈的感情色彩。其中"石涛"所著《苦瓜和尚画语录》提出了"笔墨当随时代"的重要论述，八大山人的绘画极具代表性，以象征手法书写心意，绘画的鱼、鸟都以白眼视人（图 1-4-4），充满倔强之气，为大家所熟知。受"四僧"影响较大的"扬州八怪"[郑燮（郑板桥）、罗聘、黄慎、李方膺、高翔、金农、李鱓、汪士慎]八位画家，都是极具代表性的画家，书画往往成为抒发心胸志向、表达真情实感的媒介。艺术语言独具个人特色，艺术风格鲜明，绘画形式多样，由此可见，艺术虽受经济、政治的影响但是以其独特的发展方式不断地发展，充分地体现艺术发展的不平衡性。

艺术发展的不平衡性不仅体现在中国艺术发展中，通过研究西方艺术发展史，同样发现，18 世纪末叶的德国，一片混乱，是一个被内部纷争弄得四分五裂的国家，恩格斯把它比作一个"粪堆"；但在这个时期出现了歌德

（图 1-4-5）、席勒（图 1-4-6）等一些杰出的文学家，呈现出艺术繁荣的局面。

图 1-4-5    歌德画像

图 1-4-6    席勒画像

对艺术发展具有不平衡关系的发现，早在马克思《〈政治经济学批判〉序言》中就有指出："物质生活的方式制约着整个社会生活、政治生活和精神生活的过程。不是人们的意识决定人们的存在，相反，是人们的社会存在决定人们的意识。……随着经济基础的变更，全部庞大的上层建筑也或慢或快地发生变革。经济基础决定上层建筑，上层建筑又反作用于经济基础，在考察这些变革时，必须时刻把下面两者区别开来：一种是生产的经济条件方面所发生的物质的、可以用自然科学的精确性指明的变革；另一种是人们借以意识到这个冲突并力求把它克服的那些法律的、政治的、宗教的、艺术的或哲学的，简而言之，意识形态的形式。"因此，艺术生产同物质生产发展的不平衡现象，恰恰证明经济基础决定上层建筑并在一定程度上反映了经济发展的状况。一旦经济基础发生改变，建立于其上的上层建筑也必然发生相应的变化，以适应经济基础的变化。艺术发展离不开艺术家、政治和经济的发展，但政治、经济又不完全影响艺术，由此不难发现艺术的发展是相对独立的，又受条件制约的。

马克思在谈到古希腊艺术和史诗时就曾以希腊艺术为例：古希腊艺术是历史上人类童年时代的艺术。在人类历史上，这个时期正值原始公社解体，奴隶社会上升时期，按其生产力水平来说，还处在不发达阶段。正是这个时期，产生了古希腊的神话和史诗，在艺术成就上达到了相当高的水平，出现了艺术繁荣的局面。这种情况，将其不发达的物质生产水平和艺术繁荣的局面相比较，经济和艺术发展显然是不成正比的。这就是艺术生产与物质生产发展的不平衡关系。

马克思认为艺术发展是不平衡的，从而揭示了两个层次的不平衡：一是艺术发展的状况与一般社会发展水平的不平衡；二是某种艺术形式与整个艺术之间的不平衡。"如果说在艺术本身的邻域内部的不同艺术种类"之间有这种不成比例或不平衡的情形，那么，在整个艺术邻域同社会一般发展的关系上有这种情形，就不足为奇。

艺术家绘画形式、绘画风格和绘画作品要有自己的独立性，学习传统绘画进行艺术的加工，推进艺术的不断发展，艺术的洪流随着时代的发展而不断的推动，艺术具有自己的语言与风格。托尔斯泰曾经说过："艺术是生活的镜子。"不能脱离实际去谈艺术，将生活看作艺术的一部分，才能发现艺术的美。

艺术是不断向前发展的，我们要辩证地去理解艺术与各个学科之间的关系，艺术受哲学、宗教、道德、科学等影响的同时，艺术也在影响着它们。作为新兴一代的艺术创作者我们要发挥自己最大的努力去了解，并用自己的力量尽量发挥艺术的作用。

知识拓展：
艺术形态发展流变

## 模块小结

纵观艺术绵延数千年的历史，作为特殊意识形态的艺术，其发展既受社会基本矛盾的决定和制约，又受自身本体不同因素的影响和作用，外因和内因交织碰撞共同推动艺术前进。探究艺术变化奥秘，就是在纵横交错的关系中围绕复杂多样的因素，把握其发展规律。本模块就是从历史唯物主义和辩证唯物主义角度，追寻艺术产生的根源和中国原始艺术精神。

## 练习思考

1. 简述中外艺术史关于艺术起源的七种观点。
2. 中国原始艺术精神包括哪些？
3. 简述艺术发展的不平衡关系。

# 2

# 艺术本质论

■ **知识目标：**

    1. 了解艺术的本质，熟悉"本质"与"本体"的区别。

    2. 熟悉艺术的社会本质和审美本质。

    3. 了解艺术的特征。

■ **能力目标：**

    能够从社会层面和审美层面揭示艺术的本质。

■ **素质目标：**

    养成在学习过程中进行反思，向他人学习的习惯；培养强烈的上进心和责任感。

■ **模块导入：**

    何为艺术？不就是展览馆中精美的艺术品、演奏大厅中优美激荡的音乐，或者影剧院上演的东西吗？或许有些人会这么想，但真的如此简单吗？对这一问题的思考也已经持续千百年。千百年间，中外艺术家、哲学家、思想家都从各种角度对艺术进行了论述。这些艺术家最终对艺术的本质得出何种讨论结果？艺术的本质论与本体论又有什么不同？

# 单元一　艺术的"本质"与"本体"

## 一、艺术的本质

### （一）关于艺术的本质

我们为什么要讨论艺术的本质？说到艺术我们可以侃侃而谈，音乐、美术、书法、文学，如果这些都作为艺术本身，那如何给艺术一个定义？这就需要我们在其中抽丝剥茧，这些艺术本体中都有着怎样的共性？有着怎样的意义？又有着怎样的规律？这就是我们要了解的艺术的本质。

什么是艺术的本质？所谓"艺术的本质"，就是指艺术这种事物的根本性质，以及艺术这一事物同其他事物（如政治、经济、道德、哲学、宗教等）的内部联系。换句话说，所谓"艺术的本质"，就是艺术这种事物内部的一种规定性，这种规定性规定着艺术之所以是艺术，而不是什么其他的事物。

艺术史上对于艺术本质的基本观点有三种：一是"客观精神说"；二是"主观精神说"；三是"模仿说"或"再现说"。

（1）"客观精神说"认为艺术是理念，是客观"宇宙精神"的体现，属于客观唯心主义。代表人物：柏拉图、黑格尔、刘勰、朱熹。

柏拉图是古希腊的哲学家，他基于客观唯心主义的哲学观认为，理念世界是第一性的，感性世界是第二性的，而艺术世界仅仅是第三性的（图2-1-1）。换而言之，他认为只有理念世界才是真实的，而现实世界只是理念世界的摹本，所以艺术世界更不真实了，艺术只能算作"摹本的摹本""影子的影子""和真实隔着三层"。当然，柏拉图对艺术本质的认识理解，有值得我们借鉴的东西，那就是他力图从具体的艺术作品中找出深刻的普遍性来。

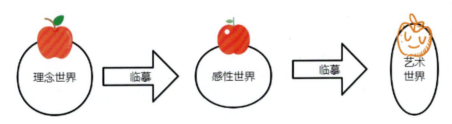

图 2-1-1　柏拉图认为的艺术本质

德国古典美学家黑格尔对艺术的本质的认识同样是建立在客观唯心主义哲学体系之上的。黑格尔美学思想的核心："美就是理念的感性显现"。柏拉图和黑格尔同是"客观精神说"代表人，虽然同样把艺术的本质归结于"理念"或"绝对精神"，但黑格尔与柏拉图也有不同的地方，这个不同的地方在于黑格尔在关于美和艺术的看法中包含了深刻的辩证法思想，他认为："理念"是内容，"感性显现"是表现形式，两者是统一的。艺术离不开内容，也离不开形式；离不开理性，也离不开感性。在艺术作品中，人们总是可以从有限的感性形象认识到无限的普遍真理。

中国在魏晋南北朝时期也有类似的"文以载道说"。刘勰的美学名著《文心雕龙》的首篇就是《原道》，认为文是道的表现，道是文的本源。刘勰在这里所说的"道"，既有自然之道的意思，也有古代圣贤之道，即善的意思。因此，他所说的"道"还是自然之道与圣人之道的统一。到了宋代，理学家在文与道的关系上更是走上了极端。在朱熹看来，"文"只不过是载"道"的简单工具，即"犹车之载物"罢了。这样一来，"道"不仅是文艺的本质，而且是文艺的内容，"文"仅仅是作为"道"的工具而已。显然，这种"文以载道说"同样把艺术的本质归结为某种客观精神。

（2）"主观精神说"认为艺术是"自我意识的表现"，是"生命本体的冲动"，属于主观唯心主义，代表人物康德、尼采。

康德是德国古典美学的奠基人，而他的美学体系主要建立在主观唯心主义基础之上。康德认为：艺术纯粹是作家、艺术家们的天才创造物。这种"自由的艺术"丝毫不夹杂任何利害关系，不涉及任何目的。康德把自由看作艺术的精髓，他认为正是在这一点上，艺术与游戏是相通的。他强调，艺术创作中天才的想象力与独创性，可以使艺术达到美的境界。诚然，康德看到并强调了创作主体的重要性，并且把自由活动看作艺术与审美活动的精髓，这些都体现出康德思想的深刻之处。但是，康德的先验论的唯心主义哲学体系，又使他关于美与艺术的论述中充满了一系列矛盾。康德的这种意志自由论成为后来的唯意志主义的思想来源之一。

上述这些哲学家大多是以自己的哲学世界观来解释艺术的本质，而尼采是从美学问题开始他的哲学活动的。尼采在他的第一部著作《悲剧的诞生》中，用日神阿波罗和酒神狄奥尼索斯的象征来说明艺术的起源、艺术的本质和功用，乃至人生的意义等，它们成为尼采全部美学和哲学的前提。尼采认为人的主观意志是世上万事万物的主宰，也是推动历史发展的根本动因。

在我国古代的文艺理论批评史上，南北朝是文学日益繁荣的时期，文学艺术抒情言志的特点得到重视。但是，这个时期有的文艺评论家把"情""志"归结为作家、艺术家个人的心灵和欲念的表现，根本否认文艺与社会现实的联系。宋代严羽的"妙悟说"和明代袁宏道的"性灵说"，也是把主观精神的表现和抒发当作文学艺术的本质特征。

（3）"模仿说"或"再现说"。西方文艺思想史上，"模仿说"一直是很有影响的一种观点。这种观点认为艺术是对现实的"模仿"，发展到后来，更认为艺术是"社会生活的再现"。代表人物亚里士多德、车尔尼雪夫斯基。

古希腊的亚里士多德在人类思想史上第一个以独立体系来阐明美学概念，他认为艺术是对现实的"模仿"。他首先肯定了现实世界的真实性，从而也就肯定了"模仿"现实的艺术的真实性。同时，亚里士多德进一步认为，艺术所具有的这种"模仿"功能，使得艺术甚至比它所"模仿"的现实世界更加真实。他强调，艺术所"模仿"的不只是现实世界的外形或现象，而且是现实世界内在的本质和规律。因此他认为，诗人和画家不应当"照事物本来的样子去模仿"，而是应当"照事物应当有的样子去模仿"。也就是说，还应当表现出事物的本质特征。亚里士多德的"模仿说"对艺术实践产生了很大的影响，从中世纪、文艺复兴直到18世纪，一直为欧洲许多美学家、艺术家所信奉。朱光潜先生曾经讲到，亚里士多德的"模仿论"曾经在西方"雄霸了2 000余年"。

俄国19世纪革命民主主义者车尔尼雪夫斯基从他关于"美是生活"的论断出发，认为艺术是对生活的"再现"，是对客观现实的"再现"①。车尔尼雪夫斯基的基本论点是艺术反映现实，但他所理解的现实生活，不仅包括客观存在的自然界，而且包括人们的社会生活，从而更加具有深刻的社会内容。车尔尼雪夫斯基进一步指出，对于"美是生活"的论断应当做如下解释："任何事物，我们在那里面看得见依照我们的理解应当如此的生活，那就是美的；任何东西，凡是显示出生活或使我们想起生活的，那就是美的。"从这个角度肯定了美离不开人的理想，肯定了现实生活是艺术的源泉，艺术家在说明生活和对生活作判断时又必须发挥自己的主观能动性。车尔尼雪夫斯基的这一理论深刻影响了俄罗斯绘画，俄罗斯1870年出现的巡回展览画派就是以车尔尼雪夫斯基的"美就是生活"为其艺术指导思想而创派。但是，车尔尼雪夫斯基机械唯物论的缺陷，使他在美学和艺术思想中充满了矛盾，尤其是他过分抬高现实美，贬低艺术美，他在一个很有名的比喻中，曾经把生活比作金条，把艺术作品比作钞票，以此说明艺术只是生活的代替品，自身缺少内在的价值，显示出机械唯物主义的偏见。

## （二）我国对艺术的观念

在我国，传统艺术与传统哲学是有千丝万缕联系的，我国儒释道三家的哲学观点对传统艺术有着深刻的影响。

（1）儒家主张艺术是仁的表现，用艺术展示君子之仁德。孔子认为，艺术要表现"人人相亲相爱"的"仁"

---

① ［俄］车尔尼雪夫斯基．艺术与现实的审美关系 [M]．北京：人民文学出版社，1979．

之美德，应当包含为人处世遵守中庸之道，表现中和之美，因此，诗可以兴、观、群、怨，不愠不怒，文质彬彬，尽善尽美。《论语·述而》中有"子在齐闻《韶》，三月不知肉味，曰：'不图为乐之至于斯也'。"朱熹集注："盖心一于是，而不及乎他也。"《韶》是一首古乐，孔子欣赏之后，三个月之内都品尝不出肉的味道，也就是说，音乐的艺术韵味在孔子的心里得到反反复复的回味，进入"物我两忘"的审美境界，这才会每次吃饭时品尝不出肉味来。孔子欣赏的《韶》乐演奏，作为一种艺术活动，能让人感受到艺术是对仁的表现，引人入胜，进入了尽善尽美的审美境界。

（2）佛家主张艺术是佛的审美表现，形成了佛教艺术。中国古代宗教艺术当以佛教艺术为多，包括寺庙建筑、塔林、石窟、佛画、藏经、版刻、金石文物、佛教文学（变文、宝卷等）、佛印、唱经、法场表演、佛像（金蝶像、铸像、雕像、塑像、瓷像、绣像、泥陶像等）、佛教舞蹈（孔雀舞、千佛手等）、佛教音乐等，以少林寺佛教艺术为代表。特别是唐代以来，一代又一代的文人墨客、艺术家和欣赏者都是在佛教艺术的熏陶之下成长，并且都通过他们各自所从事的艺术门类来创造了不少具有佛教色彩的艺术，有些诗人或艺术家本来就是佛教中人，或者在参禅的状态中完成了优秀艺术作品的创作。唐代诗人王维就有"诗佛"之称，他的诗作就不同程度地具有佛家的文化色彩，如《山居秋暝》。

（3）道家美学非常重要的一个特点是它强调审美的超功能性，主张艺术就是道的表现，用艺术追求自然、虚空之美。道家的代表人物有老子和庄子。老子以自然无为的美学观念认为，道法自然，艺术应当效法自然，做到"大音希声、大象无形、大巧若拙"。庄子继承老子的这个观点，认为天地有大美而不言，道就是天地之大美，艺术活动就应当像庖丁解牛一样，不仅表现出主体的自由创造，而且还要符合天地之大美，即道，在"坐忘"之中倾听大自然的天籁之音。

### （三）马克思主义艺术观

上面我们介绍了中国古代以及西方对艺术本质的见解，他们各有其思想的独特性，但仍旧是不全面、不科学的。直至马克思主义的出现，为我们研究艺术的本质提供正确和强大的方法论。马克思主义艺术观有六个方面[①]。

（1）艺术生产和消费，马克思指出艺术是按照生产和消费的规律来进行活动的。这就要求艺术生产者要了解欣赏者的审美需要，也要求艺术家本人具有一定的艺术修养，才能生产出符合大众审美、为大众所接受的艺术作品。艺术活动的四要素包括客体世界、艺术家、艺术作品、欣赏者，这四要素都体现在艺术家身上，艺术家观察客体世界，在客体世界中找到灵感进行艺术创作，创作出艺术作品。通过一定的物质媒介和手段传递给欣赏者。

（2）艺术欣赏和接受，马克思指出，生产直接是消费，消费直接是生产，因而艺术生产和消费直接是一致的。这就是说，艺术欣赏和接受本质上就是艺术生产和消费，欣赏者特别是接受者必然是艺术的生产者和消费者。

（3）艺术反映客观世界。马克思主义经典作家在很多场合、很多评论文章中都强调指出，艺术作为人类的高级精神活动，是社会上层建筑中的意识形态部分，必然反映该社会生活的本来面貌和发展规律，体现出历史发展的客观规律。即使艺术反映主观世界中丰富多彩的心理活动和精神现象，但最终这些主观世界的东西均被证实为是来自客观世界。物质决定精神，精神反作用于物质，物质和精神是辩证统一的。同样的，社会存在决定社会意识，人们的社会存在决定人们的精神存在，社会意识和精神存在反过来作用于社会存在。因此，艺术归根结底反映的是人们所生活的客观世界。

（4）艺术是审美的意识形态。艺术作为一种意识形态反映并反作用于客观世界时，必须通过审美的方式、方法、途径和手段，生产者和消费者、艺术家和欣赏者、批评家，都必须懂得审美，具有一定的审美经验和审美能力。马克思认为，欣赏音乐需要有辨别音律的耳朵，对于不辨音乐的耳朵来说，最美的音乐也毫无意义。面对着闪闪发光的金子，商人看到的是矿物价值，是到市面上能够换来多少金钱，而艺术家看到的是审美

---

① 王朝元.艺术概论[M].北京：首都师范大学出版社，2021.

的价值。艺术一定是采用具有审美价值的意识形态系统话语材料来塑造艺术形象，这样才会获得艺术本身存在的价值和意义。

（5）艺术必须进行审美价值交换。在《资本论》中，马克思深刻剖析了商品、使用价值、交换价值和价格。艺术不是商品，但是必须有交换价值，这就是审美价值。艺术生产的时候就已经知道自己的审美价值有多大，因为艺术生产就是为了艺术消费而发生的。严格来说，艺术没有价格，是无价之宝，也没有使用价值高低之分，能够用来交换的价值就是审美价值，而审美价值是一种关于审美情感需要及其满足的表现，这是无法用金钱来衡量的。用金钱来衡量艺术，把艺术作品当众拍卖，那是对艺术尊严的亵渎和把艺术庸俗化的表现。那么，艺术的审美价值交换又当如何来理解和把握呢？应该把这种交换视为艺术接受过程的审美交流融合、共振共鸣的审美境界的表现。因为只有在这样的境界中，艺术的审美价值才能获得彻底的交换。

（6）艺术审美价值交换是主体思想情感得以表达和交流的过程，参与交换的无论是世界、艺术家、欣赏者和接受者还是艺术作品的创作文本和欣赏文本，都无一例外地表现为主体之间思想情感的交流与融合，直至共振共鸣的审美境界。因此，艺术必然是主体思想情感的审美交流与融合。

### 二、"本质"与"本体"的区别

想要搞清楚艺术的本质和本体有何区别，如果在词义上来进行区分，对"本质"与"本体"两个词进行解释。何谓"本质"，本质是指事物本身的性质，是主观存在的可以以意识为转移。何为"本体"，本体就是指事物本身，是一种客观存在，并不以意识为转移。在艺术概论中我们总是在讨论艺术的本质，可殊不知在讨论艺术的本质同时，我们同样也陷入关于艺术本体论的思考。

从已有的理论书籍来看，无论是从艺术的本质的角度去探讨何为艺术还是从艺术的本体角度去探讨何为艺术，尽管书中的用词和观察角度有区别，但总体来说无论是从本体还是本质角度去观察都是在讨论艺术是何物，艺术与人与社会之间存在何种关系。所以可以看出艺术的本质与本体其实区别并不大。艺术活动的本质就是由世界、艺术家、艺术作品、欣赏者四要素组成的活动。

## 单元二　艺术的社会本质与审美本质

### 一、艺术的社会本质

#### 1. 艺术在社会中的位置

艺术也属于一种社会活动，因为艺术的产生、创造和发展都脱离不了社会。但艺术属于一种高级的精神活动，是一种社会意识形态，是经济基础的上层建筑。

#### 2. 艺术与社会生活

（1）艺术是社会生活的反映。从史前艺术就可以发现这一点，雕塑《奥伦多夫的维纳斯》和西班牙北部阿尔塔米拉洞穴中的岩画《野牛》或法国拉斯科洞穴粗犷雄健的壁画，这些旧石器时代晚期"洞穴人"给我们留下的艺术珍品，都生动地反映了原始的社会生活。我们从这些作品中可以发现原始人的生活、崇拜与信仰等。

（2）艺术反映社会生活的能动性与真实性。我们已经了解艺术是社会生活的反映，但要知道艺术不等于社会生活。艺术总是源于艺术生活，但艺术往往会有主观的加工，艺术对现实生活是能动的反映。很多艺术家有这样的阐述，法国著名的文艺理论家、史学家丹纳认为："艺术家这种过分正确的模仿不是给人快感，而是引起反感，憎厌，甚至令人作呕"。[1]黑格尔也有与丹纳相似的看法，黑格尔认为口技可以逼真地模仿夜莺的歌声，"但

---

[1] [法]H. 丹纳. 艺术哲学[M]. 张伟，沈耀峰，译. 北京：当代世界出版社，2009.

是仿本越酷肖自然的蓝本，这种乐趣和欣赏也就越稀薄越冷淡，甚至于变成腻味和嫌厌。"黑格尔和丹纳的意见是正确的。我国齐白石也继承前人的思想提出"作画妙在似与不似之间，太似为媚俗，不似为欺世"。这些艺术家的观点都在告诉我们艺术对社会生活的反映不是机械的、被动的而是能动的。这也正是相机拍照永远替代不了绘画艺术的原因。

**图 2-2-1 《教皇英诺森十世》 委拉斯凯兹**

艺术家反映社会具有能动性这一点并不会与反映的真实性起冲突。艺术的真实性是指艺术家通过艺术作品反映客观社会，以小说为例，大多数的小说都是虚拟的人物，或者对现实人物进行借鉴，但小说中的形象严格来说是不真实的，那只是存在于文字当中的人，但这丝毫不影响文学作品带来的真实性。中国四大名著之一——《红楼梦》，其中为我们描绘如此多性格鲜明的人物，通过大家庭的兴衰，小人物的悲欢将那个时代完整地展示在我们眼前。有时候艺术所反映的真实可能更鲜明，在西班牙杰出画家委拉斯凯兹的作品《教皇英诺森十世》（图 2-2-1）就体现出这点，这幅作品在展示时被人误以为真。当时这幅画完成之后被放置在大厅之中，大厅门外有一位路过的主教从门缝中窥视大厅内，赶紧回过头对正在大声说话的同僚们说："讲话轻一些，教皇坐在房里呢！"可见此幅画作的相像程度。但这幅如此逼真的画并没有让教皇高兴，因为画中教皇紧闭的双唇与斜视的目光再加上诡诈、阴险的表情将他凶狠、狡猾、贪婪等品质毫不留情地揭示出来。这幅作品不仅表现对象具备真实性更体现其本质的真实性。

### 3. 艺术家有选择地反映社会生活

大千世界，一草一木，万千变化，而艺术家对所表现的对象是有一定选择性的。艺术家一般会随着自己的理想而改变所表现的物象。有专门表现风景的画家，例如，英国画家透纳、俄罗斯画家列维坦、中国的山水画家李唐等。有专门描绘人物的画家：拉斐尔专注于圣母题材肖像画、拉图尔因为其专门表现在烛光中的人物形象被称为"烛光画家"、梁楷专门通过泼墨写意表现人物精神。画家在万千世界中选择自己被打动的那一类事物去进行描绘表示，所以艺术家是有选择的反映社会生活。

## 二、艺术的审美本质

艺术的一切功能都是通过审美来实现的，可见审美对艺术来说多重要，而有关审美的问题也是贯穿在整个艺术理论中的核心问题，也可以说，审美是艺术区别于其他社会事物的根本性质。

知识拓展：审美本质探寻

### 1. 艺术与美的关系

艺术与美之间相互关联，不可分割，艺术能够反映美和创造美。

（1）艺术能够反映美，在博物馆、展览馆我们可以看到许多的艺术品，这些艺术品正是因为其能够表现美而永久流传，被人们所喜爱。艺术能够反映各种各样的美，从达·芬奇的《蒙娜丽莎》、米勒的《晚钟》、梁楷的《李白行吟图》、罗中立的《父亲》中感受人物精神状态之美；从莫奈的《睡莲》、施什金的《松林之晨》、沈周的《庐山高图》、关山月和傅抱石的《江山如此多娇》中感受自然山川之美。

（2）艺术能够创造美，艺术创造的美即艺术美。上面我们说艺术反映美，反映生活中原本就美的人、事、物。但艺术绝不是对自然美、社会美等类的照搬，艺术可以通过主体意识作用把现实中原本不美的或丑的事物通过艺术创作从而转化为艺术美。艺术美比现实美更加高级，因为艺术创造者也就是艺术家在作品中展现的艺术美往往体现的就是艺术家的审美意趣、思想品位、人生观念。维克多·雨果在他的《巴黎圣母院》中创造出一位外形丑陋的敲钟人卡西莫多，卡西莫多有着几何形的脸、四面体的鼻子、马蹄形的嘴、参差不齐的牙齿、独眼、耳朵聋还有驼背。就是在这样"极丑"外貌的表现下，他却有着善良的心，是作品中"真善美"的代表。舞女、妓女在17世纪的法国都是下等、低贱的职业，但在艺术家德加的画笔下她们仿佛获得了平等（图2-2-2）。艺术家往往是更善于观察、发现的一类人，他们发现生活中的美，用艺术的形式向我们展现他看见的美，以此来感染我们。

### 2. 艺术的审美特征

艺术作为一种特殊的社会意识形态和特殊的精神生产形态，以其审美的特征区别于宗教、哲学等其他意识形态：即它是以审美的方式掌握世界、反映和认识社会生活，并以审美的手段生产产品、创造精神成果。可以说，审美，是一切艺术门类（如文学、美术、音乐、舞

图 2-2-2 《芭蕾舞女》 德加

蹈、戏剧、摄影、电影等）区别于其他社会事物（如政治、法律、道德、哲学、宗教等）的共同性格。那么，艺术都有哪些审美特征呢？一般地说，艺术有以下几个主要的审美特征：第一是实践性与主体性。艺术家在经过社会实践认识世界从而进行艺术创作，而创作出的艺术作品中包含艺术家的主体能动性。第二是符合目的性与规律性。上面我们已经说过艺术家创造艺术美是带有目的性的，他们带有审美的目的，而艺术作品中的规律性所指的也是美的规律。第三是形象性。形象性是艺术作品的基本特征，艺术作品通过形象让欣赏者进行审美，形象便是审美的媒介。第四是形式美与形式感。第五是创造性。第六是情感性。

# 单元三 艺术的特征

## 一、形象性

形象性是艺术的基本特征之一，艺术是通过形象这一媒介而展现出来的。艺术与哲学和社会科学都是可以反映社会的事物，但哲学与社会科学都只是概念的、抽象的，而艺术正因其具备形象性，使得我们在通过艺术观察社会时会更加容易，更加具备情感。就好像让我们去看一遍霍金的物理理论大部分人只会一头雾水，但看一遍电影《万物理论》（图2-3-1）能够对这位伟大的物理家更了解、更共情。

（1）艺术形象的主观与客观的统一。艺术形象都是艺术家取材于现实，现实即客观存在物，而现实美是不可能主动变成艺术美的，往往需要艺术家的加工，而这一加工过程无论是在头脑中的加工还是在创作中的加工都是带有主观性的。所以艺术作品是主观与客观的统一。我国唐代画家张璪也提出"外师造化，中得心源"，这里

的"造化"就是客观事实，而"心源"就是主观能动，将看到的客观即现实中存在的物象，在头脑中进行主观的归纳总结和理解。

（2）艺术形象的共性与个性的统一。共性与个性就是共同性与差异性，世间万物都具备这两点，而艺术形象能够使人与之产生共鸣是因为艺术形象具备共性与个性。个性是指每个艺术形象都是独一无二的存在。而共性是指艺术作品引起人共鸣的部分。细数那些流传至今的艺术作品可以发现它们无不具有鲜明独特的个性，同时又有社会概括性。例如中国中央电视台 1986 版《西游记》（图 2-3-2）中唐僧四师徒个性迥异，但他们每个人的身上都有现实生活中普通人所具有的特质，现代还有很多分析《西游记》的学者会用《西游记》人物套用在职场、生活中。其实我国的四大名著细细读来可以发现里面的形象都是具有共性与个性相统一的特质，所以四大名著至今仍然被文学爱好者、研究者挖掘着。当然不止文学艺术作品具有这样的特质，绘画艺术也是同样的，例如老彼得·勃鲁盖尔、米勒、勒南兄弟这几位画家都被称为"农民画家"，因为他们笔下的画作都表现农民形象。他们都用画笔来创作与农民相关的作品，他们笔下的农民是千千万万农民的象征，他们用画中形象来表现和歌颂广大农民的质朴、勤劳、善良，由此可见艺术形象的共性与个性是不可分割的。

图 2-3-1　电影《万物理论》

图 2-3-2　中国中央电视台 1986 年版《西游记》剧照

（3）艺术形象内容与形式的统一。艺术创作随着社会发展，形式越来越多种多样。在原始时期人们利用岩石、洞穴、墙壁等形式记录，古代时期西方使用油画创作，中国使用毛笔创作，而现代艺术的内容可以通过更多的方式来达到与形式的统一。现代网络媒体的发达为我们带来更多新的艺术形式，就比如近年来由小说改编的电视剧越来越受大众的喜爱和接受，也输出很多优秀的电视剧集，例如《甄嬛传》《琅琊榜》《庆余年》等。电视剧的形式能够更好地、直观地为我们呈现出原著的文字内容。

## 二、主体性

艺术基本特征之一的主体性。艺术的主体性体现在艺术创作、艺术家、艺术欣赏等过程中。

### 1. 艺术家的主体性

艺术家如何认识这个世界、怎样描绘这个世界都具备主体性。同一个世界同一个月亮，因为对亡妻的思念之情，在苏轼眼中看到的是"明月夜，短松冈"；在清代画家金农笔下，月亮被填上神话的色彩，他所画的月亮之中好似有玉兔在捣药；而在凡·高眼中又是另外一番视野，由此可见艺术家具备主体性。即使是同一事物，由于主体的角度不同作品便产生千差万别。

### 2. 艺术欣赏中的主体性

艺术的主体性也不单单体现在艺术家的创作过程，观赏过程同样具备主体性，所以才有了"一千个人眼中有一千个哈姆雷特"这句话，每个人在欣赏艺术作品时得到的感受是不同的，这便是欣赏过程中的主体性。例如在电影院观看悲剧电影时，不是所有人都会哭出来；而观看喜剧电影时，也同样不是每个人都会笑出来。网络的发展也让我们可以观看到大众对一部影视作品、一件艺术作品，或一场演出各种各样的评论。会出现各种不一样的评论就是因为欣赏者的主体性。

## 三、审美性

艺术作品之所以能够和其他非艺术作品区分开来，正是因为它的审美性。艺术审美性能够体现人的审美观念与审美意识。无论是艺术家还是欣赏者的审美意识都能够在艺术作品中反映出来。

### 1. 艺术的审美性是人类审美意识的集中体现

艺术是一种特殊的精神生产，而所谓艺术品必须是能够给人带来精神愉悦的，自然界中也有很多奇观美景能够给人带来精神愉悦，那自然界是艺术品吗？并不是。艺术品除要给人带来精神愉悦以外还要是人类所创造的凝结人类劳动智慧的才能称为艺术品。总的来说，艺术品是人类所创造出的具有审美价值的物品。艺术家创造艺术作品展示给欣赏者的同时就是将自己的审美意识传递出来，而有些欣赏者能够产生共鸣说明欣赏者与艺术家有差不多的审美观念，有些欣赏者不喜欢这个作品说明他的审美观念和创作者不同。

### 2. 艺术的审美性是真、善、美的结晶

人类所有的专业都是在追求真善美的过程中逐渐诞生的，艺术也不例外。而艺术美之所以高于生活，就是因为艺术作品不仅包含现实生活中的真、善、美，还包含艺术家对真、善、美的追求。艺术之中所谓的"真"，其实并不完完全全等于真实生活，而是艺术家通过现实生活提炼出来的，艺术家把生活之真提炼为艺术之真，也就达到化"真"为"美"。例如法国画家席里柯的作品《梅杜莎之筏》（图2-3-3），画家所画的是在1816年7月"梅杜莎号"上发生的真实事件，席里柯走访当时事件的幸存者，聆听他们的真实遭遇，对现实生活中真实的尸体和病人进行写生。最后创作出这一幅浪漫主义巨作。同样艺术中的"善"，也直接等同于品德道德教育。艺术家是通过精心的设计、巧妙的安排、婉转的表现使艺术家的人生态度和道德评价渗透到艺术作品之中，也就是化"善"为"美"。

图 2-3-3 《梅杜莎之筏》 席里柯

### 四、情感性与思想性

艺术作品往往都是具备情感性和思想性的，所以才能够引发观者的共鸣。例如"吾家洗砚池头树，朵朵花开淡墨痕，不要人夸好颜色，只留清气满乾坤"。在王冕的笔下，每一朵梅花都是气节的体现（图2-3-4）。"疏花个个团冰玉，羌笛吹他下不来。"这是王冕对异族统治的不满而钟情于梅花的心智。一朵梅花被画家赋予人的品格与心性，使其在作品中体现情感性与思想性。而这种为了表达更深层次的自我而把一些物象进行人格化处理用来寄托自己的精神情感的艺术创作方式在中国美术史上是屡屡可见的事情。比如"梅兰竹菊"是我们常见的绘画题材，而这一题材的作品成为"情感的符号"是在宋代。又如葡萄原本在中国传统文化之中并没有什么特殊的含义，但徐渭在其作品《墨葡萄图》（图2-3-5）中写下"半身落魄已成翁，独立书斋啸晚风。笔底明珠无处买，闲置闲抛野藤中"。作品中诗画的结合，竟成为徐渭狂放洒脱、愤世嫉俗的价值象征，透过葡萄似乎可以看到一位落魄的诗人形象。

图2-3-4 《墨梅图》 王冕

图2-3-5 《墨葡萄图》 徐渭

### ■ 模块小结 ■

艺术是人类独创的精神成果。艺术以独特的魅力滋润人们的心灵，打动人们的情怀，影响人们的思想，陶冶人们的情操。人们在创造艺术、享受艺术的同时，还渴求洞悉艺术世界的全部奥秘，探寻艺术产生和发展的客观规律，揭示艺术的本质特征。

　　艺术处在社会中的特定位置，是一种特殊的社会意识形态，它反映的是全面的社会生活。艺术认识世界的方式既不同于哲学、科学，也不同于宗教，而是以具体、概括的形象，实现对世界的认识。这种认识就是审美认识，艺术形象则是审美认识和审美创造的结晶。

　　艺术的本质始终为艺术学科体系高度关注和重视。本模块的内容就是从下面两个层面揭示艺术的本质：第一层面，从艺术在社会中所处的特殊位置，揭示艺术的社会本质；第二层面，从艺术的审美属性上，揭示艺术的审美本质。

## ■ 练习思考 ■

　　1. 艺术的本质与本体的区别有哪些？

　　2. 艺术的特征有哪些？

　　3. 简述我国对艺术的观念。

# 模块三

# 艺术的社会功能与艺术教育

■ **知识目标：**

1. 了解艺术的社会功能。

2. 理解美育与艺术教育的区别。

■ **能力目标：**

通过艺术鉴赏能够进行审美认知、审美教育、审美娱乐。

■ **素质目标：**

养成在学习过程中进行反思，乐于向他人学习的习惯；能够妥善处理变化、挑战和逆境，并对这些策略进行反思。

■ **模块导入：**

在历史的经验中，为我们总结出许许多多的艺术的功能。例如，认知功能、教育功能、娱乐功能、智力开发功能、心理平衡功能等。但是艺术作为一种人类的文化形态之一，它的所有功能都有一个媒介——审美。艺术不像科学、哲学直接将理论灌输给大众，它的社会功能往往是通过审美来达到的，如果一件艺术品具有很强的认知教育意义，但从没有人见过它，那艺术就不能起到它应有的作用。因此艺术始终把创造和实现审美价值来满足人的审美需要，作为自己最主要和最基本的功能渗透在其他功能之中。

# 单元一　艺术的社会功能

艺术的社会功能有许多，但主要的还是审美认知作用、审美教育作用、审美娱乐作用。

## 一、审美认知作用

艺术的认知功能是指通过艺术鉴赏活动，促进人们对自然、社会甚至自我的认识。一般说来，艺术是要反映某种现实或想象中的事物，其中也包含着艺术家对该事物的理解。观赏者在欣赏艺术作品的时候，也不自觉地增加了对该事物的认识。

### 1. 通过艺术的审美认知作用认识社会

中西方的艺术作品有很多是反映当时社会的作品，今天这些作品成为我们了解过去的媒介，成为艺术史上的瑰宝。从艺术作品中我们可以了解一定时代的社会风貌、人文习俗以及经济、政治、历史等各方面的状况，从而开阔眼界、增长知识、丰富个人的生活经验，加深对于社会和历史的某些本质规律的认识。例如：董希文的作品《开国大典》（图3-1-1）描绘了1949年10月1日中华人民共和国成立时天安门广场国庆典礼的盛况。毛主席和其他领导人神采奕奕。画家在严谨的绘画中为适应于中国广大人民的审美情趣融入民间美术和传统工笔重彩的表现手法，蓝天、地毯、红柱色彩上形成强烈的对比增加节日喜庆的氛围。而古代南唐画家顾闳中通过识记将失意官僚韩熙载家中举行宴会的场景再现于《韩熙载夜宴图》（图3-1-2），通过欣赏这幅画不仅可以了解韩熙载这个人当时郁郁寡欢的情绪，更通过画面当中琵琶演奏、击鼓观舞等场景了解古代乐器、舞蹈、服饰等传统文化，通过宾客酬答、席间小憩的画面还能够了解当时的食物、家具等。

当然除画作以外，例如，电影、电视、戏剧等艺术门类，都能够通过直观可视的艺术形象来向我们展示社会、历史、文化。艺术的这种审美认知作用可以突破时间和空间的局限，真正做到了"观古今于须臾，览四海于一瞬"。

图3-1-1　《开国大典》　董希文

图3-1-2　《韩熙载夜宴图》（局部）　顾闳中

### 2. 通过艺术的审美认知作用认识自然

艺术不单单能够认识社会历史，同样对于大至宇宙星辰，小至生物细胞等自然现象，同样具有审美认知作用。以纪录片为例，现在因为摄影、摄像技术的进步，纪录片的制作水平越来越高，能够使人们在欣赏电视精美画面的同时，不知不觉地学到许多科学文化知识。例如想要了解海洋，中国第一部关于海洋的纪录片《蔚蓝之境》向观众展示从千里冰封的海洋之地到热带炽热海域，带我们重新领略我国壮美的海洋；想要认识动物有《昆虫的盛宴》《动物生存手册》等；想要认识宇宙有《宇宙的奇迹》《行星》等。通过艺术的审美认知来认识自然是一种更加轻松和自由的方式。不过也不能将审美认知作用夸大，像在认识自然现象方面，艺术肯定比不上物理、化学等自然科学，就好像上文中说到的电影《万物理论》可以让我们了解霍金生平，让我们对霍金的物理理论产生兴趣，但要是想了解物理理论知识，阅读霍金所著书籍会更有帮助；在认识社会、历史方面，艺术也不可能像社会学、历史学那样完备翔实地展示资料，好比上文说的近现代优秀电视剧作品，向我们展现古时风貌帮助我们将遥远的历史重现出来让我们对某段历史产生兴趣，但大部分电视剧作品存在改编和润色，如果想要了解真正的史实，研究社会学或历史学当然会让人更加透彻。

### 3. 通过艺术的审美认知作用认识自我

通过审美认知作用认识自我这一点，对于艺术家本人可能会更深刻一些，艺术家将自己的审美观念、意识投入作品时就是一种自我认知。艺术家在创作过程中寻找自己。艺术家凡·高从 1885 年到 1889 年给自己画了40 多张自画像，凡·高通过自画像进行自我的审视，把他自己的痛苦、自我怀疑、混乱——释放在自己的作品中。还有艺术家伦勃朗，他被称为"带镜子的画家"，可见他有多喜欢画自画像。据不完全统计，伦勃朗一生大约有 90 幅自画像。伦勃朗一生的跌宕起伏都体现在他的画作当中，并且伦勃朗在中年时期潦倒时也坚持画自画像，他的自画像中并不会将自己潦倒的境遇美化，而是坚持反映自己真实的状况（图 3-1-3）。这是艺术家对自我深深的审视。而欣赏者也是能够通过艺术审美达到自我认识的，例如，优秀的文学小说能够启发人们进行自我审视。这就是为什么审美层次越高的人越容易唤醒自我意识。

图 3-1-3　伦勃朗自画像

## 二、审美教育作用

### 1. 审美教育作用的内涵

艺术的审美教育作用，是指人们通过艺术欣赏活动，在洞察真与美的同时，得到善的启迪，思想上受到感染，实践上找到榜样，认识上得到提高，在潜移默化中引起其思想、情操、理想、追求发生深刻的变化，从而正确地理解和认识生活，树立起正确的人生观和世界观，过上一种道德高尚的生活。

### 2. 审美教育作用的观念

中外古今的思想家、教育家、艺术家都十分重视艺术的审美教育作用。

在中国传统儒家思想中，"诗教""乐教"都是非常重要的教育手段。孔子说"兴于诗，立于礼，成于乐"，以"礼乐相济"的思想，创立了我国古代最早的教育体系。他以"六艺"（礼、乐、射、御、书、数）教授弟子，其中的乐就是诗、歌、舞、演、奏等的艺术综合体。孔子认为，诗可以使人从伦理上受到感发，礼是把这种感发变为一种行为的规范和制度，而乐可以陶冶人的性情和德行，也就是通过艺术，把道德的境界和审美的境界统一起来。孔子发现了艺术感化人和陶冶人的重要作用。通过一些文论、诗论还有画论，我们可以发现除孔子外，很多统治者也把艺术当成维护统治的一种工具。例如在张彦远的《历代名画记》中有说"有国之鸿宝，四时同伦"还有"夫画者，成教化，助人伦，穷神变，测幽微，与六籍同功，四时同伦"[1]。在中国古代诗歌理论著作《毛诗序》中，说诗歌的作用是"经夫妇，成孝敬，厚人伦，美教化，移风俗"。其实这些说法都是儒家思想在艺术价值中的体现，这也逐渐形成了中国古代艺术理论的一个重要特点。

西方美学史上同样重视审美教育作用。在古希腊时期，西方的思想家们就接二连三地表述了艺术与道德生活相关联的观点。柏拉图就强调美育与德育的结合，柏拉图从奴隶主贵族的立场出发，断言《荷马史诗》以及希腊悲剧、喜剧的影响都是坏的，因为这些艺术作品会激起狂乐的情感让人的理智失去控制、使人陷入迷妄，使人情欲得到放纵。诗歌、艺术能够让柏拉图如此愤慨，正是因为柏拉图深深地了解这些艺术能够对人们的心灵起到多大的冲击作用，所以柏拉图提倡"理智"的艺术企图用一种他认为"好"的艺术来打败他所谓"坏"的艺术，于

---

① [唐] 张彦远 . 历代名画记 [M]. 北京：京华出版社，2000.

是柏拉图承认音乐特别强调音乐化育人心的作用,与我国古代的"乐教"有些相似。如果说柏拉图虽然承认艺术的教育功能但他的观点有些过于偏执。而他的弟子亚里士多德就比柏拉图前进了一大步,纠正了柏拉图的偏执观点。亚里士多德也同样重视艺术的教育功能,他认为理想的人格是全面和谐发展的人格。亚里士多德在其最重要的美学著作《诗学》中就阐明诗起源于人的天性、模仿也是出于人的天性、音调节奏感也出于人的天性。亚里士多德认为情感、欲望、理智都是人的天性,都有得到满足的正当权利,所以艺术应当具有三种功能:一是"教育";二是"净化";三是"快感",这三点并不会互相矛盾,人们完全可以从艺术中获得知识、陶冶性情、并得到快感。罗马诗论家贺拉斯对亚里士多德这种兼顾艺术教育和乐趣的思想有一段简洁的表述:"诗人的愿望应该是给人益处和乐趣,他写的东西应该给人快感,同时对生活有所帮助。"

从上述可知对艺术的这种审美教育功能的重视,在中国和西方都延续了 2 000 多年,具有重大的影响。

### 3.审美教育的特点

艺术的审美教育之所以不同于其他的教育形式,就在于艺术的教育是以审美为基础的,具有自己鲜明的特点。其特点包含三个:一是以情感人;二是潜移默化;三是寓教于乐。其中以情感人是艺术教育与其他教育最鲜明的区别。一个"情"字说明艺术教育不是干瘪的理论,不是面无表情的训斥,审美教育以情感动人,在人的心灵处留下痕迹,最后能够让欣赏的人在不知不觉中受到教育。这也正与审美教育第二个特点相互辅助,在美好事物或具体艺术品的熏陶下人们基本都是在没有强制的情况下受到感染。寓教于乐也是审美教育的重大特点之一,为什么审美教育在教育之中的地位不可小觑?正是因为审美教育是一种大众普遍都能接受、更加喜欢的一种受教育方式,甚至人们不认为自己在受教育,便不会对教育产生抵触之情。审美教育的方式更加多样化、灵活化、便捷化。

## 三、审美娱乐作用

艺术的审美娱乐作用是指通过艺术欣赏活动,使人们的审美需要得到满足,获得精神享受和审美愉悦,愉心悦目、畅神益智。例如,在结束辛苦工作的周末,有人会选择进入电影院看一场电影,或听音乐放松自己疲惫的身心,或提起画笔舒缓自己的精神世界,这些都是艺术的审美娱乐作用。艺术是一种摆脱压抑的方式,恩格斯曾说:"民间故事书的使命是使一个农民做完艰苦的田间劳动,在晚上拖着疲惫的身子回来的时候,得到快乐、振奋和慰藉,使他忘却自己的劳累,把他贫瘠的田地变成馥郁的花园",[①] 艺术作品能够使人的精神得到慰藉。美国心理学家马斯洛的需要层次理论说明,物质上的需要位于底层(如第一层的生理需要和第二层的安全需要)。而精神层次的需要是最高级的。物质产品是为了满足人们生存的需要,精神产品则是为了满足人们心灵的需要。说明精神上的满足对人来说是非常重要、是高层次的需求,艺术作为一种特殊的精神产品,就能够给人们带来审美的愉悦和心理的快感。先秦的艺术理论著作《乐记》中就说"乐者乐也"就是说艺术应当使人快乐。

## 四、艺术的社会功能的相互关系

对于艺术的认识、教育、娱乐这三大功能我们不能绝对化,应当将三者统一起来去认识和理解。艺术的一切社会功能其实都是建立在艺术的审美价值基础上的,以审美为前提,这也是艺术功能不可替代的重要原因。艺术的认识功能不同于科学的认识功能,艺术的教育功能不同于道德的教育功能,艺术的娱乐功能不同于体育的娱乐功能。正是由于这一切功能都是通过作用于人的精神领域发挥作用,使人获得精神上而不是物质或生理上的享受。艺术作为一种特殊的文化形态,它的各种社会功能都是以审美价值为基础的,也只有在审美价值基础上,其各种社会功能才能发挥作用。

---

① [德]恩格斯.德国民间故事书,1839.

## ※ 延伸阅读

### 以美育人　塑造心灵

美育是提升审美素养、陶冶情操、温润心灵、激发创新创造活力的教育。在德智体美劳"五育"中，美育与其他"四育"紧密联系、互相促进。习近平总书记指出："美术、艺术、科学、技术相辅相成、相互促进、相得益彰""要全面加强和改进学校美育，坚持以美育人、以文化人，提高学生审美和人文素养"。党的十八大以来，以习近平同志为核心的党中央高度重视美育工作，把美育工作摆在更加突出位置，推动美育实现了跨越式发展。我们要把美育纳入各级各类学校人才培养全过程，贯穿学校教育各学段，通过美育提高学生审美能力和人文素养，引导全社会重视美育价值。

习近平总书记强调："做好美育工作，要坚持立德树人，扎根时代生活，遵循美育特点，弘扬中华美育精神，让祖国青年一代身心都健康成长。"美育是一种独特的教育方式，它融情操教育、心灵教育、人格教育等于一体，潜移默化地影响人、陶冶人，促进身心和谐统一和健康发展。美育通过审美的方式，帮助学生陶冶人生，培养高尚健康的品格，启迪思想智慧、激发创造活力，全面提升学生的人文素养。

美育，也称审美教育或美感教育，是教人认识美、感受美、创造美的教育，在当代的教育体系中占据着越来越重要的位置。虽然"美育"这个概念是18世纪德国教育家席勒在其著作《美育书简》中首次提出并系统论证的，但对美的教育其实古今中外、历代先贤都有所思考与实践，这无疑说明了对人美育教育的重要性和必要性。

先秦时期，乐教是美育中最受关注的形式，荀子曾提出"美善相乐"的观点；随着历史的演进，对美与善的表达不仅包含"乐"的范畴，"琴棋书画"更是高度凝练了中国古代文人雅士借物喻志、以形抒情的高级追求，正如钱穆先生所说："中国艺术不仅在心情娱乐上，更要在德性修养上。艺术价值之判定，不在其向外之所获得，而更要在其内心修养之深厚。要之，艺术属于全人生，而为各个人品第高低之准则所在。"

除了个人的艺术追求和德行修为，艺术还承担着其自身的社会功能，荀子曾说："乐者，圣人之所乐也，而可以善民心，其感人深，其移风易俗，故先王导之以礼乐而民和睦。"席勒也强调，要用美育来完善近代社会中被分解的人格，从而改造社会。艺术教育从社会层面形成了一套教育引导体系，服务于社会主流意识，形成一种社会价值和观念的普遍认同，层层递进，最终完成由个人到社会的价值实现。

# 单元二　艺术教育

艺术教育是教育的重要一部分也是艺术的重要作用之一，并且艺术教育的重要性也在很早以前就已经被中西方理论家论证过。艺术教育随着社会的发展越来越被重视起来。

## 一、艺术教育的特点

艺术教育有两个突出的特点分别是寓教于乐和潜移默化。

### 1. 寓教于乐

"寓教于乐"是由古罗马的文艺理论家贺拉斯最早提出来的。他说："诗人的愿望应该是给人益处和乐趣，他写的东西应给人以快乐，同时对生活有帮助，寓教于乐，既劝谕读者，又使他喜爱，才能符合众望。""乐"不是那种纯粹生理上的快感，而是一种关注，体验艺术品中的美所感受到的快乐，或者说是一种被物化、客观化的美感。它使人们在接受艺术品时，获得了观察世界的新方式，与日常的活动方式相比较而言，更富有节奏感和丰富性。寓教于乐是指艺术作品以一种积极健康、美好和谐的情绪感染和影响接受者，使人们在愉悦的情感体验中获得知识和乐观向上的人生观。也就是强调应当把思想教育和艺术的审美娱乐紧密地融合在一起，欣赏者往往把欣赏艺术看作一种消闲和娱乐，在这种娱乐的休息过程中，欣赏者不知不觉地得到精神上的满足，受到教育和启迪。这是其他教育所无法比拟的。

### 2. 潜移默化

潜移默化是指艺术教育所产生的影响不是通过硬性灌输，也不是通过纪律约束强迫接受获得的，而是艺术作品所包含的美和意义熏陶，使人们在不知不觉中既得到美的享受，又在精神方面得到净化。艺术品以感性形象的具体性和生动性来表达创作者的思想感情，这意味着接受者必须以全身心的力量投入作品去感受它的美与意味。在这种情形中，接受者将被作品所吸引，而不可能有任何反思和有意识的记忆来中断和阻隔自己与作品亲密无间的直接交流。正是在这一过程中，接受者在毫无勉强的情况下受到作品的感染和教育，精神世界也就会在不知不觉中发生变化，艺术教育起到了"润物细无声"的效果。

## 二、艺术教育与美育

### 1. 美育的概念

美育即审美教育，是由18世纪的德国美学家席勒正式提出来的，席勒在《美育书简》中，首次提出了"美育"这一概念，并且系统阐述了他的美育思想。但有部分人会错误地把美育当作美术教育，这种观念是错误地理解了美育这一词的含义，把美育局限化，其实美术教育只是美育的一部分。

### 2. 审美教育与艺术教育的关系

审美教育与艺术教育的关系可谓相互联系、相互渗透，但又有所区别。

首先审美教育包含艺术教育。艺术教育是审美教育的主要途径，但审美教育的途径不单只有艺术教育，审美教育实施的媒介众多，在学校里所有科目无论语文、数学或者历史、政治，实施审美教育的途径就在教育教学中的每一个过程，在学校内外的日常生活中审美教育也是无处不在的，由此可见审美教育的范围非常大，在教育形式上类似国家现在大力提倡的思政教育。而相比较起来艺术教育的范围要小得多，艺术教育大部分就是指音乐、美术、体育等具体艺术形式的学习，但艺术教育相比于文化教育是自由的，是能够让人放松身心、洗涤心灵、精神愉悦的。虽然审美教育的范围很大但其中艺术教育是最有力的途径之一。

其次审美教育是艺术教育的直接目标，但艺术教育又自成体系。艺术教育的目标毫无疑问是直接指向审美教育的，但这并不意味着艺术教育的具体任务是和审美教育的目标完全重合的。艺术教育有着自身所承担的任务，只有在这些任务得以完成的基础上才能实现审美教育的目标。除了在审美育人这一大目标上与审美教育表现出完全一致之外，艺术教育在其他方面又表现出了一定的独立性。比如，在内容上主要是各种形式的艺术，具体在中小学则主要是音乐、美术、舞蹈、戏剧等以及与之相关的艺术知识技能；在方法上要求在艺术欣赏和艺术表现、创作活动中结合着进行基本艺术知识技能的传授和训练，其过程使学生受到感染和熏陶；就受教者而言，艺术教育要面向全体学生；就施教者而言，不是所有教育者都可以成为艺术教师的，艺术教师必须具备一定的艺术素养。

## 二、艺术创作的客体

### 1. 艺术创作客体的概念与研究

艺术创作的客体是艺术家在艺术创作时审美关照和艺术实践的客观对象，主要指大自然、社会生活和人的内心世界。艺术创作客体的来源是在人类对客观世界漫长的认识和掌握过程中产生的，西方文艺理论从古希腊时期就开始对艺术创作客体不断辩论。

一种观点认为，艺术创作的客体是与自然相关的，文学艺术创作是对自然的模仿。古希腊时期朴素唯物主义辩证主义哲学家赫拉克里特首先提出了"艺术模仿自然"的论点，原子唯物论哲学家德谟克里特曾提到"从蜘蛛我们学会了织布和缝补，从燕子学会了造房子，从天鹅和黄莺等歌唱的鸟学会了歌唱"，这些理论虽没有系统展开，但是早期"模仿说"的雏形已由此形成。柏拉图著名的"床的例子"和"理式"的提出将这种思想提到了一个新的高度，"理式"是其哲学、美学思想的核心。亚里士多德的"模仿说"突破了柏拉图的"理式论"，他认为现实世界是真实的，所以模仿现实世界的艺术也是真实的。认为艺术是模仿者，模仿的是"行动中的人"，实际上就是现实生活中的人①。中国古典美学中不乏对艺术客体的论述，原始社会时期的图腾崇拜、巫舞中对猎杀动物的模拟操练、易传中的"观物取象"，荆浩的"度物象而取其真"，张璪的"外师造化、中得心源"，郭熙的"身即山川而取之"，王履的"吾师心，心师目，目师华山"，石涛的"搜尽奇峰打草稿"等美学命题，都涉及艺术创作客体的来源和论述。

另一种观点是 19 世纪浪漫主义文学兴起之后，对艺术创作客体有了新的认识。艺术创作不是对客观自然和社会生活的简单模仿与再现，而是表达艺术主体的思想和情感。浪漫主义创作方法特别强调艺术家主观情感的抒情和表达。我国古典美学中也重视对创作主体内在情感表达和论证。战国时期学者根据《诗经》的艺术创作经验总结出"赋、比、兴"的美学范畴，其中"兴"有感发兴起之意，即创作者根据某一事物的触发而产生创作的灵感和欲望进行情感的抒发，并且能够通过艺术作品引起接收者的情感共鸣。如《关雎》一诗中由雎鸠鸟的叫声引发了"窈窕淑女，君子好逑"的情意，由客体引发了内心情感的表达；《硕鼠》一诗中通过硕鼠的形象比拟重敛的剥削者，则是内心想要表达的情感在先，比拟创作在后。

"诗言志"的观点体现了诗歌创作的目的，汉代之前是指用诗歌表现创作者的思想、抱负、志向等内心情感。到了唐代孔颖达对"诗言志"做了重新解释。一方面强调诗歌的抒情特性，"志"不是内心固定不变的，而是"情动为志"；另一方面强调了外物对人心的触动。

清代著名艺术家叶燮用"理、事、情"美学范畴，对艺术创作客体做了进一步的规定，他认为，世界万事万物，都可以用"理、事、情"这一范畴来加以分析，"理、事、情"讲的就是艺术的审美客体，也就是艺术的本源。"理"，指客观事物运动的规律；"事"，指客观事物运动的过程；"情"，指客观事物运动的感性情状和"自得之趣"②。

郑板桥的《竹石图》从"理"的层面讲，竹子有其生长过程规律；从"事"的层面讲，艺术的客体并非吐露新绿的嫩竹，也非叶凋竹黄的残竹，而是充满旺盛生命力的苍竹，体现了竹子俊秀挺拔的生长状态；从"情"的层面讲，纤细的瘦竹从粗壮、坚硬的石缝中努力顽强的生长出来，体现了艺术客体在艺术作品中呈现出来咬定青山不放松的傲人气节和顽强的生命力的审美意象（图 4-1-5）。

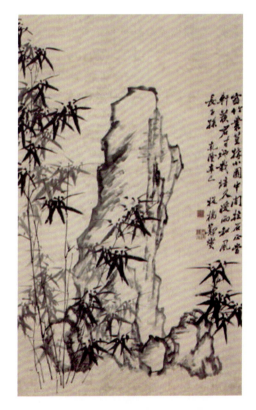

**图 4-1-5　《竹石图》　郑板桥**

---

① 王朝元．艺术概论 [M]．北京：首都师范大学出版社，2021．

② 叶朗．中国美学史大纲 [M]．上海：上海人民出版社，1985．

#### 2. 艺术创作客体的特征

（1）客观实在性。艺术客体的客观实在性是指本身具备的自然属性，根据人与社会生活的关系，客观存在可分为物质的存在和精神的存在。物质的存在是对应物质生活，指整个物质世界；精神的存在对应精神生活，指人在社会实践中产生的各种思想、情感、愿望、理想和追求等。

艺术客体的客观实在性是艺术创作体验的前提和素材，艺术作品对人与自然、人与环境以及人与社会中的时代背景、社会矛盾等描述，是对物质生活的反映。艺术作品对艺术客体的意蕴的刻画，传递出艺术家的情感，是对精神生活的体现。

（2）美的内在规定性。美的内在规定性是指客体本身内在质和量的构成，如植物的色彩、结构、纹理、特性等，是本身固有的审美价值属性。当其符合艺术主体审美并与之产生关联时，就成为艺术创作的客体，成为主体感知、传情的艺术本源。如"梅花香自苦寒来"传递出的不畏艰难、刻苦磨炼的精神；"咬定青山不放松"传递出刚强勇敢，傲骨气节。这些本身具有鲜活的生命力的客观对象本身的内在特性，往往成为艺术创作表达对象，成为艺术主体传情的载体。

（3）价值属性。艺术客体的价值属性不同于它的自然属性，价值属性体现并存在于主客体的关系之中。艺术是为人服务的，根据马斯洛人的需求理论，艺术的产生是为了满足人们不断增长的物质需求和精神需求。艺术主体对艺术客体的认识活动、实践活动和精神活动，正是以主体与客体之间的价值关系体现。

艺术客体的价值属性主要有两种：一种是功利目的即使用价值，指艺术作品对人激励、引导、教化作用等有用的方面；另一种是非功利目的即审美价值，是以满足人的精神需求为主，给人以美的享受。

### 三、创作主体与客体的关系

艺术创作主体有两种形式：艺术作品的创作者和艺术作品的欣赏者。艺术作品的创作是艺术家在艺术客体的感发下从创作萌芽到创作欲望的产生，经过艺术构思使主客观融合后产生的艺术意象，再到艺术意象物化成具体、可感的艺术作品。但此时艺术创作的过程还未完成，还需要艺术作品的欣赏者的艺术赏析，才能使艺术作品的意象完成。不同的艺术作品的欣赏者因为艺术修养和生活阅历的不同，对艺术作品的感受也截然不同。

艺术客体是相对于艺术主体而言的，体现于自然、社会生活与人之间的互动影响活动关系中。艺术主体对艺术客体具有感知、体验、想象、构思、艺术加工等主观能动作用；艺术客体对艺术主体具有能动的反作用。不能过分地夸大主体作用，认为艺术客体完全是由主体创作出来的，从而忽视艺术客体的作用，因为艺术主体始终是以客体的存在为创作的前提，对客体起着反映、说明和解释作用。

魏晋南北朝时期，宗炳在《画山水序》中提出了"澄怀味象"美学命题，明确区分了主体和客体的两种不同的关系[①]。"澄怀"指的是艺术主体实现审美观照的条件，也就是排除主观利害得失和主观欲念后的一种虚静空明的心境。与老子的"涤除玄鉴"、庄子的"心斋、坐忘"一脉相承。从客体方面来说，首先要有"象"也就是审美观照的客观形象为前提。

宋代的郭熙在艺术创作时提出"身在山川而取之"的美学命题，也涉及艺术主客体的关系。强调艺术家只有对自然山水作直接的审美体验，才能把握自然山水的审美形象；其次是画家要有一个"林泉之心"的审美心胸，也就是去除杂念和主观欲望的空明心境，两者缺一不可。没有这个审美心胸，即便直接面对自然山水，也不可能发现审美的自然。对艺术创作者来说，没有与之合适的审美心胸，就不能发现客体的审美价值；对于艺术鉴赏者来说，没有审美心胸，也不能发现艺术作品的审美价值，不能感受和把握作品的审美意象。

艺术创作过程是艺术主体与客体不断的交流和互动，主体要充分发挥主观能动性，发挥艺术想象自由对客体进行艺术加工和处理，进行艺术化创作。正所谓艺术源于生活，但高于生活，艺术作品是对艺术客体的创作，但并不是模仿、被动的再现而是融入了艺术主体的主观能动性的创作。艺术主体与客体的相互交融，物我合一，是艺术作品追求的境界。

知识拓展：艺术创作主要是形象思维活动

---

① 叶朗.中国美学史大纲[M].上海：上海人民出版社,1985.

# 单元二　艺术创作过程

艺术创作过程是艺术家以一定价值观为指导，运用一定的艺术语言和表现手法对艺术客体进行能动的表现，实质上是艺术家对客观现实美的发现、认识、表现和再现过程。艺术家对大自然和社会生活进行观察、体验和感知，产生艺术创作的萌芽和欲望，在此基础上融入个人主观情感，对客体进行想象、分析和提炼，在心中形成审美意象的雏形，然后运用特定的艺术技巧和表达方法不断地加工、提炼和打磨，完成审美意象创作的过程。艺术创作过程大致可概括为艺术体验、艺术构思和艺术表现三个阶段，与清代著名画家郑板桥的画竹理论在创作过程上有异曲同工之妙：从"眼中之竹"——艺术体验；到"胸中之竹"——艺术构思；再到"手中之竹"——意象物化[①]（图4-2-1）。

清代著名画家郑板桥，原名郑燮，是唯物主义元气自然论者，这决定了他在绘画意境创造过程中，不仅注重可视有限的物象实景，同时注重声、光、影、气等无限虚景的营造，共同构成画面虚实结合"意境"。郑板桥画竹以瘦竹为主，竹节突出，给人以苍劲孤傲之感，画面多而不乱，受光影关系影响，产生虚实相生的视觉空间效果。

图4-2-1　《竹石图》　郑板桥

## 一、艺术体验——"眼中之竹"

### 1. 艺术体验的概念与类型

艺术体验是艺术创作的起始和准备阶段，艺术家直接或间接的对自然和社会生活进行观察、体验和感受，通过客体的外在刺激与艺术家内心长期积淀的心理感受和情感相融，萌发出一种强烈的、不可遏制的创作冲动和欲望。目的是筛选艺术创作客体，收集和积累创作素材和培养审美情，即郑板桥画竹理论中"眼中之竹"的阶段。

在艺术体验过程中并非所有的客观对象都能够对艺术家进行精神的感发，成为艺术创作的素材和灵感来源，这受艺术家的艺术感知、文化素养、艺术观、哲学观等内在情感因素的制约和影响。因此，在同一时代背景下对同一客观对象，艺术作品具有很大程度的共性之处，同时又有鲜明的个性之处，这也是在艺术风格、艺术流派中艺术作品共性与个性产生的原因。

艺术体验过程可分为自发的体验和自觉的体验。自发的体验是指艺术家童年和少年时期的生活经历，是那些无意识的、没有预先的目的和计划的生活体验。经过长期的成长过程和生活积淀，那些记忆深刻、扣人心弦的生活经历当与艺术家的创作情感产生共鸣时，往往就成为艺术创作的客体。曹雪芹正是在家境兴衰的生活经历基础上，对封建社会有了更清醒、更深刻的认识，从而创作出极具思想性和艺术性的伟大作品——《红楼梦》。

自觉的体验是指艺术家根据创作意图和目的，为了更好地进行艺术形象的塑造而有意识、有计划地去进行观察、感悟和体验。如在艺术典型的人物塑造中，为了让艺术形象活灵活现，演员们往往会进入角色进行亲身、直接的生活体验和感悟；为了营造绘画作品的意境，把握艺术客体的本源和生命力，往往强调艺术家要深入大自然，仔细的观察和切身的感受。

### 2. 创作素材和审美经验的积累

艺术体验阶段的目的是创作素材的收集和审美经验的积累，这是艺术创作的基础。黑格尔说："艺术家创作所依靠的是生活（经验）的富裕，而不是抽象的普遍观念的富裕。""艺术家必须置身于这种素材里，与它建立

---

亲密的关系，他应该看得多、听得多而且记得多，他必须发出过很多的行动，得到过很多的经历，有丰富的生活，然后才能用具体的形象把生活中真正深刻的东西表现出来"①。

创作素材的收集和审美经验的积累，靠的是艺术家对艺术客体直接或间接的感知和体验。直接体验是艺术家亲身经历或亲眼所见，在不断地观察生活、思考生活、体验生活的过程中，丰富多元的所见、所闻、所感积累到一定程度，就成为不吐不快、强烈的创作欲望，很多伟大的艺术作品都是艺术家精神上受到感发一气呵成的作品。

在现实的艺术创作中，即使阅历非常丰富的人也不可能对艺术客体做全部的直接体验，这就需要我们对古今中外的艺术作品、艺术理论、哲学思想、社会文化等进行阅读学习，通过与他人交流或访谈的形式间接地获取艺术体验，汲取艺术创作的营养，丰富创作素材。如原始时期的彩陶艺术、夏商周的青铜器，我们不可能跨越几千年去亲自体验，但这些瑰丽辉煌的艺术作品给当代的艺术家提供了无限的艺术想象和创作的灵感，当下文化创意产品的开发正是基于对优秀传统文化的弘扬和文化自信建立的需求上，站在当下时代背景和审美需求下发展起来的。在西方现代艺术理论中，欧洲的唯美主义运动、新艺术运动、工艺美术运动中的装饰动机、异域风情都成为其艺术装饰灵感的来源之一，艺术家们常常从日本的浮世绘、木刻版画，中国的陶瓷、明清家具，埃及、波斯等异域文化中获得创作灵感。它们共同丰富了艺术家创作的素材，提高了艺术家的生活阅历和艺术修养（图4-2-2）。

### 3. 艺术创作欲望的产生

在艺术体验阶段，艺术主体和客体是相互交融、相互作用与反作用的过程，双方都不再是单独的存在。深切的生活体验和审美经验的积累，成为艺术创作的基础，是激发创作欲望的诱因。艺术家通过艺术体验，积累了大量的生活素材和审美经验，当积累到一定程度或在某个契机下，就会转化成强烈的创作欲望和动机，为艺术创作的开展拉开序幕，进入到艺术构思阶段。

图4-2-2　弗利尔艺术馆内的《孔雀厅》

## 二、艺术构思——"胸中之竹"

艺术构思是艺术创作的中心环节，是艺术家在艺术体验的基础上，通过艺术思维对纷繁凌乱的生活素材进行概括、加工、提炼后，经过艺术化的处理在脑海中创作出一个全新的审美形象，即审美意象的生产过程。艺术构思阶段是郑板桥画竹理论中从"眼中之竹"到"胸中之竹"的结果，此时的审美形象并不是眼中看到的直接的生活表象，而是融入了艺术家主观情感经过艺术化处理后的审美意象，是艺术创作最重要的阶段。

艺术构思是一个抽象、复杂、多变的思维创作过程，受艺术创作主体深层的心理结构影响，各种本能、欲望、观念、情感和经验经过长期的积淀，影响和制约着人的认知活动和思维方式。

### 1. 艺术构思的心理影响因素

（1）灵感。灵感是一种具有突发性、顿悟性的思维状态，往往是由外物对人心的触发而瞬时产生的一种幡然醒悟、才思泉涌的精神状态。艺术创作主体在灵感的触发下会进入一种物我两忘的创作境，很多优秀的艺术

---

① 柳福萍. 艺术概论 [M]. 上海：上海交通大学出版社，2015.

作品都是在灵感的影响下一气呵成。如王羲之的《兰亭集序》是在其醉酒的状态下一挥而就完成的，被誉为"天下第一行书"，流传千古。在艺术创作构思中，灵感是艺术的灵魂，当遇到百思不得其解的问题或艺术创作没有好的思路和创意时，我们常常归为"没有灵感"，可见灵感对艺术构思的重要性。

灵感的获取并非易事，而是依赖于艺术创作主体长期创作经验的积累和坚持不懈的艺术实践，在掌握了高度娴熟的艺术技巧前提下，偶然间获得的创作自由。杜甫说"读书破万卷，下笔如有神"。宋代诗人陆游提出"文章本天成，妙手偶得之"的观点，意思是好文章本来是自然天成，偶然得来并非刻意为之。艺术创作主体没有长期的积累、实践、反思与学习，是很难与灵感"偶"遇的。

（2）神思。神思是《文心雕龙》中关于艺术构思想象过程的分析。叶朗在《中国美学史大纲》中认为艺术想象需要人的生理和心理方面的全部力量的支持，要达到神思的境界创作主体一是要有一个"虚静"的精神状态。集中注意力排除主观欲念和外界的干扰，保持纯粹、安静、孤独、心无杂念的心境，进行艺术创作。由于艺术思维具有超前性，许多伟大艺术家的创作之路往往是充满孤独的，艺术作品的价值可能在很长一段时间内不能显现出来。如伟大的印象派画家凡·高对自己的艺术之路充满了执着和疯狂，纵使没人理解，仍一如既往的坚持，生前仅卖出了一幅油画，死后近100年才迎来自己绘画作品的辉煌。二是依赖于外物的感应，刘勰在《明诗》篇说："人禀七情，应物斯感，感物吟志，莫非自然"，正是由于人心对外物的感应，才产生艺术的灵感和创作的冲动。

（3）意识、潜意识和无意识。艺术构思的目的是艺术审美意象的产生，人的深层心理因素对审美意象的生成具有不容忽视的作用。精神分析学创始人弗洛伊德把人的精神活动分成意识、潜意识和无意识三个层面[1]，意识是当前已经显现出来的知觉、思想和感觉。潜意识是可以被感发和唤醒的意识，比如回忆、经验、感触以及知识的记忆储备，当在艺术作品的感发下是能够引起艺术欣赏者情感共鸣的那部分意识。无意识是那些被压制在内心最深处、最原始的本能和欲望，主要是生理层面的内容，如利己主义、性本能、放纵等，往往最直接影响人的行为。

弗洛伊德认为性本能是一切本能中最基本、最核心的内容，人的一切快感都直接或间接与性欲有关。他认为艺术是性的升华，使本能冲动以社会允许的形式得到相应的满足，从而发挥代偿作用。目前无意识已不再仅仅是心理学层面的理论，而是各种艺术创作中普遍应用的一种构思设计方法，已经渗透到文学、艺术、设计以及其他学科领域。以产品造型艺术为例，日本的深泽直人基于人的无意识行为，从客观写生和寻找关联上寻找设计与人的无意识行为关系，设计了众多造型简洁、功能明确，使用方式引导性强的优秀设计。如图4-2-3所示，伞柄设计基于人们在等待时习惯性将手提袋悬挂在伞柄上减轻负担的无意

**图4-2-3　深泽直人的伞柄设计**

识行为，将伞的把手上设计一个凹槽，不仅可以确保手提袋的稳固性，而且可以使这个无意识行为显现并变得合理，让人感觉到设计的合理与贴心。

瑞士心理学家卡尔·荣格发展了弗洛伊德的性泛论和无意识概念，提出"原型－集体无意识"理论，认为人的心理结构包括"意识""个人无意识"和"集体无意识"。个人无意识是以一种情节表现出来。集体无意识是由各种遗传力量形成的心理倾向，是在种族群体长期的历史积淀下形成的民族性、文化性、地域性、风土人情、生活环境等集体特征。艺术作品更多的是对集体无意识的表现，集体无意识在艺术家心理上打下了深刻的烙印，影响着其艺术创作风格和特点。古今中外不同时代和地域背景下的艺术作品所呈现出来的地域风格及特点就是受集体无意识的影响，符合社会的精神需求，如朴实豪放的秦腔与温婉轻盈的昆曲，艺术风格是截然不同的。

---

① 徐恒醇．设计美学概论 [M]．北京：清华大学出版社，2016．

艺术构思是一个复杂、多变的过程，其中涉及很多心理因素，除上述提到的几项重要影响因素外，还受艺术主体的情感、记忆、逻辑、想象等影响。无论是以满足精神需求的纯艺术作品，还是以满足实用需求的设计作品，艺术意象的生成都受创作者和欣赏者多方面的心理因素影响。因此，人的心理结构因素研究是艺术创作构思中最能够引起艺术欣赏者情感共鸣的，它对艺术创作的影响不容忽视。

**2. 艺术构思的方法**

艺术构思的方法是所有艺术门类所必须掌握的艺术思维方式，受艺术创作主体的心理定式、艺术修养的高低、审美创造能力的强弱、艺术题材的类型等因素影响。绘画中的构图布局、虚实关系，影视、小说中的故事情节与发展脉络，舞蹈中的动作编排与主题表达，文学中的艺术典型塑造等，都需要在艺术构思过程经过深入的分析，仔细的斟酌、推敲和打磨后形成。

（1）创作素材的整合。艺术的整合是艺术家运用一定的艺术手法和表现形式，将艺术体验中凌乱的素材进行概括、加工和提炼，作为艺术意象创造的素材。艺术意象不是简单地对客观对象的模拟和再现，而是经过艺术夸张、想象、重塑后，创作出符合社会生活常理的新形态，是艺术创作者抒情的物质载体。例如，文化创意产品设计中，文化元素的提取不是造型、纹样的直接照搬，而是整合众多的文化素材，经过分析、概括，最终提炼出最具文化特色的抽象元素，是结合当下时代生活情境和审美需求的再创造。

（2）创作素材的想象。艺术想象是一种思接千载、视通万里的思维活动，充分发挥艺术想象是创造出独具特色、鲜活灵动的艺术意象的必要条件。在艺术想象时创作主体首先要保持一个平和、虚静、孤独、心无杂念且不被外界干扰的心理状态，只有在这种状态下，艺术想象的灵感、创意才会才思泉涌。《世说新语》中在人物品藻时用到了"松下风""春月柳""游云""朝霞"等自然美来形容人物美；《洛神赋》中曹植在描写洛神的美貌时，用到了"惊鸿""游龙""秋菊""春松""朝阳"及"芙蓉"，充分体现了艺术想象在塑造审美意象时的隐喻。

（3）创作素材的提炼与加工。艺术的加工主要是指在构思过程中对创作素材艺术化加工后的典型化处理。并非所有的生活素材都能成为艺术创作的素材，艺术作品要具有反映社会生活和时代精神的要求，因此，艺术典型的塑造就成为艺术加工的主要目的。典型形象具有个性鲜明、独具特色、概括性强且有代表性的特点，艺术家经过对素材的概括、提炼与加工，创造出能够反映普遍规律或社会情理的个别典型形象。如明清小说中典型人物角色的设定，《水浒传》中塑造的108位好汉形象，历史上真实存在的不过30余人，但每个形象让读者感受到鲜活与生动，就是基于社会生活中人物关系、思维活动、心理变化、社会现象等共性存在的一些特点而创造出来的艺术典型，通过个别表现一般的规律，写出了社会生活关系中的"至情至理"。同样，郑板桥手中的竹子并不是眼中看到凌乱的竹林，也不是吐露新绿的嫩竹，而是喜画瘦石、瘦竹，通过竹节、竹叶、硬石的艺术形象加工，体现出那种"咬定青山不放松"的苍劲挺拔和桀骜不驯的清风气节。

## 三、艺术意象的生成

经过创作素材的整合、想象、提炼与加工后，就进入艺术意象的生成阶段。

**1. 意象的概念**

艺术审美意象的生成是艺术构思的目的，意象的概念最早是由刘勰提出的美学范畴，在《文心雕龙·神思》篇提到"独照之匠，窥意象而运斤"，意思是眼光独到的工匠，能够按照心中的形象进行创作。引申到艺术创作构思中，涉及艺术主客观的融合，艺术家运用独特的审美眼光，将外物形象和意趣与内心的情感交融，在心中形成一个新的形象。

**2. 中国古典美学中关于"意象"的美学范畴**

为了更好地了解意象的概念，我们需要了解在艺术创作中几个"象"的范畴，首先是自然之象，即大自然和客观世界中艺术家直接观察、体验的物象。中国古典美学中先秦时期的《易传》提出"观物取象"的命题，其中卦象、卦辞都是圣人在充分观察自然现象和运行的客观规律后创作出来的，这里的"象"就是客观的自然表象；到了魏晋南北朝时期，艺术创作强调的是审美意象，刘勰在《文心雕龙·神思》篇提道："独照之匠，窥意象而运斤"，这里的象不仅仅是自然之象，而是融入主观情感的审美意象，是主客观的统一。到了唐代，"象"的范畴出现了"境"，所谓"境生于象外"即指的是一种"象外之象"。在山水画中存在大量的留白，这里的留白并非无用，而是一种象外之象的表达，它可以是烟雾缭绕的天空，可以是风平浪静的水面，还可以是深远的空间，这种虚实结合的象共同构成了画面的审美意象，形成了"意境说"[1]。

艺术意境是艺术创作的核心和目的，它是艺术家情思与自然之象（生活表象）、象外之象（象外的虚空）的情景相融，共同传递出艺术作品中旺盛的生命力。艺术作品在艺术创作中都要注重意境中审美意象的构建。李白在《黄鹤楼送孟浩然之广陵》中借助"孤帆、远影、碧空、天际"，使艺术欣赏者通过艺术想象在心中塑造出依依惜别的艺术场景，如图4-2-4所示。我国园林意境美学中对"借景、虚景、移步移景"及声、光、影、色、味的应用，都体现了艺术意境营造中主客观的融合、实景与虚景的融合，如图4-2-5、图4-2-6所示。

图 4-2-4　《黄鹤楼送孟浩然之广陵》中的意境美学

图 4-2-5　园林中的意境美学

### 3. 艺术意象

艺术意象是艺术客体与艺术主体内心一定的审美观念相联结后所形成的心理表象，即前面讲到的主客观统一后在心中形成的艺术审美形象。艺术意象具有审美性、象征性和情感性特点[2]。艺术意象的完成不仅要靠艺术创作主体的艺术化创造，还要经过艺术欣赏者的审美感知。德国美学家康德指出："艺术审美意象是一种想象力所形成的形象显现。它从属于某一概念，但由于想

图 4-2-6　园林中的意境美学

---

① 叶朗. 中国美学史大纲 [M]. 上海：上海人民出版社，1985.
② 王朝元. 艺术概论 [M]. 北京：首都师范大学出版社，2021.

象力的自由运用，它又丰富多样，很难找出它所表现的是某一确定的概念，这样在思想上就增加了许多不可名言的东西，感情再使认识能力生动活泼起来，语言也就不仅是一种文字，而是与精神紧密地联系在一起"[1]。后现代主义符号学在艺术构思中的应用，靠的是隐喻的手段，使艺术作品通过创作者和欣赏者的不同经验的艺术想象完成艺术作品意象的呈现。在建筑设计中，悉尼歌剧院的建筑造型由于艺术审美经验和想象的自由性，给人以"帆影、海贝、羽翼、花蕾"艺术之感（图4-2-7），柯布西耶的朗香教堂在不同角度给人以"帽子、邮轮、鸭子、双手"的感觉（图4-2-8）。艺术意象的完成一是靠艺术创作主体的创造，二是要经过艺术欣赏者的意象感知，才能完成整个艺术意象的形成。

图 4-2-7　悉尼歌剧院

图 4-2-8　柯布西耶的朗香教堂

　　总之，艺术构思是一个复杂的精神创造思维过程，根据艺术意象的初步形成和逐步成熟，发展为"胸中之竹"的发展过程，可以大体归纳为两个阶段。一是对艺术体验阶段所积累的杂乱的生活素材进行归纳和整理，当所掌握的艺术素材在现实生活中某个契机的触发下，产生出强烈的创作欲望和创作动机，形成艺术意象的雏形。二是经过对艺术意象的初步形态进行不断地发挥艺术想象和艺术加工，使艺术意象逐渐成熟和完整。伟大的艺术意象的形成要经过深思熟虑的思考，特别是长篇巨著只有经过艰苦的探索和长期不断的打磨，才会出现"柳暗花明又一村"的灵感和才思。

## 四、意象物化——"手中之竹"

　　艺术家在艺术体验和艺术构思的基础上，要把心中涌现出的"胸中之竹"表现出来，还必须有高度娴熟的艺术表现能力。熟练掌握艺术表达技巧，才能将艺术家胸中的审美意象，物化成具体、可感的艺术作品意象。意象物化是指艺术家借助于一定的物质媒介，运用艺术语言和表现手段，将艺术构思活动中形成的艺术意象物态化，使之成为具体可感的艺术形象，可供鉴赏的艺术作品，其实质是一种审美表现活动，也是艺术品最后成型的关键阶段。

　　郑板桥画竹理论中从"眼中之竹"到"胸中之竹"的第一次飞跃讲的是艺术家审美构思、审美心胸的规定，属于"内化"的层面；而从"胸中之竹"到"手中之竹"的第二次飞跃是审美意象借助艺术家经过长期实践和训练后掌握的艺术表达技巧的呈现阶段，属于"外显"的层面，两次飞跃缺一不可。苏轼曾说："有道而不艺，则物虽形于心，不形于手"，没有高度娴熟的艺术表现能力在艺术创作过程中是不可能实现第二次飞跃的。

　　《庄子·养生主》中记载了"庖丁解牛"的故事，庖丁在19年间用同一把刀宰杀了几千头牛，刀刃锋利得就像是刚在磨刀石上磨好的一样，就是技艺的高度娴熟达到的游刃有余。宰牛的过程一招一式和发出来的声音就像是符合音乐、舞蹈的节奏，一种由内而外散发出来的轻松自由，就像是艺术创作一样给人产生审美的愉悦和超

① 徐恒醇.设计美学概论[M].北京：清华大学出版社，2016.

功利性的精神享受。另外，还有一些故事描述的各类匠人在技艺上达到的高度自由，而产生的艺术审美。

黑格尔曾说："艺术创作还有一个重要的方面，即艺术外表的工作，因为艺术作品有一个特点是技巧的方面，很接近手工业；这一方面在建筑和雕刻中最为重要，在图画和音乐中次之，在诗歌中又次之。这种熟练的技巧不是从灵感来的，它完全要靠思索、勤勉和练习，高度娴熟的艺术技巧是需要长期艰苦的实践和训练的。一个艺术家必须具备这种熟练的技巧，才可以驾驭外在的材料，不致因为它们不听命而受到妨碍。[①]"艺术创作的物化表达需要艺术家通过高度娴熟的艺术技巧，借助特定的艺术语言和艺术媒介完成创作，画家需要掌握皴、擦、点、染；音乐家需要掌握乐理、节奏和韵律；表演艺术家需要根据角色调整表情语言、肢体语言，具备共情能力；设计师需要掌握设计手绘，计算机二维、三维软件辅助设计，3D 打印技术等，不同的艺术门类需要艺术家掌握不同的艺术表达技能，这种在艺术创作上的得心应手需要艺术家长期艰苦的实践和日积月累刻意练习。

艺术意象的物化过程在艺术技巧上体现出艺术家的创作个性和独创性，这与艺术家的美学观、哲学观、心理情感等主观特性有密切的关联。古今中外众多的艺术风格、艺术流派和艺术思潮，其艺术表现技巧也不尽相同，如写实与抽象、现实与浪漫、平面与立体、荒诞与讽刺等。艺术技巧是艺术意象呈现的手段，是从属于整个形象过程中的，因此不能喧宾夺主，失去其真正的价值和意义。

综上所述，艺术创造是一项复杂的精神创造过程，艺术体验是基础，艺术构思是核心，意象物化是艺术表现的结果，在艺术创作过程中，从客观现实的感发—创作欲望的兴起—创作目的的确立—审美意象的构思—艺术意象的呈现，每个环节都是主客观相互影响、相互交融、相互统一，而非各自独立割裂的，共同促使艺术作品得以诞生。

## 单元三　艺术创作方法

艺术创作方法是指艺术家在创作过程中，在一定世界观和美学思想的指导下，对个人思想情感和客观世界审美理想表达所遵循的基本原则与和方法。在艺术创作过程中，艺术家受个人主观特性、审美理想和经验的不同，会自觉或不自觉地遵循着某种或某几种创作思路、原则或审美原则，反映着艺术主体对客观现实的态度，规定着艺术形象的构成方式。

### 一、艺术创作方法的类型与发展

艺术创作的方法是艺术家在特定历史时期下，经过长期的艺术实践和不断的总结而逐渐成熟，形成的创作方式，具有时代性、稳定性、独特性和深远的影响性。艺术作品的外部特征可以传递出创作主体在创作中所遵循的创作原则和创作方法。纵观整个艺术史，不同的时期和背景下出现的艺术创作方法很多，但主流方法依然是现实主义和浪漫主义，以及与其相关的派生和分支。例如，古典主义、自然主义、超级写实主义的基本手法与现实主义有密切的联系；象征主义、表现主义与浪漫主义有一定的内在联系。

现实主义和浪漫主义是西方文艺理论中文学领域的重要术语，作为文艺流派，它们只限于 18 世纪末到 19 世纪末的一个短暂的时间。作为创作方法，它们适用于各个时代和各个民族。任何伟大的文艺大家或作品很难严格地区分是现实主义还是浪漫主义，往往是侧重之分。现实主义是从客观世界出发，而浪漫主义是从主观的方式创作。从历史发展看，浪漫运动是西方资产阶级上升时期个人自由和自我扩张的思想的反映，是政治上对封建领主和基督教会联合统治的反抗；从文艺上是对法国新古典主义的反抗。现实主义与浪漫主义相比发展较晚，反映资本主义社会弊病日益显露，资产阶级的幻想开始破灭。

---

[①] 彭吉象. 艺术学概论 [M]. 3 版. 北京：北京大学出版社，2006.

## 二、艺术创作方法的主流

### 1. 现实主义

现实主义创作方法是从客观世界现实出发，按照客观现实或社会生活的本来面貌，去伪存真，真实地再现或反映客观世界本质和规律的一种创作方法。从达·芬奇、库尔贝的绘画，到托尔斯泰、巴尔扎克、普希金的小说；从《诗经》到杜甫、王昌龄的诗，鲁迅、茅盾的文学小说及《三国演义》《水浒传》等影视作品，无不立足于现实社会生活，客观、真实地反映社会关系，揭露社会阶级矛盾。

（1）艺术表现的客观性与写实性。现实主义的写实性是从社会现实出发，要求艺术创作主体运用写实的、朴素的艺术语言和细腻的表现手法，对客观现实社会进行真实的显现，构成艺术作品朴实、客观、逼真的外部特征。19世纪法国最杰出的现实主义画家库尔贝认为"画家不应该漠视现实而只靠空虚的幻想去创作，更不应该脱离实际地自我陶醉或无病呻吟，而应该以写实的精神和态度用画笔反映现实中存在的场景"。他创作了《筛麦妇》（图4-3-1）、《打石工》（图4-3-2）、《奥尔南的葬礼》《带黑狗的自画像》等优秀的现实主义绘画作品。

图4-3-1 《筛麦妇》 库尔贝

图4-3-2 《打石工》 库尔贝

在库尔贝的创作思想和绘画理论中，以生活真实为创作依据，强调面向现实、接近人民、观察生活，在作品中反映当代进步思想，表达画家自己的感情。他说："我不会画天使，因为我没有见过天使。"

我国秦始皇陵兵马俑坑，堪称是现实主义杰作的典范，以逼真写实的艺术手法，通过重复排列的布局，再现地下秦军排山倒海的气势。用细腻、明快的表现手法，将形态各异的秦俑动作和面部表情展现得形神兼备，具有鲜明的个性和时代特色（图4-3-3）。

兵马俑写实手法应用得非常到位，人物的表情动态甚至皱纹和毛发都描绘得栩栩如生，生动活泼地再现了秦军的形象，为研究秦代军队制度及人物长相、服饰等提供了宝贵的资料（图4-3-4、图4-3-5）。

（2）艺术形象的典型性和深刻性。现实主义不仅要求写实地描绘社会生活的客观形态，还要求透过生活的表面和现象，反映、说明和揭示社会生活的内在本质与规律，这就涉及对现实素材的概括、加工和提炼，创造出能够反映现实普遍规律和生活本质的个体形态，进行典型化的艺术表达。

图4-3-3 秦始皇陵兵马俑坑

图 4-3-4　秦俑的写实创作手法一　　　　　图 4-3-5　秦俑的写实创作手法二

　　艺术形象的典型性是指艺术作品中创作出来的典型人物、典型情感、典型环境等，通过典型化的塑造引起艺术欣赏者的共鸣，从而产生深刻的记忆。诗词歌赋中塑造的离别之情、思乡之情，不仅是创作主体的感情表达，而且也是所有面临分离和远游的人共同的感情。在文学、影视作品中，典型人物的塑造是艺术创造的核心，也是艺术家的个人情感和思想透过典型人物自然的表达。现实主义是基于客观现实和社会生活的创作，因此具有时代精神和社会特色。

　　艺术形象的深刻性是指艺术作品虽朴实无华，却能够透过生活表象，深刻揭露社会的现实及生活的本质。如余华的《活着》，故事情节的设计和人物命运的跌宕起伏，于平凡中达到深入人心的效果，具有非常强的代入感，无不让人为之动容。

　　（3）创作主体思想情感表达的隐蔽性。任何艺术创造手法都涉及创作主体的思想情感表达，现实主义艺术家对情感的表达不是平铺直叙地将个人观点和思想直接点明，而是将个人的情感和思想融合在创作的艺术典型中，自然而然地流露出来。现实主义创作的手法是依据社会现实的创作，社会是不断发展的，现实主义自然也是不断发展的，时刻反映出新的时代特点和生活本质。

　　恩格斯于 1888 年 4 月初致玛·哈克奈斯的信中总结出来一条重要的艺术规律。恩格斯指出："作者的见解越隐蔽，对艺术作品来说就越好。"他指明现实主义地反映现实，必须是思想与形象的统一，即艺术不能脱离形象的具体描写去赤裸裸地表现倾向，不能以写哲学讲义的方式去评价生活。恩格斯还在致敏·考茨基的信中具体指明："我认为倾向应当从场面和情节中自然而然地流露出来，而不应当特别把它指点出来；同时我认为作家不必要把他所描写的社会冲突的未来的解决办法硬塞给读者。"意在说明，作者的见解应该隐藏在作品具体生动的形象体系当中。没有形象就没有艺术。形象达不到的地方，倾向也是达不到的。作者的见解越隐蔽，艺术作品就越具形象性，从而越能显示它艺术地掌握世界的规律和特点①。

### 2. 浪漫主义

　　浪漫主义与现实主义构成了文学艺术创作上两大主流的创作手法。浪漫主义精神自古就有，在原始时期的图腾艺术和神话传说中大量体现，但浪漫主义的兴起是在人文主义思潮所倡导的个性解放和情感抒发推动下产生的。浪漫主义代表作家有雪莱、卢梭、雨果、歌德等；代表画家有德国的德拉克洛瓦，法国的泰奥多尔·席里柯；

---

① 文艺美学研究·作者见解的隐蔽性，https://www.pinshiwen.com/wenfu/wxbk/20191208255794.html.

代表音乐家有舒伯特、舒曼、肖邦等。

（1）艺术形象的理想性。通过艺术加工，按照人们所希望的、理想中的样子描述生活场景和理想中的社会现实。现实主义创作方法注重客观现实和社会生活的真实描述，用写实的手法透过生活的表象反映、说明、揭露社会的本质。与现实主义不同，浪漫主义创作方法是艺术家在现实生活的基础上，用大胆想象、夸张、隐喻、象征的艺术手法，对个人情感、社会思想和美好理想的艺术表达。

法国著名画家德拉克洛瓦的《自由引导人民》是浪漫主义典型代表作品，画面中现实生活中的人民群众在自由女神的领导下与保守的禁卫军展开激烈的革命斗争，激情高涨的人民群众与死去的禁卫军产生了强烈的对比。

图 4-3-6  希腊神话中的半人马

同时，这种人神共存、古代与现代在同一时空下的艺术设计，充分体现了浪漫主义的充分想象和对美好社会愿望的抒情表达。

（2）艺术形象的奇幻性。浪漫主义具有恣意奔放、绚丽多彩的奇幻色彩，追求心目中理想的境界，往往用主观的逻辑中客观事物应有的样子去创造出超现实的艺术形象或生活情景，如希腊神话故事，我国的传奇、志怪小说、古今浪漫的穿越小说等，虽充满迷离奇幻色彩，却符合人心理活动中的"至情至理"。汤显祖的《牡丹亭》中"死可以生，生可以死"，通过大胆的想象、艺术的夸张和离奇曲折的戏剧情节，突破了生死界限、突破了人魂界限，在高度理想化的艺术世界，表达了个人理想和对反封建礼教的反抗。现实生活中，生死是不可以互转的，但在艺术世界中却因人物、情节的设计，符合理想化的情感逻辑。浪漫主义作品虽具有奇幻性，但创作素材依然基于客观现实和社会生活（图4-3-6~图4-3-8）。

图 4-3-7  青铜器上的饕餮纹

图 4-3-8  埃及金字塔前的狮身人面像

（3）艺术形象的抒情性。浪漫主义特别强调艺术家主观情感的抒情和表达。现实主义的情感表达具有隐蔽性，而浪漫主义在情感的表达上是直接的、大胆的、平铺直叙的，强调内心感受的真实性。在明朝剧作家汤显祖的浪漫主义中，主张艺术创作要表达出艺术家的真性情，追求"有情之人""有情之天下"，然而现实生活中是"有法之天下"，即被封建礼教和封建专制政治法律制度所禁锢，于是"因情成梦，因梦成戏"，在艺术作品中完成理想化社会的塑造。

在艺术创作中艺术形象的塑造，现实主体倾向于写实，而浪漫主义倾向于神似，但并没有完全的割裂开，例如，东汉的击鼓说唱俑在形象的刻画上采用了现实主义与浪漫主义结合的创作手法，从其创作题材上来说属于现实主义，真实地再现了东汉时期民间说唱艺术的表演场景，体现出浓厚的地方特色和民俗气息；从艺术形象的刻画上来说属于浪漫主义，运用了夸张、变形的手法，把人物面部表情中的情感表达作为描绘重点；在身形比例上追求"神似"，不符合人体比例的科学性（图4-3-9）。

艺术创作方法是通过艺术作品形式对生活的能动反映，在选择与应用上受艺术家哲学思想、美学思想、世界观、艺术修养和审美创作能力等因素影响和制约，也是形成艺术家个人风格、艺术思潮和艺术流派的重要标记。

图4-3-9 东汉击鼓说唱俑

# 单元四 艺术流派与艺术思潮

艺术流派是指艺术创作风格相近或相似的艺术家所形成的派别；艺术思潮则是大批艺术家艺术主张、风格相近而形成的潮流。在艺术发展史上，每个历史阶段的艺术作品都体现了个性鲜明的艺术风格，出现了多姿多彩的艺术流派，以及影响力强的艺术思潮。

## 一、艺术流派

艺术流派是指在一定的历史阶段内，由一些思想倾向、艺术主张、创作方法、审美趣味和艺术风格等方面相近或相似的艺术家，自觉或不自觉形成的艺术派别。艺术流派是人类艺术不断发展和进步的表现，社会的分工将艺术工作者从体力劳动中独立出来，专业艺术家的出现使艺术有了个性和风格，为之后出现的艺术流派创造了条件。

### 1. 自觉形成的艺术流派[①]

自觉形成的艺术流派是在一定的历史时期和社会条件下，由一些在思想倾向、艺术见解、文化观念及创作风格相近的艺术家，为了明确的艺术主张而自觉组织起来的艺术流派。如我国的新月派、文学研究会、创造社等，西方的超现实主义、拉斐尔前派等。拉斐尔前派是1848年在英国兴起的美术改革运动，最初是由但丁·罗塞蒂、威廉·亨特和约翰·米莱斯3名英国画家发起组织的艺术团体，目的是反对与改变以拉斐尔和米开朗琪罗为代表的时代开创的各种偏向机械论的风格主义艺术潮流（图4-4-1），提倡到文艺复兴之前的作品中寻找灵感，追求那种风格清新、

图4-4-1 《基督在自己父母家中》 约翰·埃弗里特·米莱斯

技巧淳朴和感情真挚的绘画艺术，对19世纪英国绘画史及方向带来了极大的影响。

---

① 彭吉象.艺术学概论[M].3版.北京：北京大学出版社，2006.

### 2.不自觉形成的艺术流派 ①

不自觉形成的艺术流派是没有目的、没有组织、没有宣言的,自然形成发展的艺术流派,这些艺术家或是生活在同一时代背景下,或是在同一地域环境,抑或是针对同一类型的创作题材,在艺术创作方法和思想倾向上有着相近或相似的创作特点,如田园诗派、写实派、浪漫派、荒诞派、边塞派等。

艺术流派体现的是艺术家群体的艺术创作特征。如我国唐代成熟发展起来的边塞派,主要描写边塞战争、风土人情、恶劣环境,反映戍边将士生活及战争带来的各种矛盾,如离别、思乡、怨战等情感内容,有悲壮、有豪情、有壮志、有顽强不屈的意志和必胜的信念,如"不破楼兰终不还";也有批评与谴责,如"一日三场战,曾无奖罚为。将军马前坐,将士雪中眠"。这些以描写同一题材的诗歌、绘画等体现在各门类艺术作品中,统被归为"边塞派"(图4-4-2)。

无论是自觉还是不自觉形成的艺术流派,艺术家群体在艺术创作上体现出来的艺术思想、表现手法和艺术主张存在较大的共性,在人文思想上具有相近或相似的特点,多个艺术风格可以成为一个艺术流派。

图 4-4-2 《雁门太守行》 任率英

## 二、艺术思潮

艺术思潮是指在一定的社会思潮和哲学思想的影响下,艺术领域出现的具有广泛影响的艺术创作倾向和潮流②。在中外艺术史上,不同的时代背景、政治环境和社会发展需求曾出现过多种艺术思潮,如新古典主义的出现是新兴资产阶级希望通过对古希腊、古罗马、托斯坎尼的艺术风格中获取艺术创作动机,来凸显其政治立场上与巴洛克、洛可可等传统艺术的不同。现代主义体现了工业革命背景下带来了社会机械化批量大生产,艺术为大众服务的民主主义色彩;而后现代主义体现的是对现代主义及其他风格的反叛。此外还有启蒙主义、批判现实主义、自然主义等。

优秀艺术作品的文化价值属性能够反映出特定的时代精神、社会面貌、人文思想、生活习俗及生产力的发展。正是时代的变迁造就了艺术风格的变化,不同的时代背景下形成了不同的艺术潮流。在进行艺术赏评时,我们常说要还原到作品的创作背景,这是因为艺术作品背后的文化价值。以我国工艺美术发展为例,汉代受谶纬神学的影响,厚葬之风严重,在装饰题材上,四神纹应用广泛,羽化升仙、祥瑞迷信等内容占比较大。魏晋南北朝时期,玄学盛行,崇尚自然、清新雅淡,文人名士等士大夫好放任不羁;在装饰题材上开始由以动物纹为中心向以植物花草为中心的内容过渡;由于长达300多年的战乱,佛教的兴起在精神上给广大民众慰藉,佛教装饰题材大量出现。唐代达到了封建社会发展的顶峰,宗教、哲学、艺术、文学等各个艺术门类呈现了百花齐放、华丽多彩、繁荣自信的艺术特点,中外文化的交流出现了大量异域装饰题材。到了宋代,哲学思想上由唐代的儒、道、佛并立向理学转变,促使各门类艺术追求平淡、典雅之美,梅尧臣提出"作诗无古今,唯造平淡美"的文学观。宋朝被称为"瓷的时代",受理学平淡的审美思想影响,各种独具特色的宋瓷以釉色和造型之美取胜,很少有繁缛的装饰,具有典雅、含蓄、平易的艺术风格,体现出一种清淡的美。到了元代,政治、经济、文化一度衰败,民族矛盾、阶级矛盾激化严重,科举制度的取消,促使众多汉族文人知识分子转向戏剧创作,在戏剧中完成理想

①② 彭吉象.艺术学概论 [M].3 版.北京:北京大学出版社,2006.

社会形态的塑造；装饰题材多以梅兰竹菊居多，表达了汉族文人不甘被外族压迫的民族豪情。明朝时期资本主义萌芽出现，受人文主义思潮的影响，开始出现对封建传统的挑战，更加尊重人的个性和自由的追求，这在大量的明清小说、戏剧中多有论述。

总之，艺术思潮的形成与发展侧重于从社会历史的角度来把握某种创作思想或艺术主张，受哲学思想和社会文化影响，带来的一种具有社会群体性的艺术创作共性。艺术流派从属于艺术思潮，在同一历史时期和空间背景下，可以有多个艺术流派。艺术流派是侧重于从艺术史的角度来区分各种具有不同特点的艺术派别，如西方的艺术史上同一时间段不同地域空间内出现的多个艺术流派。而艺术风格的范围更为缩小，它是侧重于从艺术家创作个体的主观性来体现艺术独创性，艺术风格具有双重属性，既有艺术家的主体独特性，又具有时代的艺术共性。根据范畴的不同可知，三者之间是个体、群体和较大群体的关系，既有联系，又有差别。

## ※ 延伸阅读

### 在伟大实践中创作时代精品

文化是民族的精神命脉，文艺创作是精神的再现更是时代的号角。

党的十八大以来，以习近平同志为核心的党中央高度重视文化建设工作，深入总结新时代文艺工作面临的新实践、新要求，深刻回答事关社会主义文艺事业发展的方向性、根本性、战略性重大问题，推动中国特色社会主义文艺发展开启了崭新局面。

习近平总书记强调，广大文艺工作者要紧跟时代步伐，从时代的脉搏中感悟艺术的脉动，把艺术创造向着亿万人民的伟大奋斗敞开，向着丰富多彩的社会生活敞开，从时代之变、中国之进、人民之呼中提炼主题、萃取题材，展现中华历史之美、山河之美、文化之美，抒写中国人民奋斗之志、创造之力、发展之果，全方位全景式展现新时代的精神气象。

积极作为，讴歌时代精神。围绕决战脱贫攻坚、决胜全面建成小康社会等重大主题，围绕实现人民对美好生活的向往、实现中华民族伟大复兴的中国梦，广大文艺工作者倾情投入、用心创作，推出大量优秀作品——歌剧《马向阳下乡记》讲述了农科院助理研究员马向阳到村里担任第一书记，以赤子之心化解种种矛盾，带领乡亲们脱贫致富的故事；美术作品《助梦》《在路上》，定格了脱贫攻坚一线的生动场景……这些作品，满足了人民文化需求，增强了人民精神力量，发挥了聚人心、暖民心、强信心的作用。

脚踏土地，唱响人民赞歌。习近平总书记强调，源于人民、为了人民、属于人民，是社会主义文艺的根本立场，也是社会主义文艺繁荣发展的动力所在。广大文艺工作者要坚持以人民为中心的创作导向，把人民放在心中最高位置，把人民满意不满意作为检验艺术的最高标准，创作更多满足人民文化需求和增强人民精神力量的优秀作品，让文艺的百花园永远为人民绽放。文艺创作最根本、最关键、最牢靠的办法是扎根人民、扎根生活。在深入生活、扎根人民的过程中，广大文艺工作者了解人民的辛勤劳动、感知人民的喜怒哀乐，把握时代脉动，喷薄出源源不断的创作灵感。

自信豪迈，讲好中国故事。习近平总书记指出，广大文艺工作者要立足中国大地，讲好中国故事，以更为深邃的视野、更为博大的胸怀、更为自信的态度，择取最能代表中国变革和中国精神的题材，进行艺术表现，塑造更多为世界所认知的中华文化形象，努力展示一个生动立体的中国，为推动构建人类命运共同体谱写新篇章。

在二十国集团领导人第十一次峰会文艺演出《最忆是杭州》中，《春江花月夜》《采茶舞曲》《高山流水》，彰显了中国审美旨趣；在"一带一路"国际合作高峰论坛文艺演出《千年之约》中，飞天仙女、京剧昆曲让中国艺术大放异彩……这一系列演出活动像一张张中国名片，向国际社会展现着五千年文明的时代新声，在文化交融中各美其美、美美与共。

## ■ 模块小结 ■

　　艺术创作是一种复杂的精神劳动的活动过程，也是一种创造性的精神劳动的活动过程。这一过程从立意到表现，对艺术家来说，只有独具匠心、别具一格、别出心裁、别有风味，才能实现艺术作品的独树一帜，才能得到接受者的认可肯定。本模块主要介绍了艺术创作主体与客体、艺术创作过程、艺术创作方法、艺术流派与艺术思潮。

## ■ 练习思考 ■

　　1. 艺术创作主体有哪些？艺术创作的客体有哪些？
　　2. 简述艺术创作的过程。
　　3. 简述艺术创作方法。

# 模块五

# 艺术作品论

■ **知识目标：**

1. 掌握艺术作品的三个层次。

2. 领会艺术作品内容和形式的构成因素。

3. 识记艺术典型、艺术意象和意境的内涵。

4. 了解艺术风格的影响因素。

5. 掌握艺术风格的类型。

■ **能力目标：**

通过艺术作品的构成、艺术风格、艺术意境，能够进行艺术作品创作。

■ **素质目标：**

拥有充沛的体力和健康的身体；能够在学习中全身心投入，具有做事的干劲。

■ **模块导入：**

艺术作品是指艺术家运用一定的物质媒介和艺术语言创作的成果或产品。它是通过艺术构思和艺术创作，将艺术家头脑中形成的主客体统一的审美意象物态化，创造出来的审美鉴赏对象。在艺术实践活动中，艺术作品是连接艺术创作与艺术鉴赏的中心环节，它既是艺术家创造的精神性成果，同时作为艺术鉴赏的对象，又是欣赏者进行艺术鉴赏的基础和起点。因此，对于艺术作品本身的研究已经成为文艺理论研究的一个重要课题。

# 单元一　艺术作品的层次

歌德曾说过："艺术要通过一个完整体向世界说话。"这里的"完整体"指的就是艺术作品的有机整体性，我们在分析和研究艺术作品时，可以由表及里探讨它的三个层次。第一层是艺术语言，它是作品中可以直接诉诸人们感官的外在形式结构，也是艺术作品的第一结构，主要由文字、声音、线条、色彩、画面等构成。第二层是艺术形象，它是艺术家审美意象的物态化，属于作品的内在结构，需要人们通过审美感知去了解和认识的内容，主要包括视觉形象、听觉形象、综合形象、文学形象等。第三层是艺术意蕴，也是最高层次，属于艺术作品的深层结构，它是深藏在艺术作品中具有象征寓意和深刻内涵的人生哲理、诗情画意及审美情感等，因此，这一层次常常需要鉴赏者仔细品味才能领会到。我们在欣赏一件艺术作品时，经常是既欣赏它外在完美的艺术语言，又欣赏它内在动人的艺术形象，同时还会感悟它深刻的艺术意蕴。

## 一、艺术语言层

中西方文艺界一直都非常重视对艺术语言问题的研究探讨。马克思和恩格斯指出："语言是思想的直接现实……无论思想还是语言都不能组成特殊的王国，它们只能是现实生活的表现。"[①] 这表明，语言不是表达思想、意义的简单"工具"，而是思想、意义的"直接现实"。克罗齐（Benedetto Croce，1866—1952）在《美学原理·美学纲要》中指出："语言根本是诗歌和艺术。"[②] 科林伍德在克罗齐观点的基础上得出结论，认为"艺术必然是语言"。中国古代文论思想对艺术与语言的关系也有一套独特观点，认识到语言是外在客观世界之"道"的存在方式。《周易·系辞》中指出"鼓天下之动者存乎辞"。这里的"辞"可以理解为文学中的语言具有鼓动天地万物运动和变化的神奇力量。刘勰在《文心雕龙·原道》中引用这句话后指出"辞之所以能鼓天下者，乃道之文也"。在他看来，文辞之所以有鼓动天下的力量，就因为它是"道"的存在方式。刘勰明确地把文辞或语言的力量同最根本的天地万物之"道"联系起来，从而揭示了语言的力量根源。另外，《易经·系辞》中的"言、象、意"，《庄子》的"得意忘言"，欧阳建的"言尽意"，都试图把艺术与语言的关系厘清，进而探讨艺术语言的层次问题。

### 1. 艺术语言的内涵

语言是人们在生活中用来交流感情、传达思想的重要交际工具。最初人类出于交流表达的需要创造了口头语言，后来由于口头语言的时空限制，又发明了文字语言。随着文明的不断进步，人类又创造出一种更高层次的特殊语言，即具有审美价值的艺术语言。所谓艺术语言，是指艺术家在各门类的艺术创作活动当中，运用独特的物质材料和艺术媒介，按照一定审美法则创造艺术形象的手段和方式。艺术作品的特定内容需要借助于不同形式的艺术语言表现出来，在一定程度上可以认为，没有艺术语言就没有艺术作品。每个艺术门类都有自身独特的艺术语言，因而每一件艺术品都有自己独具的美学特性和艺术价值。

不同的艺术门类都有自己独特审美价值的艺术语言，艺术语言主要包括物质材料、艺术媒介和艺术手段等几个方面，它们作为创造艺术形象表现手段的同时，自身也具备一定的审美价值。物质材料是指艺术家在艺术创作过程中用于表现艺术构思使用的原料和手段，构成艺术语言最基本的物质自然属性。如绘画用的纸张、画布、颜料；书法用的笔、墨、纸、砚；雕塑用的石膏、黏土、金属、石头、木材；音乐中的声音、节奏、旋律；舞蹈中的形体动作和面部神情等都属于物质材料。艺术媒介是传达艺术作品审美信息的载体，在整个艺术实践活动中起着联系艺术作品与欣赏主体的桥梁和中介作用。如电影的拍摄、音响、放映设备；舞台表演的道具、灯光、服饰、布景；音乐演奏所需的琵琶、古琴、二胡、提琴等乐器。艺术手段是指艺术家在创作活动中，为达到艺术作品的整体性、直观性和审美性效果所运用的具体表现方法。它是将主体的艺术体验与艺术构思借助一定的物质材

---

① [ 德 ] 马克思，恩格斯 . 马克思恩格斯全集（第 3 卷）[M]. 北京：人民出版社，1965.

② [ 意 ] 克罗齐 . 美学原理·美学纲要 [M]. 朱光潜，译 . 北京：外国文学出版社，1983.

料和艺术媒介进行重新组合，构成完整鲜活的艺术形象，实现艺术家头脑中审美意象的物态化。如绘画中点线面的结合、色彩的搭配、空间组合等构成艺术作品；舞蹈表演由一系列连贯的人体动作和面部神态组成；电影由镜头、声音、画面、景别、色彩、蒙太奇等构成完整的故事情节。

艺术语言具有独特的审美价值，同时对于创造艺术形象也起着至关重要的作用，因此各艺术门类都十分重视对艺术语言的研究和运用。例如在电影艺术中，电影语言又称视听语言，是电影艺术用来完成叙事、传递情感、表达思想的手段，主要包括影像、声音和剪辑三部分。镜头是影像结构的基本单位，导演利用复杂多变的场面调度和镜头调度，交替使用不同景别叙述故事情节，增强影片的艺术感染力。不同景别可以创造出不同的艺术形象，特写镜头往往用来刻画人物性格，表现细腻的心理情绪等，例如张艺谋的影片《我的父亲母亲》中多次运用"母亲"的特写镜头来表现情绪的细微变化，第一次见到"父亲"时的羞涩与欣喜（图5-1-1），"父亲"送发夹时的兴奋与感动，"父亲"要离开时的难过与不舍，再次重逢时的百感交集等，所有这些情绪表达和对"母亲"这一人物性格的塑造都浓缩在导演精巧的镜头语言中。色彩是影视艺术非常重要的造型元素，一方面它能够对现实环境进行客观再现；另一方面也能通过色彩变换促进电影的叙事，从而加强电影的情感表达。每一部电影的色彩运用都体现着导演对影片的个人审美理解。电影《我的父亲母亲》叙事中，打破了用黑白色代表回忆，用彩色描绘现在的传统表达方式，导演特意用彩色叙述过往故事的美好回忆，用黑白色描绘失去"父亲"后的痛苦现状，这一表达方式颠覆了人们对于影片中回忆与现实的基本色彩认知，黑白色阴冷的现实与彩色美好的回忆形成鲜明对比，给观众带来强烈的视觉反差和情感触动。这部电影中还大量运用了热烈的红色、暖意的黄色、盎然的绿色（图5-1-2），在张艺谋散文式的电影语言中建构出一个诗情画意的影像空间，将"父亲母亲"年轻时纯洁的爱情渲染出一种空灵、悠远的唯美意境，极具东方美学神韵。不仅电影重视艺术语言，绘画、书法、雕塑、舞蹈、音乐、戏剧等艺术，也都非常重视对艺术语言的掌握和运用。

图5-1-1 《我的父亲母亲》剧照　　　　　　　　图5-1-2 《我的父亲母亲》剧照

### 2. 艺术语言的类型

由于创造艺术形象的手段和媒介多种多样，因此艺术语言的种类也是丰富多彩的，具体来说主要包括文学性艺术语言、纯艺术性语言和综合性艺术语言。

（1）文学性艺术语言。文学性艺术语言是指艺术家在创作艺术作品（包括诗歌、散文、小说、剧本等）时，用来塑造具有审美价值的艺术形象、表情达意的抽象性符号语言。文学性艺术语言主要是利用文字符号来表达对世界、人生的观感，使读者徜徉在文字的海洋里获得人生感悟和审美体验。在艺术实践中，艺术家经常运用象征、比喻、夸张、想象、描写等艺术手法，创造出情景交融、虚实相生等各种艺术意象或境界。

如曹雪芹在《红楼梦》这部古典小说中，用个性化的艺术语言描绘出了许多性格各异、惟妙惟肖的人物形象。作品中描写林黛玉（图5-1-3）时多用诗词方式，如"两弯似蹙非蹙笼烟眉，一双似泣非泣含露目。态生两靥之愁，娇袭一身之病。泪光点点，娇喘微微。娴静似娇花照水，行动如弱柳扶风。心较比干多一窍，病如西子

图5-1-3 《红楼梦》中的林黛玉

图5-1-4 《早春图》 郭熙

胜三分。"[1]把林黛玉敏感、聪明、多愁善感的人物形象生动细腻地刻画出来。描写王熙凤时，"一双丹凤三角眼，两弯柳叶吊梢眉，身量苗条，体格风骚，粉面含春威不露，丹唇未起笑先闻。"[2]，由此刻画出王熙凤八面玲珑、能言善辩的性格特点。可见，在《红楼梦》中，独具个性化的艺术语言使读者更容易理解人物形象，身临其境地感受这部作品的艺术魅力。另外，《红楼梦》中还大量运用了谐音、双关、比喻、借代等修辞手法，谐音、双关的修辞手法很多体现在人物的名字上。作品中的名字切实反映出人物的性格和命运，如甄士隐的谐音是"真事隐"，贾雨村的谐音则是"假语存"，贾府四个女儿的名字分别为"元春、迎春、探春、惜春"，把首字连接起来就是"元迎探惜"，即"原应叹息"，寓意贾府四个女儿悲惨的命运，这种双关修辞手法更能反映出作品的深刻主题。

（2）纯艺术性语言。纯艺术性语言是指专门在绘画、书法、雕塑、音乐、舞蹈等艺术创作中所使用的独特性媒介材料。纯艺术性语言的表现力比较强，它通过艺术语言的组合、创造和重构等方式塑造艺术形象。不同艺术门类具有各自不同的艺术语言，如绘画艺术的语言主要是诉诸视觉的点、线、面、体、色彩、构图等元素；音乐艺术的语言则是诉诸听觉的节奏、旋律、节拍、声调、声响等特殊语言；舞蹈艺术的语言是经过高度美化和规范化，并具有自身节奏和韵律的人体动作；书法艺术的语言主要有运笔、用墨、结构、章法、布白等；摄影艺术的语言主要有光线、影调、色彩、取景等。

中国山水画讲究笔墨、色彩、情景的结合，用色上追求沉稳、古雅、简洁的意蕴，在自然和情感的交融下，挥笔泼墨，体现艺术作品的诗情画意。如北宋宫廷画家郭熙的《早春图》（图5-1-4），绘画时用苍劲有力的笔法描绘了早春即将来临的山中景象，画面墨色层次丰富，清净幽远，极富美感，仿佛身临其境。作品采用"三远法"将近、中、远的景致依次展开描绘，从山脚到山顶，山岭相连，错落有致，画面整体构图显得宁静而优美。画家采用传统蟹爪枝和卷云皴的绘画技法，描绘出"峰岫峣嶷、云林森渺"的朦胧意境，由此构成"景外之景""象外之象"的独特审美空间。

（3）综合性艺术语言。综合性艺术语言是指艺术家在创造活动中同时运用多种艺术手段或媒介塑造具有审美价值的艺术形象，它是综合性表达的一种语言类型，如电影、电视艺术在叙述故事时不仅运用纯艺术语言（音乐、色彩、造型等），还融合了文学性艺术语言（台词、剧本、叙事风格等）。

吴贻弓导演的电影《城南旧事》就是综合运用了多种艺术语言，影片讲述了民国时期的小女孩英子（图5-1-5）在北京一座四合院里发生的童年故事，影片整体的拍摄风格清新脱俗、淡然悠远，故事叙述充满了浓烈的文化气质。散文风格是这部电影最为突出的艺术特色，导演利用独特的电影艺术语言将原著中的散文特质

---

① ② 曹雪芹. 红楼梦[M]. 北京：人民文学出版社，1982.

巧妙地表达出来。例如，在电影中对唯美风景的选取，清冷的秋天、静谧的群山、苍茫的长城，还有孤独的骆驼和老人，淡淡的青灰色调也使镜头画面充满了散文诗般"淡淡的哀愁，沉沉的相思"。导演利用蒙太奇的拍摄手法给整部电影的情感氛围奠定了基础，李叔同的《送别》也在这部电影中成为经典，"长亭外，古道边，芳草碧连天。晚风拂柳笛声残，夕阳山外山。天之涯，地之角，知交半零落。一壶浊酒尽余欢，今宵别梦寒。"① 哀伤的歌词和旋律把电影悲惨的氛围推向高潮。整部电影叙事风格就像一首散文诗，寓情于景，虚实结合，将电影的美学风格渲染到极致。

图 5-1-5　《城南旧事》中的英子

## 二、艺术形象层

艺术形象是艺术作品的灵魂，任何艺术门类都必须创造艺术形象，离开了艺术形象，艺术作品也将不复存在。

### 1. 艺术形象的内涵

在中西方文艺理论和美学研究史上，艺术形象都居于核心的地位。中国古代学者对艺术形象的界定是"形神"，形就是外形、外貌，神则是精神、气质，强调形象的创造既要写形又要写神，力争做到以形写神、传神写照。中国古代对艺术形象的研究从秦汉称象、意象、形神等，到唐代提出的境、兴象、意境等，对其概念和内涵的解读也十分丰富。西方对于艺术形象的美学研究也有一个漫长的发展历史，亚里士多德提出可然和必然原则的论说，达·芬奇"人物形象显示了表达内心激情的动作"（《论画》）的观点②，歌德"掌握和描绘人的个别特殊与普遍性"的看法，黑格尔"理想性格是普遍性和个性统一"的论述等，都为艺术形象的美学研究奠定了深厚的理论基础。

艺术形象是指艺术家在艺术创作活动中，通过审美主体与审美客体的相互融汇，利用一定的艺术语言塑造出来的具体审美意义的感性艺术成果。艺术通过艺术语言塑造具体可感艺术形象，艺术形象是艺术语言反映社会现实生活的独特形式，是艺术作品的核心。艺术形象具有独特的审美意义，凝聚着艺术家的审美理想和审美情趣。艺术形象既包括艺术家运用艺术语言创造出来的直观人物形象，如《三国演义》中的刘备、曹操、诸葛亮等人物形象；同时也包括艺术家托物寄情创造出来的具有一定象征意蕴的内在形象，如宋代王安石的《梅花》："墙角数枝梅，凌寒独自开。遥知不是雪，为有暗香来"，后两句看似是在写梅花的幽香，实则以梅喻人，以梅花的高洁和坚韧品格暗喻诗人自己处于艰难环境依然能够坚持正义的精神。

### 2. 艺术形象的类型

从艺术作品的角度来看，艺术形象大致可以分为四种类型，分别是视觉形象、听觉形象、文学形象与综合形象。它们之间既有普遍的共性，同时又有各自独特的个性。

（1）视觉形象。视觉形象是指欣赏者可以直接用眼睛看见的艺术形象。它重视空间感，一般借助二维或三维立体空间，倾向于表现静态空间造型，具有直观性和生动性特点。例如，一幅达·芬奇的《蒙娜丽莎》画作，一件米隆的《掷铁饼者》雕塑作品，一座古希腊帕特农神庙，一幅解海龙的《大眼睛》摄影作品等，作品中塑造的形象都是直观可感的视觉形象，这些视觉形象有的侧重于再现，有的侧重于表现。

摄影艺术最重要的美学特征便是纪实性，摄影作品的影像往往是客观事物的再现，《大眼睛》这幅作品通过

① 专辑：百年经典 1：秋水伊人．北京：中国唱片出版社，2004.

② 伍蠡甫，胡经之．西方文艺理论名著选编（上卷）[M]．北京：北京大学出版社，2007.

拍摄一个现实中贫困山区的小女孩,真实地再现了中国部分偏远地区学生因贫困而失学的残酷现状。绘画艺术除纪实性外,作品中往往还凝聚着艺术家的主观情感,体现着一定的表现性和创造性。例如,荷兰画家凡·高就擅长运用色彩的反差来表现主体内心的情绪,在《花瓶里的5朵向日葵》(图5-1-6)这一作品中,画家特意将向日葵枝干的形状运用扭曲和变形的手法去表现,意在用这种特殊的艺术语言表达其内心的痛苦和挣扎。作品中利用大面积的土黄色渲染出向日葵即将枯萎的生命状态,浓郁深厚的深蓝色背景与艳丽的黄色向日葵形成强烈反差,向日葵中间微微露出青绿色的陶罐,给画面增添了些许神秘色彩。向日葵的叶子已经失去原本饱满水灵的质感,尤其是中间的3朵向日葵像是在死亡的边缘痛苦挣扎。凡·高把向日葵这一物象变成表现情感的载体,意在表达自己的内心也如同作品中的向日葵一样,虽然在死亡的边缘苦苦徘徊,但又憧憬着太阳的希望和光芒。

**图5-1-6 《花瓶里的5朵向日葵》 凡·高**

(2)听觉形象。听觉形象是指欣赏者的耳朵可以直接听到并唤起内心审美情感的艺术形象,主要是音乐作品中,由节奏、旋律和声、调式等物质媒介塑造的审美形象。相对于视觉形象重视静态空间造型,听觉形象更强调时间的线性运动,它通过音响在时间上的流动,带给欣赏者运动的感觉。人们在欣赏音乐作品时,主要依靠个人的情感体验来把握音乐形象,因为每个人的情感体验不同,对音乐形象的理解也存在一定的模糊性和多义性,这也为欣赏者的艺术体验留下更自由的审美想象空间。

例如在欣赏贝多芬《第六(田园)交响曲》时,可以通过感受5个乐章的不同情绪联想到作品中所描绘的不同画面,"初到乡村时的愉快心情""溪畔景色""乡民欢乐的集会""暴风雨""暴风雨过后幸福和感恩的情绪",由乐产生情,又由情产生景,5个乐章的曲式结构让人联想到一幅广阔无垠的乡村生活美景。作品以质朴的感情表达了在大自然怀抱中的欢快与清新,以丰富多彩的音乐语言展现了人与自然和谐共处的主题,色彩清晰的管弦乐使人从听觉上产生对大自然的向往,欣赏者听觉的联想画面与乐曲的意境产生共鸣,最后达成了"神形统一"。

(3)文学形象。文学形象是指艺术家运用语言符号或辅助以书写物质材料在诗歌、散文、小说等文学作品中塑造形象,进而呈现出蕴涵着情感哲思和审美价值的生活图景。文学形象具有不同的类型:一种是通过语言描写可以直接联想到的具体物象;另一种是呈现于心境表现思想情感或意蕴的意象;还有一种是纯粹的无关具体物象的独特意境,如李清照的《声声慢》中"寻寻觅觅,冷冷清清,凄凄惨惨戚戚",作者通过描写残秋,渲染凄婉愁情,如泣如诉,感人肺腑,在虚幻、模糊、缥缈的艺术风格中构建了一种深远的审美意境,因而也属于可思可感的文学形象。文学形象最鲜明的特点就是它的间接性。它不像视觉形象和听觉形象那样可以看得见、听得着,如绘画、雕塑、音乐、舞蹈、影视等艺术门类中塑造的形象,都能直接作用于欣赏者的感官,通过视觉、听觉和触觉可以直观感受到,但文学作品中塑造的艺术形象,需要通过语言符号的引导,凭借自身的生活经验和审美体验,通过想象和联想来把握文学形象的生动画面,这就是文学形象的间接性。

例如小说《三国演义》中的曹操是这部作品备受争议的人物形象,汝南名士许劭对曹操这一人物形象做出的评价是"治世之能臣,乱世之奸雄",也凸显出这一人物形象的复杂性。有读者认为曹操的人物性格中,冷酷残暴是最为显著的特征。在行刺董卓失败逃跑途中,曹操因为自己生性多疑误杀了吕伯奢全家,在明知滥杀无辜的情况下仍然残忍地将吕伯奢灭口。有读者则从另一视角承认曹操性格中唯才是举的诚恳和积极向上的人生态度。一次战役中,关羽不得已投降曹操后,曹操非但没有杀掉关羽,而是待以厚礼,任命为偏将军,并赠送赤兔马给关羽。但关羽仍然不为所动,最后挂印封金而去。曹操不但没有立刻派兵去追杀,还亲自为关羽送行,可见他对贤才的爱护和诚恳。曹操积极向上的人生态度是他在战斗中取得胜利的动力和基础,他对人生的积极态度比较集中地反映在文学作品当中,从他的诗作中可以感受到曹操对政治的抱负,如《观沧海》一诗,就被评为具有吞吐宇宙之气象的经典之作。曹操正是对自己的宏图伟志有积极的态度和强大的信心,才成就了自己"乱世之奸雄"

的地位。对曹操这一人物形象的认识，一千个读者可能有一千个不同的样子，从这个意义上说，文学形象为读者提供了更加广阔的想象空间，可以在阅读过程中自由地进行艺术再创造，获得更多的审美快感。

（4）综合形象。综合形象又称复合形象，是指艺术家在电影、电视、戏剧等综合艺术中创造的艺术形象，包括视觉形象、听觉形象和文学形象，它们在艺术作品中综合成为一个有机整体。综合形象往往需要通过演员在舞台或银幕上表演完成艺术创作，因此，表演艺术在综合形象的塑造中起着至关重要的作用。另外，综合形象还有集体创作的特点，除了需要演员们精湛的表演技巧，同时也需要导演、编剧、摄影师、舞美师等的相互配合，共同努力才能创造出优秀的艺术形象。

陈凯歌导演的《霸王别姬》（图 5-1-7）兼具史诗风格与深刻的文化内涵，以两个伶人的悲喜人生为主线，讲述了中国半个多世纪以来的曲折发展历程。影片在塑造形象时兼具视觉形象、听觉形象和文学形象，视听语言的巧妙安排呈现出命运的无常和对人性的思考。在电影的前半段，从小豆子与小石头的首次登台，到《贵妃醉酒》，再到《牡丹亭》，所有舞台场景导演都是选择红色调为主，加上演员身穿华丽绚烂的京剧戏服，给观众美轮美奂的视觉享受。但是到了影片后半段，红色作为特殊时代背景的象征，又给观众触目惊心的视觉冲击。

**图 5-1-7　电影《霸王别姬》剧照**

导演在电影中还利用音乐渲染悲剧气氛，影片中有两段主题音乐贯穿始终，一段是低沉、婉转的弦乐，另一段是京剧中常见的敲击乐，韵味十足。不同情绪的主题音乐往往隐喻着主人公命运的变数和转折，低沉的弦乐暗示主人公未知的命运，京剧选段则道出"人生如戏、戏如人生"的慨叹。《霸王别姬》这部电影之所以成功还得益于具有浓厚文学底蕴的剧本，通俗中见斑斓，剧本中文化内涵和人性主题的表达，可谓是一部绚烂、令人深思的史诗。

### 3. 艺术形象的特征

艺术形象具有真实性、情感性和审美性等特征，是主观与客观、内容与形式、普遍性与特殊性相统一的审美创造物。

（1）艺术形象是主观与客观的统一。艺术形象是基于一定具体、客观的社会生活，同时发挥艺术家的主观创造性，带有艺术家情感色彩的产物，是审美客体与主体的融汇统一。中外文艺理论研究不乏对艺术形象主客体关系的探讨，黑格尔认为"艺术材料是从现实生活中搜来的"[1]，同时也提出"艺术作品需要一种主体的创作活动。"[2] 清代学者章学诚说《易》时曾提出："人心营构之象，亦出于天地自然之象也。"[3] 他认为，艺术形象是人心的主观产物，但同时也离不开自然界的客观创造。从艺术作品的内容特征来看，艺术形象大致可分为两类：一类艺术形象侧重对现实社会和客观物象的再现，如绘画、雕塑、戏剧、影视等；另一类艺术形象则侧重于艺术家主观性、个性化的情感表现，如音乐、舞蹈、建筑、文学等。虽然艺术形象的表现有所侧重，但整体来看都是客观因素与主观因素的有机统一。

罗贯中在小说《三国演义》中塑造诸葛亮这一人物形象时，一方面依据大量历史文献的真实记载，如陈寿的《三国志》是最早记录诸葛亮的历史文献，同时也融合了作者个人对这一人物角色的理解和主观创造，把历史上真实的人物形象塑造成小说中具有审美性和传奇性的文学形象。罗贯中在丰富、创造诸葛亮艺术形象时，并没有天马行空地脱离历史人物本来面目，而是选取了草船借箭、空城计、舌战群儒等真实历史事件，进行艺术想象、美化和再创造，使诸葛亮这一人物形象成为作家审美意识创作的产物。同样，《三国演义》中曹操、刘备、孙权等艺术形象，作者也是依据客观事实与主观创作相结合的原则来进行塑造的。

① [德] 黑格尔. 美学：第三卷 [M]. 朱光潜，译. 北京：商务印书馆，1981.

② [德] 黑格尔. 美学：第一卷 [M]. 朱光潜，译. 北京：商务印书馆，1979.

③ 章学诚. 文史通义校注（上册）[M]. 北京：中华书局，1985.

像舞蹈这类艺术形象，看似只注重艺术家个人的主观创造和个性表达，实际上同样也是遵循了主观性与客观性相结合的艺术原则。例如，著名舞蹈家杨丽萍的代表作《孔雀舞》，就是艺术家模仿现实中孔雀的某些动作特性，再融合带有艺术家情感和思想的舞台演绎，才呈现出物与灵结合的经典舞蹈艺术。

（2）艺术形象是内容与形式的统一。在艺术创作活动中，任何门类的艺术形象都离不开内容与形式。关于内容与形式的关系，西汉文学家刘安在《淮南子》中曾有论述："画西施之面，美而不可说；规孟贲之目，大而不可畏；君形者亡焉。"[①] 在他看来，画家如果只注重人物的外在之"形"而不注重人物的内涵之"神"，那他所塑造的艺术形象肯定不能获得成功。意大利美学家安东尼奥·葛兰西（Antonio Gramsci，1891—1937）也认为："强调两者的有机统一，反对只重视形式的形式主义观点，也反对只强调内容的机械性观点，艺术作品应该达到和谐统一，成为一个有机整体。"[②] 因此，艺术作品中形式与内容是不可分割的，两者是辩证统一的关系，没有所谓第一性第二性之分，也没有谁高于谁之分。形式是有内容的形式，内容是有形式的内容，艺术作品没有脱离形式的内容，也没有脱离内容的形式，两者共生共存，互为依存，缺一不可，都因对方的存在而存在。两者之间的关系具体表现为：第一，从艺术创作过程上看，内容决定形式，以内在的方式来激发人们对艺术作品的感受；第二，从艺术鉴赏或艺术接受的角度看，艺术形式是以积极能动的方式服务于内容，以直接、具体的外在呈现给欣赏者，从而使欣赏者获得丰富、直观的审美感受。

在绘画作品欣赏中，首先直接作用于欣赏者感官的是作品的艺术形式，而艺术形象之所以能够感动人、影响人，是由于通过这种艺术形式体现出的生动深刻的思想内容，艺术形象达到内容与形式的辩证统一才能真正感染人和打动人。如法国巴比松派的现实主义画家让·弗朗索瓦·米勒的代表作《拾穗者》（图5-1-8），是一幅具有极大艺术魅力的油画作品。画面中3个农妇正在一片刚收割完庄稼的田地里弯腰捡拾麦穗，作品整体的色调温暖柔和，色彩饱和度很高，3个农妇分别戴着黄色、红色和蓝色的帽子，这种色彩的搭配在丰收后的黄色麦田里显得非常和谐，作品有一种质朴、自然的真实感。平稳的地平线构

图5-1-8 《拾穗者》 让·弗朗索瓦·米勒

图给人一种永恒感，这条线与3个农妇组合在一个画面中，近处的农妇与远处的场景拉开了距离，既有辽远的空间，又不失整体，表现出一种深远的意境。画家运用特殊的艺术语言表现出劳动的重要性和农民对土地深深的依恋之情，其深刻的思想内涵和完整的艺术形式有机统一，使艺术形象具有令人惊叹的感染力。

（3）艺术形象是普遍性与特殊性的统一。中西方文艺学家对于艺术形象是普遍性与特殊性的统一观点上达成一致，他们都认为，艺术作品中既要肯定艺术形象的普遍性，也要追求艺术形象的特殊性，它是两者的有机结合。艺术形象的特殊性存在于普遍性之中，普遍性又蕴含于特殊性之中，两者相互影响，如果艺术作品中一味追求共同的审美取向，而忽视艺术本身的个性色彩，必然会导致艺术形象的单一，进而影响艺术作品的吸引力；同样，如果单纯追求作品的个性表现，而忽略艺术作品中蕴含的普遍性特点，会导致艺术形象塑造缺乏共同的审美趣味，影响作品的艺术感染力。因此，完美艺术形象的塑造是普遍性与特殊性的有机统一。德国哲学家黑格尔认为："美和艺术应该从一般的概念出发，将一般转化为个别形象。"[②] 也就是说，获得成功的艺术形象往往更强调个性特色和创新意识，更具有鲜明性、特殊性，同时也在个性当中寻找普遍意义和价值。

在音乐作品的创作中，每个时代的作品都会有这个时代的创作手法和表现风格，即艺术创作的共性，以这些创作手法和表现风格为基础，每部音乐作品又因创作思维和音乐素材的不同，体现出自己独特的个性特征。例如，古典主义时期，贝多芬的大型交响曲《D大调庄严弥撒》，这是一部发自作曲家内心的经典之作。作品一方

① 北京大学哲学系美学教研室. 中国美学史资料选编：上册 [M]. 北京：中华书局，1980.

② 西方美学史编写组. 西方美学史 [M]. 北京：高等教育出版社，2015.

面采用18世纪宗教圣咏音乐静止、稳定的表现风格；另一方面还运用独特的交响乐艺术语言倾入启蒙主义思想。贝多芬在音乐创作时并不是全盘接受传统元素，作品中还充满了个人渴望和平与博爱的主观意图和个性特征。贝多芬在自己的手稿上写道"在写这部大弥撒曲时，我的主要目的就在于唤醒听众和合唱者的宗教情感，并使之得以持久"。由此可见，这部交响曲作品中既带有特殊的个人情感，又带有这一历史时期普通的宗教情感。

从特殊性来看艺术形象塑造，最值得一提的是文学形象。文学领域我们讲艺术形象的特殊性，主要是指作品中的艺术典型。艺术家通过个性化和本质化所塑造的特殊形象，既是艺术家审美趣味的外在呈现，又能从个性中反映社会存在的普遍意义。例如，在曹禺的话剧文学作品《雷雨》中，繁漪是作者笔下塑造最成功的女性形象，通过对繁漪教育背景、生活状态、爱情、婚姻、内心情感的描写，刻画出一个向往美好生活、敢于反抗的人物形象，这个形象是生活在"五四"动荡时期成千上万向往自由独立女性形象的概括。作品中繁漪受到新思潮的影响，其思想、语言具有鲜明的个性特征，保存着当时社会背景下如同雷雨般的性格与原始野性。作品的成功之处，就在于艺术形象打破了特殊性与普遍性的壁垒，把两者有机结合在一起，完成了艺术形象个性与共性的典型统一。

## 三、艺术意蕴层

前面所说的艺术语言层和艺术形象层属于作品外在的形式层，而这里的意蕴层是黑格尔所说的内容层，或者说是精神层，是艺术作品结构的最深层次。

### 1. 艺术意蕴的内涵

西方现代诸多美学流派都对艺术作品的"意蕴"从不同视角、运用不同方法进行了深入研究。英国现代艺术理论家克莱夫·贝尔曾把艺术作品的特性界定为"有意义的形式"，进而把艺术作品的"意义"放在了重要的理论层面。美国德裔艺术史家潘诺夫斯基认为，艺术作品的意义要考虑到艺术家对作品主题所做的风格性处理及其深刻的哲学性内涵。英国文学批评家艾·阿·瑞恰慈提出作品意义应该是某一意向中的事件或是被某事物激起的情感，抑或是某一象征符号的使用者应当具有的指涉等。

"意"的本意是意思，又指人对事物的态度，"意"是儒家倡导的一种道德修养境界，儒家认为，人对事物与行为好坏的看法都由"意"决定。因此，西汉刘向《说苑·修文》中有言"检其邪心，守其正意"。而"蕴"本意是指积聚、蓄藏，也指包藏、包含。所谓"意蕴"，就是指艺术作品内在的含义、意义或意味，犹如"华夏意韵，仙风道骨"。艺术作品的意蕴并不完全是指艺术形象表现出来的主题思想和文化含义，艺术意蕴更多是一种倾向于形而上的东西，是唐人司空图诗歌中的"象外之象""景外之景""味外之旨""韵外之致"，也是英国形式主义美学家克里夫·贝尔提出的"有意味的形式"。德国古典主义哲学家黑格尔在《美学》中谈道："意蕴是比直接显现的外在形象更为深远的一种东西。艺术作品应该具有意蕴……它不只是用了某种线条、曲线、面、齿纹、石头浮雕、颜色、音调、文字乃至于其他媒介，就算尽了它的能事，而是要显现出一种内在的生气、情感、风骨、精神，这就是我们所说的艺术作品的意蕴。"[1]意蕴是艺术创作的最高准则，是彰显美的最高境界，因此，并非所有艺术作品都有艺术意蕴。总之，艺术意蕴是暗含在艺术作品中深层次的人生哲理，是一种形而上的精神内涵和悠远韵味。

### 2. 艺术意蕴的特征

艺术作品的意蕴具有情感性、模糊性和深刻性三个特征。

（1）情感性。艺术意蕴是感性的、具体的，存在于作品塑造的具体艺术形象之中，是艺术家的心灵、情感和客观物象之间相交互融的外化。艺术意蕴的表现，在西方有"移情"，在东方有"借物抒情，寓情于景"。荷兰后印象派画家凡·高在绘画中，主要是运用象征、隐喻手法表达作品中的艺术意蕴。《凡·高在阿尔的卧室》（图5-1-9）描绘的

图5-1-9　《凡·高在阿尔的卧室》　凡·高

---

① [德] 黑格尔. 美学：第一卷 [M]. 朱光潜，译. 北京：商务印书馆，1979.

是穷困潦倒的画家在乡下旅居时睡过的一间卧室，作品里暗喻着凡·高在精神和物质上对"归宿"的不懈追求。从构图上看，画面中的物品都处在不稳定的状态之中，如床与椅子的画法不符合透视法；墙上的画是歪的，仿佛要掉下来；窗户是半开半掩的，玻璃好像蒙上一层纱，风景完全被挡在窗外。从色彩上看，整体看似鲜艳明亮，实际冷暖色调分明，色彩与凡·高不稳定、疲惫的精神状态联系起来，黑色的窗户意在表现画家与病魔的对抗，大红棉被暗示凡·高内心希望拥有温暖的被窝好好休息，凡·高渴望获得温暖、宁静的热切心情溢满了整个画面。虽然画中的卧室有门有窗，或许对于凡·高来说是一处避风港，但更像是一个远离日常生活的封闭空间，深刻表现了画家内心的孤独。除此之外，他的作品《播种者》《收割者》体现出凡·高对死亡和复活的思考，带有强烈的宗教意味。作品《椅子》则更多表达出了他对亲情、友情的强烈渴望，这些都是凡·高内心复杂的情感表达。

（2）模糊性。由于艺术意蕴"不可求之于形象之中，而当求之于形象之外"，即"只可意会不可言传"，所以艺术意蕴具有模糊性和多义性特征。这种多义性不仅与意蕴的多层次有关，还与作品中艺术形象的特殊性、非概念性有关。我们在思考和研究艺术的内在含义时，必然会涉及美学、哲学、心理、社会、历史、宗教等领域，这样一来，考虑其他领域的问题越多，其含义也就越模糊。从艺术家的角度来看，有些艺术家在创作过程中有明确的创作意图，包括选材、主题、情感、意蕴等，不同的欣赏者在欣赏作品时，会受到创作者意图的影响；但更多情况下，人们在欣赏艺术作品时，不可避免会受到个人教育背景、自身经历、情感、心理等多重因素的影响，所以在欣赏同一作品时往往呈现出"一千个读者有一千个哈姆雷特"的不同审美趣味，这也导致了作品含义的模糊。艺术意蕴的模糊性不执着于是或非，而是执着于是非之间的中间地带，似是而非，似与不似，是具象与抽象之间的混沌状态。正如鲁迅所说："一部《红楼梦》，经学家看见《易》，道学家看见淫，才子看见缠绵，革命家看见排满，流言家看见宫闱秘事。"[①]

中国画擅长运用虚实之间的"留白"表现实中有虚、虚中有实的朦胧气氛，这就是艺术意蕴的模糊性。清代任立凡的作品《天地一沙鸥》中，整个画面除了沙鸥和几支芦苇外，空无一物，大量的留白给欣赏者展示了"虚"与"空"的艺术想象空间。一方面，大片的虚空高度概括画面中海天一色的缥缈、空旷、浩荡之处又有无尽的荒凉；另一方面，虚空与实处的对比增加了画面的生动感，正因为"留白"的存在，沙鸥与芦苇才显得旷远、清淡，表现出天地之浩渺，任沙鸥自由飞翔的豪迈豁达之意。艺术意蕴的普遍存在模糊性，这样才能使艺术深层生命力更有研究价值。

（3）深刻性。优秀的艺术作品不仅仅是因为带给人们审美愉悦的外在形式，更重要的是潜藏在作品深处，需要欣赏者反复体悟和探究的内在精神及深刻意蕴。深层的艺术意蕴立足于终极关怀这一永恒主题，包括生命、死亡、人生、博爱、时间、空间等，欣赏者在与作品产生共鸣中获得审美体验，从而引起人们的深思。

电影《阿甘正传》运用丰富的电影视听语言和独特的叙事方式，讲述了主人公阿甘（图 5-1-10）的传奇经历，为美国失去传统美德的某些青年人树立了做人的榜样。在影片中，主人公是先天智商较低的人，但导演借助独特的叙事手法，将这个一直被边缘化人物的闪光点放大，塑造成认真、勇敢、诚实、守信等美德的化身。阿甘在身体残缺的情况下，实现了不可能完成的任务，跨越了英雄与普通人之间的鸿沟，创造了奇迹，而阿甘实现的梦想，也是每一个美国人心中的渴望。影片中蕴涵着美国深厚的传统文化内涵和价值观，引发了大家对生命、选择、爱、信仰等诸多重大人生问题的思考，同时也让观众从中受到启发，应该像阿甘一样执着和豁达，努力追求理想，实现人生价值。

图 5-1-10　电影《阿甘正传》剧照

① 鲁迅. 鲁迅全集：第 8 卷 [M]. 北京：人民文学出版社，2005.

# 单元二 艺术作品的构成

　　艺术作品是由内容和形式两大要素构成，其中内容包括题材、主题、情节、细节等要素，主要表达艺术作品的内在精神内涵；外在形式一般指构成艺术作品的具体媒介、结构、技巧、方法等要素，属于艺术作品的物质因素。

## 一、艺术作品的内容要素

　　艺术作品的内容是艺术家在个人体验的基础上，按照自己的审美理想在作品中表现出来的具体、生动的生活画面和情感内涵。艺术作品的内容源于艺术家对自然、社会的认识和理解，是艺术家与客观世界进行精神交往的桥梁，因此，艺术作品是一种特殊的精神性成果。在任何艺术门类中，内容都是艺术作品的第一要素，可以说没有内容就没有艺术。艺术作品内容所包含的各类因素中，题材和主题两者缺一不可。

### 1. 题材

　　关于艺术作品题材的界定，有广义和狭义之分。广义的题材是指一切能够成为艺术作品创作取材的范围，包含现实生活中广泛的画面、情景、事物等，如雕塑作品中所用的人物群像，绘画作品中所取材的自然万物。人们往往借此来划分艺术作品的种类，如影视艺术中的"爱情题材""战争题材""灾难题材"等，绘画艺术中的"山水题材""花鸟题材""人物题材"等，这种广义的题材与具体一部作品中的题材相比，具有概括性、归类性和共同性特征。

　　狭义的题材是指艺术家在作品中表现出来的具体生活画面和情感内涵，在影视、戏剧、小说、绘画等艺术作品中，题材就是艺术家所描绘、叙述的具体事件、人物和景物等，它既对时间有要求，也对空间表现维度有要求。因此，我们可以把题材界定为艺术作品的题材，是指艺术创作过程中艺术家对社会、生活、环境的提炼，同时在此基础上融入艺术家个人的创作意识、情感趋向、创作理念等，是主客观的统一。

　　《金陵十三钗》是张艺谋执导的一部战争史诗电影，取材于现实，由真实历史事件改编。电影以抗日战争时期的南京大屠杀事件为背景，讲述了1937年南京被日军侵占时，在一个教堂里发生的感人故事。完成自我救赎的美国入殓师约翰、以书娟为代表的单纯女学生、一群为解救女学生甘愿牺牲的风尘女子（图5-2-1），以及殊死抵抗的中国军人和伤兵，他们在危难的时刻放下个人的生与死，去赴一场悲壮的死亡之约。该影片在2011年上映后，产生极大轰动，其中很大一部分原因是它的题材取自真实的事件。狭义地讲，这部电影的题材是片中全部的故事情节和人物活动所组成的画面；广义地讲，这部影片的题材可称为"战争题材"。

**图5-2-1 电影《金陵十三钗》剧照**

### 2. 主题

　　"主题"一词最先源于德国，原本是音乐术语，专指音乐中最具有特征的核心乐段。"主题"的概念是20世纪20年代从外国文艺理论中引进的，在中国的古代文论研究中，与主题相似的概念有"意""义""旨""主旨"等。艺术作品的主题，也称主旨、中心思想、题旨，是艺术家在艺术创作过程中，借助一定的审美手段塑造艺术形象，表达作品的主要思想和精神内核。与题材相比，它更强调艺术家的主体表达。在艺术作品中，主题基本上涵盖了艺术家自身个性、情怀、风貌、性格特征、审美理想、审美趣味等内容。因此，从本质上讲，艺术作品的主题可以说是艺术家主体意识的外在表现。

　　主题往往被称为艺术作品的灵魂，它的产生需要两个基本条件：一方面是透过题材所暗示出来的思想内涵；

另一方面是作者的主观情感与题材本身客观意义的"契合"中生发出的具有某种社会意义的思想。在不同的艺术门类中，主题的体现方式也有所不同。像文学、戏剧、电影等叙事性艺术作品的主题一般来说比较明确，绘画、舞蹈、音乐等艺术作品的主题较为含蓄，书法和某些工艺作品的主题则比较淡弱，还有部分艺术作品没有明确的主题，例如一些专门追求形式美的现代作品。

在艺术作品中，题材是外在显现的，而主题是含蓄隐蔽的，往往需要欣赏者了解题材之后，经过认真思考、体会、感悟、回味，才能总结出作品的主题。在描写自然现象或事物的艺术作品中，题材是自然现象或事物本身，而主题往往是它们的象征意义。例如，中国古代的文人墨客在作诗、绘画中特别偏爱梅、兰、松、竹、莲等题材，因为这些自然植物都具有象征性的精神内涵，如梅花的高洁、兰花的贤德、松柏的伟岸、竹的清廉、莲花的出淤泥而不染等，这些具有象征意义的精神内容和情感寄托就是作品的主题。

艺术作品的主题具有不确定性和多元化特征。曹禺的话剧《雷雨》是一部现实主义悲剧作品，该作品的背景是五四运动前后的中国社会，描写了一个带有浓厚封建色彩的资产阶级家庭的悲剧。剧中以两个家庭30年的恩怨为主线，围绕剧中8个复杂的人物关系展开故事。在叙述家庭矛盾纠葛、怒斥封建家庭腐朽顽固的同时，反映了更为深层的社会及时代问题。人们对于《雷雨》主题的认知，从不同角度有不同的观点，如开展反封建主义斗争、弘扬新民主主义革命、资产阶级的命运、爱情悲剧、中国女性等。这部作品表达了深刻的思想文化内涵，主题意蕴纵横交错，具有鲜明的多元化特点。

### 3. 情节

情节原本是叙事性文学作品内容构成的要素之一，它是指叙事作品中表现人物之间相互关系的一系列生活事件的发展过程。它是由一系列展示人物性格，表现人物与人物、人物与环境之间相互关系的具体事件构成。艺术作品情节一般由四要素构成，即开端、发展、高潮、结局。高尔基曾说情节"即人物之间的联系、矛盾、同情、反感和一般的相互关系，某种性格、典型的成长和构成的历史"，因此，情节的构成离不开事件、人物和场景。从狭义上讲，情节不能等同于故事。情节通常被看成连贯故事的要素，情节之间的组合体现了一种因果关系、时空关系和情感关系。英国作家福斯特在《小说面面观》中认为"故事是按照时间顺序来叙述事件的，情节同样要叙述事件，但是更强调因果关系"。例如文学作品中"国王死了，后来王后也死了"，这是故事；而"国王死了，不久王后因伤心过度而死"便是情节。当然，今天我们所讲的艺术作品情节已经不单单是一个文学概念，在电影、戏剧、绘画、雕塑、舞蹈等艺术作品中，情节也成了艺术家重点关注的一个要素。

五代画家顾闳中的《韩熙载夜宴图》（图5-2-2），采用分段叙事的模式，巧妙地运用屏风将整幅画分为5段，画面的内容布置十分富有情节性，类似现如今的连环画，韩熙载重复出现在画面的每个情节之中。第一段"听乐"：画面桌案上摆放了各种酒水果品，营造宴会的热闹气氛。画面中共描绘了7位官员，5位仕女。韩熙载身着暗色长袍，头戴高冠，斜倚在床榻上听琵琶，表情十分淡漠。作者将"听"作为线索，详细刻画人物的不同状态，有的人目光专注于琵琶女身上，认真听乐，有的人在一旁双手打着节拍，似沉浸在乐曲之中。第二段"观舞"：众人在观看舞女跳六幺舞。虽然韩熙载在击鼓伴舞，但是他眉毛微拧，心思并不在敲鼓上，举起鼓槌的手并未十分干脆，而是犹豫不决，这表明韩熙载的心思并不是沉浸在这场欢乐的酒宴中。第三段"休憩"：画面中出现了一支蜡烛，来营造夜晚的环境。这段是整幅画承上启下的片段，也给观者留下一个休息思考的空间。韩熙载在仕女的服侍下洗手，与宾客交谈。第四段"合奏"：韩熙载换了便服，敞开衣服盘坐在椅上，一手执扇，边与旁边的歌姬说话边欣赏歌女合奏，显得心不在焉。第五段"送别"：宴会结束，韩熙载手持鼓槌送别客人。整幅画面通过屏风将几个相对独立的情节结合成一个整体。

**图5-2-2 《韩熙载夜宴图》（局部） 顾闳中**

## 二、艺术作品的形式要素

艺术作品的形式，是指作品内容要素的组织构造和外在表现形态。内容与形式构成艺术作品本身，二者不可分割，缺一不可。艺术作品的内容表现艺术内涵，是艺术的"质""精神"或"灵魂"，艺术作品形式则是为"质""精神"或"灵魂"服务的。一般来说，艺术作品形式可以分为两种：一是作品的内在形式，即作品的结构；二是作品的外在形式，即技巧、手法、物质媒介等。

### 1. 艺术结构

艺术结构是指作品中各个局部之间、题材各因素之间的内在关联与组织方式，结构的功能是把作品中的各个部分、因素组织成一个既和谐统一又多样变化的有机整体。艺术作品的内在结构是艺术形成的内在机理，在不同种类的艺术作品中，结构因素有着不同的表现形态，是艺术作品成形的一种重要艺术手段。

绘画作品中的结构称为"构图""布局""位置"等，作品中的题材、形象、色彩、线条、光线等在画面中的位置布局及相互联系，何处需要浓墨重彩重点描绘，何处只要轻描淡写粗线条勾勒，尤其像"取舍""虚实""主次""疏密""开合""呼应"等，这些都属于作品结构的范畴，对作品成败起着至关重要的作用。

在叙事性文学作品中，艺术家为了更好地突出主题，塑造艺术形象，必须考虑人与人之间的关系如何处理，前后内容如何过渡和照应，情节、场面如何处理，环境如何布置，开头和结尾如何呼应等。合理巧妙的组织结构使形象的各部分、各因素之间的关系得到妥当处理和安排，进而使作品内容得到充分的表现。由于艺术家对生活的认识和艺术修养的不同，结构的方式也多种多样，文学作品中可采用单线结构如莫泊桑的《项链》，双线结构如欧·亨利的《麦琪的礼物》，串珠结构如刘鹗的《老残游记》，板块结构如吴敬梓的《儒林外史》，网状结构如曹雪芹的《红楼梦》等，结构的好坏直接关系到艺术作品的成败优劣。

### 2. 媒介材料

媒介材料是指艺术家在创作艺术作品过程中借用一定的物质材料进行艺术构思，使艺术家审美意识物态化的艺术表现手段。媒介材料是艺术活动得以实现的基础，从某种程度上说，没有媒介材料就没有艺术作品。不同门类的艺术语言是由不同的物质媒介材料构成的，艺术媒介的多样性也使艺术形象丰富多彩。雕塑利用石膏、树脂、黏土、木材、石头、金属等媒介材料创造可视、可触的艺术作品，表达艺术家的审美倾向。如古希腊雕刻家阿历山德罗斯的雕塑作品《断臂的维纳斯》，作品中爱神维纳斯端庄秀丽，身材丰腴，美丽的椭圆形面庞，希腊式挺直的鼻梁，平坦的前额和丰满的下巴，平静的面容，流露出希腊雕塑艺术鼎盛时期沿袭下来的古典主义理想美，充满了无限的诗意。她那微微扭转的姿势，使半裸的身体构成一个十分和谐而优美的螺旋上升体态，富有音乐的韵律感，充满了巨大的艺术魅力。舞蹈主要以人肢体动作的站、立、蹲、扭、伸展、旋转和面部神态表情等物质材料来表现，如柴可夫斯基的芭蕾舞剧《天鹅湖》，有一整套严格的舞蹈程序和规范，最基本的审美特征是对外开、伸展、绷直的追求，尤其是脚尖鞋的运用和脚尖舞的技巧，姿态优美、技巧娴熟，有轻盈如飞的跳跃和令人目眩的旋转，还有快感十足、装饰性极强的双脚打击，创造出富有感染力的舞蹈艺术形象，再现芭蕾舞剧非凡的艺术价值。另外，绘画主要以笔墨、画布、纸张、色彩、线条、光影等为物质材料；文学以文字语言为媒介，抒发情感，阐释人生；影视综合声音、画面、色彩、镜头、蒙太奇作为媒介，运用富有感染力的艺术形式传播中国文化。

### 3. 艺术技巧

艺术家在进行艺术创作时，需要根据不同艺术门类选择不同的艺术语言，不同的艺术语言也有自己独特的艺术技巧，艺术技巧的丰富性和创新性是艺术作品多样性的原因之一。例如画家在艺术创作时，首先熟悉笔墨、颜色、纸张、画布等物质材料的特性，以线描和笔墨为表现基础的中国画，要掌握丰富多变的笔墨技巧和设色、勾勒、钩皴、点染、浓淡干湿等技法和表现手段，而油画讲究扫、抑、砌、擦、拉、拍、挫、线、揉等技巧。对于音乐创作来说，必须对旋律、节奏、和声、乐器、韵律、曲式等技法进行专业的研究和不断的艺术实践，才能创作出经典不衰的音乐艺术作品。舞蹈艺术强调动作与气息控制技巧，不同的舞种也有不同的要求，民间舞呼吸方法有四类，包括快吸快呼、慢吸慢呼、慢吸快呼、快吸慢呼；古典舞讲究"身法"与"韵律"的和谐；现代舞则要求"心燃而气沉"；芭蕾舞用腹部呼吸。电影强调镜头感，纪实类电影擅长运用长镜头，商业化大片则喜欢用蒙太奇手法拍摄。文学的艺术技巧主要表现在修辞方法上，如比喻、象征、夸张、联想等。有时不同的艺术作品，技巧也有异曲同工之处，例如绘画与书法都重视运笔，绘画与雕塑都重视构图。各门类的艺术技巧都需要在长期的研究学习和艺术实践中做到熟练掌握和运用。

### 三、艺术作品内容与形式的关系

在艺术作品中，内容和形式是两个不可分离的统一体，内容是有形式的内容，形式是有内容的形式，两者是共生共存、相互包容、相互转换的关系，都以对方的存在而存在。具体而言，艺术作品内容与形式的辩证关系表现在以下几个方面：

（1）艺术作品内容与形式是相互依存、密不可分的。任何一个艺术作品都是内容与形式的统一，任何形式都渗透着内容，任何内容都通过形式来表现，不存在只有形式或只有内容的艺术作品。因此，在具体的艺术作品中，内容与形式紧密结合，相互渗透，构成艺术作品的两个必备因素。画家徐悲鸿在《奔马图》（图5-2-3）中，融入书法用笔，又在书法中蕴含画意。他笔下的马自由驰骋，没有缰绳、马鞍的束缚，体型高大，腿部修长。以线条勾勒马的外部轮廓，以水墨浓淡突出明暗，巧用泼墨法与积墨法，使画面协调统一。他笔下的马既能体现出西方绘画严谨的解剖与透视，又表现出中国传统绘画的精髓和书法韵味，把国画的写意与西画的严谨融为一体，他笔下的奔马以浪漫的手法隐喻民族危亡之际中华儿女的英勇奋发，实现了艺术作品内容与形式的完美统一。

（2）从艺术创作过程的角度来看，内容决定形式，形式服从于内容。艺术家在创作过程中首先确定了作品的内容，再根据内容的需要去寻找恰当的表现形式。形式的价值在于表现内容或作品的意蕴，艺术作品中的形式是为了表现一定的内容而存在的。达·芬奇的《蒙娜丽莎》（图5-2-4）为了表现画中耐人寻味的神秘意味，最大限度地运用了"薄雾法"，达·芬奇在描绘蒙娜丽莎的嘴角和眼角时刻意将其置于阴暗处，并以模糊的手法进行描绘，使蒙娜丽莎的表情看起来既有暧昧之情，又带有躲避之意。另外，作品中蒙娜丽莎的形体与影子在柔和光线的照射下自然融合，整个画面中很难找到清晰的边线，蒙娜丽莎的面部轮廓线也是若隐若现、似有似无，似乎在表达其背后隐藏的许多不为人知的故事，这也是造成人们无法猜透蒙娜丽莎神秘微笑的重要原因，因此，这幅画的形式是由它的内容所决定的。

图5-2-3　《奔马图》　徐悲鸿

图5-2-4　《蒙娜丽莎》　达·芬奇

（3）从艺术鉴赏即接受角度来看，艺术形式的审美价值对内容具有积极的能动作用。首先，形式以直接、具体的外在呈现给欣赏者，欣赏者从形式的解读获得审美感受，进而才能达到对内容、意蕴的把握。其次，形式是内容的外观，形式的好坏直接影响欣赏者对内容的欣赏。另外，从接受角度来看，美术、电影、音乐等作品，它们的形式本身就是内容。优秀的艺术品能够使欣赏者领悟到超出艺术家创造意图的美感内容，就是因为形式的能动作用。齐白石的《墨虾图》（图 5-2-5）在构图的处理上，以最简洁的构成要素，强化出最丰富的形式美特征，达到一种意在笔先、神余画外的艺术境界。齐白石笔下的虾，不单纯是对客观存在事物的描绘，而且加上了自己的主观思想，赋予虾"精气神"，作品中没画水却让人感觉到有水的奇妙，营造出一种"气韵生动""以形写神"的艺术意境。

# 单元三　典型、意象和意境

在艺术理论中，艺术典型、艺术意象和艺术意境是三个非常重要的概念，中西方文艺思想史上都对其进行了丰富的研究和讨论，三者既有区别也有联系，对于丰富艺术作品的内涵起着至关重要的作用。通常情况下，艺术典型侧重于再现和写实，而艺术意境侧重于表现和写意。典型论在西方文艺理论中占有极其重要的地位，意境论在中国古代文艺理论中占有十分重要的地位。

图 5-2-5　《墨虾图》　齐白石

## 一、艺术典型

在西方文艺理论研究中，对于"典型"的解释有大量论述。其中黑格尔在《美学》一书中提出："在荷马的作品里，每一个英雄都是许多性格特征充满生气的总和。"[1] 他认为，艺术作品中塑造的人物形象应该是个性鲜明又富有代表性的。恩格斯在《致敏·考茨基》中提道"每个人都是典型，但同时又是一定的单个人"。他强调现实社会中的每个人都是个性鲜明的存在。

### 1. 艺术典型的内涵

"典型"一词，在现代汉语中是指具有代表性或概括性的人或事物。在艺术理论中，艺术典型是指艺术家基于自身的审美认识创造出来的，既符合普遍的客观现实规律，又具有独特个性特征的高级艺术形象。

古今中外很多优秀的艺术家创造出个性鲜明、生动的典型形象，深化作品内涵的同时还给欣赏者留下了深刻印象。通常我们所说的典型形象主要指的是文学作品中塑造的最深刻、最成功的典型人物形象。塑造典型的人物形象是艺术家所追求的最高目标，也是优秀艺术作品的一个显著特征，他们既具有鲜明的个性特征，也具有普遍意义上的共性特征，如卡夫卡《变形记》中变成甲虫的格里高尔，雨果《悲惨世界》中的冉·阿让，曹雪芹《红楼梦》中的贾宝玉和林黛玉（图 5-3-1），罗贯中《三国演义》中的刘备、曹操、诸葛亮，老舍笔下的祥子，曹禺笔下周萍和四凤等，这些都是艺术作品中的典型人物形象，使这些优秀作品长期受到人们的喜爱，广为流传，

---

① [ 德 ] 黑格尔 . 美学：第一卷 [M]. 朱光潜，译 . 北京：商务印书馆，1979.

影响深远，具有强大的艺术感染力和永久的艺术生命力。另外，在艺术创作中，艺术家为了使作品的艺术形象更富于典型性和整体性，还会创造出与典型人物相关的典型环境、典型情节、典型景物及典型精神等，这些共同丰富了艺术典型的内涵，其中最为核心的是典型人物和典型环境的塑造。

图 5-3-1　《红楼梦》中的贾宝玉、林黛玉

艺术家在塑造典型的人物形象时，往往着重描写影响典型人物思想动态和发展趋势的具体社会环境，这便是艺术作品的典型环境。所谓典型环境，就是指诸如小说等叙事类文学作品中，促使典型人物性格形成或驱使其行动的特定环境，包括人物生存与故事发展的具体环境和历史环境，如《三国演义》中刘备、关羽、张飞在桃园结义，这里的"桃园"就是作品中为叙述人物关系发展的典型环境。

### 2. 艺术典型个性与共性的关系

艺术典型的个性是指艺术形象独一无二的特点，它是艺术典型区别于其他普遍艺术形象的鲜明特征。具体来说，外在方面表现在人物形象独特的外貌、行为、生活习惯等，内在方面主要是指人物具有与众不同的性格、心理、精神和兴趣等。艺术典型的共性是指艺术形象共有的普遍性质，在艺术创作中，艺术家往往通过具体鲜明的个别形象反映社会生活中的普遍现象或规律，进而引发欣赏者对时代与社会的深思。可以说，典型就是个性与共性的统一、普遍性与特殊性的统一。

艺术典型的个性与共性是相互统一、密不可分的关系。一方面，共性寓于个性之中，这种共性表现为一种普遍性。艺术家在创作过程中要积极主动地亲近自然，充分体验社会生活，用心观察和发现艺术典型身上的普遍性，并巧妙地通过个性表现出来。如著名油画家罗中立的油画作品《父亲》，整个画面由农民父亲沧桑的面容构成，老旧的头巾包裹着头部，黝黑的脸庞布满深深的皱纹，嘴唇略显苍白，粗糙的大手端着瓷碗，中国农民艰辛、朴实、善良、勤劳的共性也正是通过这幅作品中的典型父亲形象体现出来的。

另一方面，鲜明生动的个性中体现出广泛普遍的共性，并且这种具有特征性和代表性的典型，其个性特征越鲜明、越具有代表性，就越能深刻地揭示社会本质和反映现实，越能引起更多人的共鸣，这就要求艺术家在创作时需要在塑造典型上下功夫。例如鲁迅笔下的阿Q是一个从物质到精神都深受封建社会毒害的人，他自私卑鄙、贪婪耍横，面对权势趋炎附势，面对弱小耍横无赖。他喜欢自欺欺人，最为突出的就是通过"精神胜利法"这种自我安慰的方式实现自我救赎，以弥补现实中的自卑感。他从幻想中求胜利，以精神上战胜对方来消除失败所带来的耻辱，从而获得心灵上的安慰。阿Q的个性特点非常鲜明，以致成了现实中这类人的代名词。作品中阿Q这个独一无二的个性形象反映了一个时代和阶级的共性特征。

总之，艺术典型的个性与共性是不可分割的，两者是完美结合的统一。如果艺术创作中只强调共性，那么作品内容就会重复和雷同，缺乏新鲜感和吸引力，大量的同类艺术作品会造成欣赏者审美疲劳；反之，如果艺术创作时过于强调个性而失去了共性，会让读者觉得人物塑造太过于独特，失去了具有普遍性意义的真实性，欣赏者难以接受，更难以产生审美的共鸣。

## 二、艺术意象

### 1. 艺术意象的美学内涵

艺术意象是中国古典美学的重要范畴之一，早在《易传》《庄子》中就有关于意和象的论述。《易传·系辞》中有云："圣人立象以尽意。"这里的"立象"是指对感性形象的表现，意思是运用形象有助于表达主体的情感和思想。《庄子》中亦云："荃者所以在鱼，得鱼而忘荃；蹄者所以在兔，得兔而忘蹄；言者所以在意，得意而忘言"。① 所谓"得意忘言"，是指可以内心意会，不必再言说。魏晋南北朝时期玄学家王弼将其发展为"得意忘象"，王弼讲道："夫象者，出意者也；言者，明象者也。尽意莫若象，尽象莫若言。言生于象，故可寻言以观象；象生于意，故可寻象以观意。意以象尽，象以言著。故言者所以明象，得象而忘言；象者所以存意，得意而忘象。"② 王弼对于"意"与"象"和"言"的关系进行了详细阐述，提出"意"要靠"象"和"言"来传达，"象"与"言"是为达"意"而存在，是达到"意"的必要手段。以上论述大多属于哲学范畴，到了刘勰，则进入审美和艺术的领域。刘勰在《文心雕龙·神思》中讲道："独照之匠，窥意象而运斤；此盖驭文之首术，谋篇之大端。"③这里提到的意象已经是审美主体的情感与客体物象的融合。

艺术意象范畴在西方美学理论中也占有重要地位，康德曾在《西方美学史》中深刻探讨了意象的特征："我所说的审美的意象是指想象力所形成的一种形象显现，它能引人想到很多的东西，却又不可能由任何明确的思想或概念把它充分表达出来，因此也没有语言能完全适合它，把它变成可以理解的。"④ 无论是从我国的传统美学理论，还是从西方美学理论中，都可以看出，艺术意象是源于艺术家主体情感世界的独特审美观照，是指尚未实现物态化的艺术想象成果。

艺术创作中的"艺术意象"主要指艺术家自身的审美情感与客观物象相结合，运用一定的艺术媒介和表现手法所创造的形成于主体观念中的特殊艺术形象。艺术意象是艺术创作者抒发情感、表达思想的审载体，同时也是创作者审美理想和个人意识的集中体现。

### 2. 艺术意象的基本特征

艺术意象主要具有审美性、象征性和多义性特征。

艺术家在进行艺术创作时包含着个人的审美意识和审美理想，这就必然会赋予艺术意象审美属性。这种意象的审美特性一方面表现在艺术家积极主动地带着自己的审美体验去观照客观事物；另一方面，它能够给人提供愉悦感，进而升华为审美感。这种审美感，不仅可以是和谐美，也可以是悲壮美、崇高美，以及滑稽美、幽默美，甚至有时一定程度的丑也能够带来美的感受。这种富有审美性的意象一旦出现在主体的意识之中，便可以对主体的艺术构思产生重要影响，进而对主体的创作带来积极的作用。

艺术意象的象征性是指意象具有一定的象征意味和丰富内涵，这是艺术家在创作时根据自身情感体验和审美理想赋予客观物象某种意义而形成的，能够表达自己的内心情感和深刻思想。艺术意象不同于客观物象，它虽然具有现实的物质特征，但更重要的是具有某种符号意义的象征性。这种具有象征意义的意象，其原来的含义与象征意义既不尽相同，又在某些方面有着内在的联系，有时可能是由于形式方面的因素（如色彩、声音、形状等），有时也可能是某个方面意义的因素，使意象获得了意义的延伸，具有了某种特指性。如毕加索的作品《格尔尼卡》（图 5-3-2）中，运用了大量暗喻、象征的艺术表现手法，描绘了法西斯战争背景下战争给人类带来的灾难。

作品结合立体主义、超现实主义风格，大量表现痛苦、暴力、受难的场景，给欣赏者带来强烈的视觉冲击和心灵震撼。画面左侧通过扭曲的形体和尖锐的造型来表现一个失去孩子的母亲内心的痛苦，母亲的舌头是尖锐的三角形状，这种特殊的艺术语言使欣赏者仿佛能听到她凄厉绝望的哭喊声。画面左下方刻画了一个倒下的战士，一只断了的手上还紧紧握着断剑，剑旁是一朵正在生长着的小花。断剑在这里象征着战争的失败，表达了人民奋战到底、

图 5-3-2　《格尔尼卡》　毕加索

---

① 庄子：《庄子·外物》。

② 王弼：《周易略例·明象》。

③ 刘勰：《文心雕龙·深思》。

④ 朱光潜.西方美学史（下册）[M].北京：人民文学出版社，1979.

坚韧不屈的抗争精神。生长的小花象征着希望，毕加索在描绘这朵小花时，在色彩上偏暗淡模糊，暗喻希望虽然渺茫，但是"星星之火，可以燎原"。画面右上方有一持灯女人的手臂从窗口斜伸进来，发出的强光似乎照耀着这个血腥的场面，这是画面中的超现实主义表达手法，象征着希望之光的到来。

艺术意象的多义性是由艺术构思的情感性和艺术想象的模糊性决定的，艺术意象虽然是具体的，但它所代表和象征的含义是多样的、不确定的，即使单一意象也可能有多重指向意义，而复合意象或意象群的多义性就更加明显。意象的多义性并不代表其多种含义不具有内在联系，而是指在一种或两种主导性含义的基础上派生出其他含义，它们之间不仅具有密切的联系，而且可能相互影响、相互制约、相互转化。正是由于艺术意象的多义性，

才使作品的内涵更加丰富。如电影《驴得水》中，张一曼（图5-3-3）是一个美丽善良、追求自由的女性形象。一方面，她展示出传统意义上的贤妻良母形象，在偏远乡村学校的艰苦条件下，主动承担工作和生活中的琐事，对身边的男性极度宽容，学校遇到困境时也甘于牺牲自己；另一方面，她年轻美丽、天性单纯、思想开放、生活随性，是个前卫时尚的新时代女性代表。对影片中张一曼这一人物形象的评价，有人认为她是"善的坚持，浪荡表现下的单纯"，有人认为她是"身体与意识双重觉醒的女性"，还有人认为她是"封建观念影响下的牺牲品"，等等。影片将张一曼作为欲望化的人格符号，赋予这个角色多重含义，真实展示了女性身体被物化甚至毁灭，灵魂遭亵渎的现实生存图景。

图5-3-3 电影《驴得水》中的张一曼

## 三、艺术意境

### 1. 艺术意境的内涵

"意境"是中国传统古典美学的独创概念和核心范畴，是中华民族在长期艺术实践中形成的一种审美理想境界。意境这一美学范畴可以追溯到先秦的老庄哲学与魏晋玄学，后受到佛教影响诞生于唐代。佛教自汉代传入中国后，在魏晋时期与玄学融合发展并趋于中国化，因此，中国的禅宗对于意境的形成产生了直接的影响。从中国古典诗论来看，唐代诗人王昌龄所作的《诗格》中，把诗分为三境，分别是物境、情境和意境。从唐代司空图提出的"韵味说"，到宋代严羽的"妙悟说"，再到清代王士禛的"神韵说"，直到近代王国维的"境界说"，都认为诗歌中存在"言有尽而意无穷""只可意会、不可言传"的玄妙意境。特别是王国维认为"境界应当包括情感与景物两方面"，他在这里所说的"境界"，其实质就是"意境"。王国维是"意境论"的集大成者，他在《人间词话》中提出了"有有我之境，有无我之境……有我之境，以我观物，故物皆著我之色彩。无我之境，以物观物，故不知何者为我，何者为物"。"意境"也就成为中国美学史上最具生命力和理论价值的美学范畴。前者是意与境合，思与境偕，以真境求神境的作品。后者则是境由意造，以情构景，因心造境的作品。不只是中国古典诗中重视意境，绘画、文学、书法、音乐、建筑、戏曲等艺术也都十分重视意境，由此可见，意境是中国美学史上关于艺术美的一个非常重要的标准。在艺术创作中，艺术意境就是艺术创作者情感思想、审美观念和生命体验与自然景象融合而成的艺术想象空间。艺术意境是作品中呈现给欣赏者的景真、情深、意切的出神入化的艺术境界，使欣赏者通过想象和联想，身临其境般地进行沉浸式审美体验，在思想、心灵和感情上受到感染。

### 2. 艺术意境的审美特征

艺术意境的特征主要体现在以下三个方面。

第一，艺术意境的情景交融。明末清初思想家王夫之在论述情景时曾说："景生情，情生景""情、景名为

二，而实不可离。神于诗者，妙合无垠。巧者则有情中景，景中情。"①由此可见，古人把情景交融作为艺术意境的核心来看待。艺术意境是主观情感与客观景物相融合的产物，既有来自艺术家主观的"情"，又有来自客观现实升华的"境"，作品中的"情"和"境"有机结合，境中有情，情中有境，达到情与景、意与境的统一。

景中有情，即"景生情"。艺术家在创作时，经常关注对客观景物的表现和描绘，并以此表达艺术家个人深沉、浓郁的思想情感。中国古代艺术家在绘画和诗歌创作时往往钟情于自然山水，一方面表现山水的瑰丽、神奇或壮阔，另一方面则寄情于山水之间，抒发情怀。如宗白华先生所说："只有大自然的全幅生动的山川草木，云烟明晦，才足以表象我们胸襟里蓬勃无尽的灵感气韵。"②唐代浪漫主义诗人李白在《黄鹤楼送孟浩然之广陵》中咏道"故人西辞黄鹤楼，烟花三月下扬州，孤帆远影碧空尽，唯见长江天际流"。其间，黄鹤楼、烟花、孤帆、碧空、长江、天际等，构成一幅景象美丽的画卷，而主人送别友人时痛苦、不舍和怅然之情油然而生，进而又引发出一种惆怅之外的空灵和超然，其诗意充实而悠远，获得了极佳的艺术效果。

情中见景，即"情生景"。艺术家在创作实践中，有时并不直接描绘景色，而是通过表达心中的情思，让欣赏者联想到与主体情感意味相通的景色，这就是情中见景。在中国传统古诗词中，诗人通过直抒胸臆创造出的意境更显深沉和悠远。如唐代诗人陈子昂的千古绝唱《登幽州台歌》就是这种"情生景"的典范，"前不见古人，后不见来者，念天地之悠悠，独怆然而涕下"。我们在欣赏这首诗的时候，根本看不到具体的景物，全诗都是在抒情言志，但如果我们将主人公置于诗的情绪之中，就会感受到一幅天地沧桑的画面和景象，可以联想到主人公独自立于高台之上，望着乱云翻卷的苍茫大地、浩渺天穹，凝思古往今来的铁马金戈、朝代更替，感叹文人志士的来去匆匆、英雄末路，一腔幽愤和沉郁之情充溢于整个画面之中。诗人虽将实景隐去，但字字如珠玑的诗句能引发人们无尽的遐思，生动而丰满的景色"呈现"在眼前，如同身临其境一般，与诗人同歌、同慨、同泣。

第二，艺术意境的虚实相生。"虚"和"实"历来是中国艺术追求的重要审美范畴之一，而虚实相生正是艺术家对于和谐美意境的创造与追求。虚实相生的意境，在我国有着深厚的思想渊源，许多学者把虚与实的有机统一视作艺术意境的核心。王夫之在《张子正蒙注·太和》（节选）中提出"虚必成实，实中有虚"。清人笪重光认为"空本难图，实景清而空景观；神无可绘，真境逼而神境生。位置相戾，有画处多属赘疣；虚实相生，无画处皆成妙境"。画家在有笔墨处，即实处求法度，在无笔墨的虚空处求神理，妙境正在无画的空白处，这里所说的空白即虚无，正合老子的"道"之理。"道"是无状之状，无物之象，迎之不见其前，随之不见其后，视之不见，故被老子称之为无形之"大象"。

实际上，意境分为实境和虚境，实境是虚境的基础，虚境是实境的升华，虚实相生就是实境和虚境相互转化融合的结果。所谓"实境"是指对于具体实景的客观再现，实境的描写在艺术作品中是非常重要的。在诗歌、文学、绘画、小说等艺术中，运用一定的艺术媒介表现逼真精妙的实境，创造出富有美感的画面，给欣赏者带来审美享受。"虚境"是大多数艺术家在艺术创作时追求的目标，关于"虚境"的表现有两种不同的看法：一种是以景为实，以情为虚，强调情景互融；一种是以形为实，以神为虚，强调以形传神。其实两种观点中的景与形都指物象，并无大的区别。因此，"虚境"是指在实境的基础上，艺术家融入主体思想、情感和想象，是对作品内在神韵的追求，"虚境"的神韵决定了艺术作品的审美效应。在中国画中，艺术家善于从实景有笔墨处深入虚空无笔墨处，在"空白处"探索创造画中的空灵妙境，此处的"空白"即为"虚境"。如南宋马远的传世之作《寒江独钓图》（图5-3-4），画面上除了一老者坐在一小渔船上，其他全是"空白处"，满纸不做过多笔墨，却营造出了满纸江水的玄妙意境。唐代画家阎立本在《步辇图》（图5-3-5）中描绘唐太宗端坐于步辇中接见吐蕃使臣，虽然画面背景一片空白，但欣赏者在欣赏这幅画作时，脑海里会自然而然想象出帝王周围的豪华宫室与繁荣景象，这便是画中的"虚境"，一种"无中生有"的至高、至深、至美的空灵妙境。

① [清]王夫之.姜斋诗话笺注[M].上海：上海古籍出版社，2012.
② 宗白华.宗白华选集·中国意境之诞生[M].天津：天津人民出版社，1996.

图 5-3-4 《寒江独钓图》 马远

图 5-3-5 《步辇图》 阎立本

第三，艺术意境的韵味久长。艺术活动中的"韵味"，在中国古代艺术理论中是指意境中那种使人得到美的感染的韵致、情趣和滋味。关于韵味这一概念的研究，可以追溯到唐代诗论家司空图，他在《与李生论诗书》中提出"辨于味而后可以言诗"，主张写诗要追求"韵外之致""味外之旨"。除此之外，与"韵味"相近的概念还有很多，如南朝文学家钟嵘在《诗品》中提出的"滋味"说，南朝画家谢赫提出的"气韵生动""神韵"说，以及南宋诗论家严羽的"兴趣"说，清代诗人王士祯的"神韵"说，都从不同角度阐述了与韵味相关的意境创造。诸如"风韵""情韵""韵致""韵度"等，都是"韵味"的别称，都是体现艺术作品内在的情趣意味。韵味久长、气韵生动，便成为艺术家创作中追求的境界。

韵味可以使欣赏者感受到充满灵气悠远和壮阔的世界，李白的诗作可以达到这种境界，无论是"君不见黄河之水天上来，奔流到海不复还。君不见高堂明镜悲白发，朝如青丝暮成雪"，抑或是"长风破浪会有时，直挂云帆济沧海"，都将读者引入飘逸和玄妙的审美想象空间。陈刚、何占豪创作的小提琴协奏曲《梁祝》也是具有丰富韵味的优秀作品。该乐曲以越剧曲调为素材，借助交响乐的表现手法，采用奏鸣式结构，凸显梁祝爱情主题，出神入化地演绎了"草桥结拜""英台抗婚""坟前化蝶"等内容。乐曲初始，便以几声拨弦和长笛的悠远之声，开启了如泣如诉的动人乐章。由小提琴主导的旋律奏鸣主题，伴随大提琴等管弦乐，将梁祝二人的爱情表现得淋漓尽致，动人心弦。乐曲随情节的发展而跌宕起伏，时而明朗欢快，时而情意绵绵，继而是怨愤惊惶的抗争，最后是凄厉哀痛的哭灵。及至乐曲终了，在飘逸的弦乐衬托下，主旋律再现，主人公幻化为一对翩然飞舞的蝴蝶，在美轮美奂的时空中获得了永恒。

# 单元四 艺术风格

"风格"原指人的行事作风和精神品格，后来演变成艺术作品中艺术家所表现出来的艺术特色。不是每一部作品都具有独特的风格，只有那些在艺术创作中不断探索、勇于创新的艺术家才有可能创作出独具风格的艺术作品。

## 一、艺术风格的内涵

在中国，"风格"一词在魏晋时期就已经出现，当时主要是指人的风度与品格。到了南朝刘宋时期，"风格"被作为一种文学批评用语，指文章的风范格局。曹丕《典论·论文》中提出"气"和"体"的重要概念，"体"是"气"转化而成的"文"之风格体貌，也是今天所谓"文中之气"的表现状态。南朝梁刘勰在《文心雕龙·体性》中把"风格"界定为"夫情动而言形，理发而文见，盖沿隐以至显，因内而符外者也。"开始形成比较系统的风格理论。钟嵘《诗品》中的"味"，就是指诗的韵味，也是对诗作"风格"的分析与阐释。在唐代的画论中，"风格"常常被用作绘画艺术中的品评用语。近现代以来，国内外艺术理论界更是注重对风格的研究，"风格"的存在与发展深刻地体现了艺术的内在规律，"风格"一词也逐渐拓展到其他艺术领域，成为一个文艺学、艺术学和美学的重要研究范畴。

所谓"艺术风格"，在艺术学范畴可以理解为艺术作品"因内而符外"的风貌，是艺术家的创作个性与艺术作品的内容、形式相互作用所呈现出的相对稳定的艺术特色。艺术风格是艺术家在创作实践中逐渐形成的，是艺术家创作见解、抒情达意的独特艺术表现。创作个性是艺术家的思想情感、气质性格、审美情趣、艺术修养等精神个性在创作中的综合体现，也是艺术家在艺术作品中所呈现的个性特色。当这种创作个性成功地体现在艺术作品内容与形式的有机统一时，艺术作品就有了自己独特的风格。可以说，创作风格的形成是艺术家创造个性成熟的标志，也是艺术作品达到较高水准的标志。

任何一个艺术风格都具有时代、地域和表达主体的限定性，所以，艺术风格并非对一个艺术品的鉴赏表达，而是对特定时代背景、地域文化、表达主体的艺术鉴赏的高度概括，因此，艺术风格的内涵是对特定时代、特定地域和表达主体的共同性分析。

## 二、艺术风格的影响因素

艺术风格的形成涉及诸多要素的影响，既与艺术家本人的情感、思想、气质、意志等主观因素相关，同时也与社会历史发展的客观因素相关。艺术家的生活经历、教育背景和审美观念不尽相同，在艺术创作活动中，作品内容与形式上所体现出来的个人特质也不同，在此基础上形成的作品风格往往是艺术家个人特质的体现。另外，艺术家生活的特定历史时期的社会、政治、经济、文化和时代风貌，也会对艺术家的作品风格产生一定影响。因此，探讨艺术风格的形成必须从艺术家的人格风范、创作个性入手，从时代、社会、民族的高度加以观照，才能真正把握艺术家作品风格形成的脉络及规律。

### 1. 主观因素

从主观方面来看，艺术家本人的审美趣味、情感态度、生活经历、文化教养、艺术修养、才能和个性等都是艺术风格形成的影响因素，从这种意义上说，艺术家作品的风格也是其人格的体现。法国18世纪著名评论家布封曾在《论风格》一文中谈到"风格即人"的观点，他认为，艺术风格正是创作主体思想、审美意识的表现方式，是艺术家本人的印记和标志。具体来讲，影响艺术风格的主观因素主要有以下几个方面。

（1）审美情感。艺术家的审美情感是指主体对于客观物象的一种主观感受，由于审美主体的心理差异，审美情感往往带有强烈的主观色彩和个性特点，因而造成作品风格丰富多彩。情感和其他心理要素一样，都是人类在长期的生活实践中产生和发展的，积淀着社会历史和人类生活的具体内容，具有一定的社会普遍性，因而，艺术家的情感及其风格能够与欣赏者进行交流和沟通。

（2）生活经历。艺术家个人生活经历会对他的创作风格产生较大影响。艺术家先天的"才""气"对风格有一定的制约力，但后天的生活经历和实践很大程度上会使艺术家的"气"受到影响。个人的出身、教养、生活境况、个人情感等都会对创作风格的形成产生不同程度的影响。尤其是生活中那些刻骨铭心的经历，更能对艺术家风格的转变产生重大影响。如李清照的词作风格前期以婉约清丽见长，后期以哀伤愁苦为主，这种艺术风格的转变就是受到生活经历的影响。李清照在18岁时嫁给赵明诚为妻，两人情投意合，婚后生活平静、温馨而幸福。在《减字木兰花》中写到"卖花担上，买得一枝春欲放。泪染轻匀，犹带彤霞晓露痕。怕郎猜道，奴面不如花面好。云鬓斜簪，徒要教郎比并看"。这首词通过细腻的语言描述表现了二人婚后生活的甜蜜，在这种幸福生活的影响下，李清照词作风格日趋生动活泼，富有浪漫的生活化气息。但是到了后期，靖康之乱，国破家亡，丈夫病逝，生活中的这些变故使李清照的词作转变为悲伤、孤寂的艺术风格。词作《声声慢》中"寻寻觅觅，冷冷清清，凄凄惨惨戚戚"，寥寥数字写尽李清照在黄昏后独立雨中的凄凉与悲伤。李清照因生活环境的变迁，带来心境的变化，从而影响艺术风格的改变。

（3）思想修养。艺术家的思想修养即世界观，对艺术风格的形成也起着至关重要的作用。任何艺术作品都会表达创作主体的思想和精神风貌，没有思想内涵的作品是难以想象的。艺术家在哲学、道德、美学等方面的修养，无不渗透于作品之中。艺术家在长期的生活实践中接受了各种思想的影响，会在艺术家的精神世界中形成特定的思维定式，牵引着主体的意识和潜意识进行艺术创作。

（4）艺术素养。艺术家对艺术的感受、体验、评价和能动创造的能力即为艺术素养，具体包括对艺术总体规律的把握，对艺术理论、艺术史知识的掌握，对某些艺术门类特殊规律的把握，对艺术同社会生活、同其他意识形态相互关系的理解，对艺术的感受力、想象力、判断力、理解力、创造力以及对艺术内容、形式、方法、技巧的掌握等。艺术素养直接制约着艺术创造的感染性以及个性特征。如果创作主体的艺术修养有了较丰富的积累就会触动自身综合能力和素质的提高，在艺术上超越自己的师承以及思潮、流派的局限，达到一个更高的境界，实现鲜明、独特的艺术风格的形成。

以上这些主观因素的综合作用是影响艺术风格形成的核心因素。

### 2. 客观因素

艺术风格不仅受艺术家主观因素的影响，同时也与特定历史时期的社会背景、政治、经济、文化、宗教等客观因素的影响。从文化学的视角来看，主要包括时代风格、民族风格和流派风格三个方面。

（1）时代风格。艺术家所处的时代环境和社会背景会对其艺术创作风格产生较大影响，时代精神和社会风尚必定会影响艺术家的创作倾向，作品中不可避免地会留下一定社会历史时代的独特印记。正如《吕氏春秋·适音》中所言"治世之音安以乐""乱世之音怨以怒""亡国之音悲以哀"，政治背景和社会环境直接影响音乐艺术的创作风格。中国历史上的"建安风骨""古文运动"与此相关的文学、绘画、书法等艺术，正是那个特定时代精神和社会风尚影响下的产物。而唐诗、宋词、元曲、明清小说等艺术风格也是得益于不同社会背景和时代风格的影响下发展演变的。

（2）民族风格。从人类历史发展的过程看，民族精神是通过一种无意识的方式对艺术家的作品风格产生影响的。艺术家在创作实践中，那些民族特定的自然地理环境、社会生活、文化风俗、风土人情、审美习惯都会不自觉地影响自己的创作风格。各民族艺术家在创作中都会受到自身所属民族文化的深刻影响力和强大的作用力，具体表现出一种不以人的意志为转移的审美思维的惯性。而这些因素会在艺术家的创作实践中综合发挥作用，促使艺术作品逐渐成为一个相对稳定的风格。如北方文学中常常体现黄河高山的壮阔与崇高，南方文学中则善于表现园林的秀美与宁静，这正是由于地域风格的不同所致。

（3）流派风格。艺术家创作会受到当时流派风格的影响。例如西方艺术流派的产生及发展对于建筑艺术创作的影响是非常深远的，建筑创作从流派风格中汲取了许多灵感。抽象派艺术中的风格派理念和至上主义构图在建筑创作中的直接体现；立体主义与建筑多视点的观察；四维概念"时间"的参与对建筑创作的影响力；表现主义对精神和情感的表达；未来主义对机械构筑的追求等，都体现出流派风格对于建筑艺术创作的影响。

## 三、艺术风格的类型

相传苏轼曾有一次问歌者，他的词与柳永的词相比有什么区别？歌者回答说，柳永的词适合年轻俏丽的少女执红牙板，浅吟低唱杨柳岸，晓风残月；而苏轼的词须关西大汉手持铜琵琶、铁绰板，引吭高歌"大江东去"。年轻少女的温婉与关西大汉的粗犷极为形象地说明了两派词风的差异，当时人们就已认识到词风有高旷雄伟、轻曼婉约两种不同的风格。

艺术风格可分为艺术家的创作风格和艺术作品的风格两种，艺术家的创作风格不是抽象、空洞的存在，而是必须具体落实到某个艺术作品上；艺术作品的风格也不是无源之水、无本之木，总是直接根植于艺术家的创作风格中。因此，我们重点介绍艺术家创作风格的几种主要类型。

### 1. 雄浑

雄有雄健、雄壮之意，浑有浑然、浑厚之意。雄浑有雄健浑厚、雄壮浩瀚之意。这种风格的特点是气度豁达、气概恢宏、气势浩大、气魄雄伟。表现在具体作品中，有的壮志凌云、刚毅雄健，如刘邦的《大风歌》；有的慷慨悲歌、视死如归，如项羽的《垓下歌》；有的胸襟豁达、豪情横溢，如曹操的《观沧海》。苏轼在《念奴娇·赤壁怀古》中写到"乱石穿空，惊涛拍岸，卷起千堆雪"，"穿空"运用夸张的修辞手法，写出了山崖直插云霄的高峻形象。乱石刺破苍天，创造出惊心动魄的情境，具有雄浑的特质。"惊涛拍岸"也是自然现象，运用拟人的修辞手法把浪涛拟人化，感受到浪涛搏击江岸的遒劲，赋予山海自然景色惊险绮丽的特质。"千堆雪"写出浪花之汹涌，滔滔的江流卷起千万堆澎湃的浪花，如此雄壮浩瀚的气势，使读者为之振奋。苏轼笔下描写的赤壁江山景色集形、声、色于一体，为读者呈现一幅大气磅礴的画卷，空间上承载万里，时空上穿越千载，给人一种"大、广"的感觉，在雄奇壮阔的自然美中融注深沉的历史感慨和人生感怀。此外，北宋画家范宽的《溪山行旅图》（图 5-4-1）和近代画家黄宾虹的山水画也是雄浑画风的代表。

### 2. 豪放

图 5-4-1　《溪山行旅图》　范宽

所谓豪放，就是指雄豪、奔放，有气魄。就创作主体而言，是指艺术家情感激荡、格调昂扬、想象奇特、襟怀旷达；就创作客体而言，往往是指客观描写物象显示出特有的壮美、崇高，或雄浑、浩渺的广阔景象。南宋是我国历史上用豪放词表达亡国哀伤之情的全盛时期，出现了一大批豪放派词人，如：辛弃疾、陆游、李清照等。李清照在《渔家傲》中写到"九万里风鹏正举，风休住，蓬舟吹取三山去"，把原本小而平常的物——船，赋予了奇特的想象，生动描绘了一个令人心驰神往的神奇世界，表现出作者不满黑暗现实，追寻美好梦境的憧憬。词中号召大鹏与激烈的风浪去搏斗，向着心中的希冀"三山"奔去。整首词意境宽广深厚，充满浪漫主义情怀，彰显了挣脱黑暗、追求光明的英雄气概，堪称豪放一绝。

### 3. 沉郁

所谓沉郁，是指艺术家情感的低沉、郁闷和凝重。如果说豪放是火山爆发，沉郁则是海底潜流。当艺术家情思飘逸飞动、奔放不羁时就形成了豪放；当艺术家沉思默想、义愤填膺时就变得沉郁。例如，同为唐代不满黑暗现实的两位诗人李白和杜甫，他们的诗风截然不同，前者洒脱、豪放而飘逸，后者忧国忧民，沉郁而悲愤。杜甫在《登高》一诗中写到"风急天高猿啸哀，渚清沙白鸟飞回。无边落木萧萧下，不尽长江滚滚来"。通过"风""猿啸""鸟飞""落木""长江"等意象，描写了诗人在萧瑟秋风中抱病登台，追忆一生艰难跌宕、孤独寂寥、悲秋苦病的凄凉场景。诗人一生辗转于困顿之中，年迈时还要背负国难家仇，本想登高排遣却见秋日萧瑟气象，内心悲凉和低沉情绪油然而生，"无边""不尽"两词又使描绘的秋日之意境延伸得更为广阔，更增作者郁结之气。在绘画艺术中，同为后半生孤苦悲凉的水墨画家林风眠和朱耷，画风也大不相同，前者画的花鸟仙鹤清新、恬淡而空灵，如作品《仙鹤》（图 5-4-2），后者画的虫鸟鱼鸭则多以白眼冷对，充满沉郁、孤傲之气，如作品《孤禽图》（图 5-4-3）。

### 4. 冲淡

所谓冲淡，是指冲和、淡泊，内含宁静、闲逸、幽远之意。唐代文学家司空图在《二十四诗品》中，曾用十二句诗对"冲淡"一词进行了具体阐释："素处以默，妙机其微。饮之太和，独鹤与飞。犹之惠风，荏苒在衣。阅音修篁，美曰载归。遇之匪深，即之愈希。脱有形似，握手已违。"[①] 他认为，"冲淡"的内在意蕴一方面是诗人创作时所表现出来的淡泊平和、虚静专注的心态，另一方面是诗人要融入自然与其合二为一，创作时做到内敛自然，不刻意雕琢。因此，"冲淡"风格的基本特征是外在表现形式是质朴浅淡、恬淡宁静的自然意象，而深层蕴涵着由平和淡泊的人格之美与幽远恬淡的自然之美有机融合生出的醇厚无尽之美。王维的诗歌无论是外在表现形式还是深层意蕴上，都充分地体现了"冲淡"这一诗境和美感特征。如《辋川集·鹿柴》"空山不见人，但闻人语响。返景入深林，复照青苔上"，诗中借助"空山""不见人""人语响"写出了山的空寂幽静，展现出山林的自然之美。最后两句描写落日回光在青苔上折射出的光影，此时诗人沉迷于自然之美，淡泊幽静的心境与寂静幽深的自然之景交融在一起，呈现出无尽的情思，也让读者感受到摆脱尘世之累的宁静心境。

---

① 司空图，蔡乃中，罗仲鼎 . 二十四诗品 [M]. 杭州：浙江古籍出版社，2018.

图 5-4-2 《仙鹤》 林风眠

图 5-4-3 《孤禽图》 朱耷

### 5.悲壮

所谓悲壮，在艺术作品中是指音乐、诗文等悲哀雄壮，或指故事情节悲痛而壮烈。艺术家或有慨叹风云变幻之疾、痛惜韶光流逝之速、目击民众百姓灾难之重、命运坎坷之苦的内心呐喊，抑或有忧国忧民、壮志未酬的慷慨悲歌。施耐庵《水浒传》的故事情节就充满了浓郁的悲壮色彩，尤其是后面征讨方腊的过程中，梁山 108 好汉损失惨重，其中乌龙岭之战时梁山好汉伤亡惨烈，即使在活捉方腊后，悲壮色彩依然没有结束，鲁智深浙江坐化，武松断臂，六和寺出家，林冲瘫病死于六和寺中，杨雄、时迁等也在战后因病而亡，被封官受赏的宋江、卢俊义没

有善终，被奸臣害死，最终为整个故事画上了句号。《水浒传》中的悲壮表现在"忠义"思想壮志未酬，征讨过程损失惨重，兄弟离别的悲壮之苦，得胜归来又被陷害至死等，这些都烘托出作品的悲壮色彩。再如电影《长津湖》（图 5-4-4）以中国近现代历史的战争呈现为基本内容，片中无数志愿军战士从五湖四海奔赴而来，前赴后继地牺牲在阵地上，小战士鲜活的面容在战争中转为灰败，挂念家人的老兵在轰炸中献出生命，生动的音容言谈在严寒中被冻成永恒的冰雕。片尾处近景镜头横扫过一排排被冻成"冰雕"的战士们，加上战士遗体坚毅勇敢的面部表情特写，继而上升至广袤无垠的长津湖雪原，宏大壮烈的场面呈现出一种大气磅礴的革命英雄主义悲壮之美。

图 5-4-4 电影《长津湖》剧照

### 6.婉约

所谓婉约，是指婉转含蓄，文学作品中语言圆润清丽，侧重儿女风情，音乐作品中音律婉转和谐，有一种柔婉之美。婉约词是我国诗词文化的重要派别，在修辞方面较为含蓄、委婉，题材上多离别、爱情和愁苦主题等，侧重于内心情感的表达，被评价为"能逐弦歌之音，为侧艳之词"。南唐李煜是婉约词的重要代表人物，他的作品中融入了丰富的文学内涵，同时还体现出独特的音乐韵律特点，巧妙地将主体情感展现出来。李煜的词作中透露出舒适、恬静的生活状态，能让读者陶醉其中，进入一种安静、祥和的艺术意境。如在作品《蝶恋花·遥夜亭皋闲信步》上片中"遥夜亭皋闲信步，乍过清明，渐觉伤春暮。数点雨声风约住，朦胧澹月云来去"，将暮春夜晚在岸边信步闲情、伤春感怀的意境表现出来，在清幽、舒缓的氛围中表现出对意中人的思念之情。作品淡雅疏朗，含蓄委婉，曲笔有致，辞藻的运用和意境的呈现体现出婉约词的特殊艺术魅力。

### 四、艺术风格划分

艺术风格的形态划分标准多种多样，以时间为标准来划分可以分为古典艺术风格、现代艺术风格和后现代艺术风格等；以地域为标准划分是按照地理位置的划分，如东方艺术与西方艺术。

#### 1. 古典艺术风格

古典艺术风格是在古典美学思想形态影响下形成的，我国古典艺术风格主要指封建社会时期的艺术形态。中国封建社会是一个"表震荡、内稳定"的发展过程，从朝代更迭来讲是动荡发展的，但社会经济形态的内在本质始终是没有变的，依然是封建王朝制度，这决定了中国的文化艺术发展具有一脉相承的延续性，不像西方艺术史那样明显的区分成多个性质不同的发展阶段。

中国古典美学形态受古典哲学思想影响，典型特点表现为和谐，这也是古典艺术风格的表现。从道家的"道法自然、天人合一"，到儒家的"中和""美善统一""文质统一"思想，无不体现了和谐的思想观。孔子曰："质胜文则野，文胜质则史。文质彬彬，然后君子"，引申到艺术上就是形式与内容的关系，在我国美学史上影响深远，历代美学家、文学家、艺术家多数人在艺术表现形态上不管是形式与内容、文饰与品质、艺术真实与现实真实还是心理活动情感都追求和谐统一。

东西方哲学思想的不同造成了不同的艺术风格。东方传统文化是类比思维，喜用隐喻。如在人物品藻时用"松下风""春月柳""惊鸿""游龙""游云""朝霞"等自然美来类比人物美。《诗经》中"关关雎鸠，在河之洲，窈窕淑女，君子好逑""硕鼠硕鼠，无食我黍"，体现了在塑造艺术意象时的类比和隐喻。魏晋时期刘勰在艺术意象的创造上提出了"隐秀"的审美范畴，追求言外之意，弦外之音，韵外之旨的艺术效果。

东方在艺术风格上主张"以神写形"，强调神贵于形，先秦哲学中出现的"形"与"神"，经汉代王充的形神论，发展到魏晋南北朝时期形成了"传神写照"的美学命题，对后世艺术发展产生了深刻的影响，如山水画中的小写意、大写意（图5-4-5）。而西方古典哲学是哲科思维体系，思辨能力较强，体现在艺术风格上是"以形写神"，大量宗教艺术题材的加入，使艺术形态更加严谨、科学、合理、逼真（图5-4-6）。

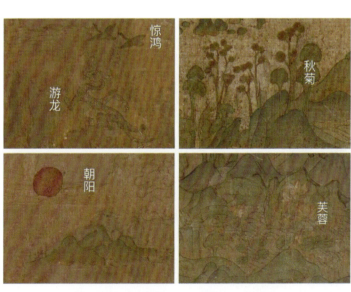

图 5-4-5　《洛神赋》（局部）　顾恺之

图 5-4-6　《岩间圣母》　达·芬奇

17 世纪欧洲出现了古典主义运动，艺术思想强调理性，克制和压抑个人情感的表达，主张从古希腊、古罗马、托斯坎尼艺术风格中获取创作灵感，具有概括、简练、明确的艺术特点。瑞士美学家和艺术史家沃尔夫林在《艺术风格学》中以建筑风格为例，认为古典主义是一种线条造型的风格，具有性感和清晰明确的边界轮廓。在视觉上保持着平面几何性的装饰，给人以平面的美。在构图上结构严谨，遵循一定的规则，是封闭式的构图（图 5-4-7、图 5-4-8）。

图 5-4-7　雅典赫菲斯托斯神庙

图 5-4-8　古罗马斗兽场

### 2. 现代艺术风格

现代艺术风格是随着封建贵族统治的瓦解而诞生的，其意识形态核心是大众的，向普通贫民靠拢和服务的。如汪民安所言："在现代性的开端处，按照列奥·施特劳斯的说法，站着的是政治性的诡计多端的马基雅维利。马基雅维利第一个将他是理论抱负置放在现实政治上来，同那些深究'理想国'的古代人不同，他不是幻想的，而是短视的。他将目标下降到地面的程度，只关心现实的统治技术。由于君主和君权的联系并不是自然的，并没有一条完全合法的纽带，君主可以巧妙地获取君权，也可以莫名其妙地失落君权，那么君主保持和维护其君权，就需要计谋和手段。"因而现实的艺术形象的刻画成为现代艺术的典型特征。

随着工业化进程的发展，科技的进步拓展了艺术家认识世界的视野，开始尝试用新的表现形式和艺术精神进行创作，如野兽派、立体主义、俄国构成主义、荷兰风格派等，以几何化的、抽象的、概括的形式呈现，注重块面感，与传统艺术表现手法完全不同。西班牙立体主义画家毕加索是最有影响的现代主义美术大师之一，他的《亚威农少女》被认为是传统艺术与现代艺术的分水岭，完全抛弃了文艺复兴时期以来以三度空间写实为主的传统绘画，用几何化的、块面的结构关系来分析物体（图 5-4-9）。

俄国构成主义发生于俄国十月革命胜利前后，是由一小批俄国知识分子发动的前卫艺术运动，是现代艺术重要的代表运动之一。俄国构成主义特点是以结构为设计重点，通过抽象的艺术手法探索新技术与玻璃、金属、木材、纸板等材料的结合，形成新的设计语言。代表人物有塔特林、马列维奇、杜斯伯格等。

图 5-4-9　《亚威农少女》　巴伯罗·毕加索

塔特林（Tatlin）的第三国际纪念塔是现代艺术时代精神的纪念塔，打破了传统建筑构成方式，将科技与艺术结合，采用钢铁和玻璃新材料，共同构建了具有现代雕塑感的形态（图 5-4-10）。

现代设计强调技术和艺术的融合，艺术设计应与工业化紧密联系，适应批量化生产。设计的服务对象由少数封建贵族转向为普通大众服务，带有浓郁的民主主义色彩和高度的理想化。包豪斯是现代艺术设计的发源地，在艺术与设计从传统到现代的转型有着巨大的贡献，对世界现代设计的发展影响深远（图5-4-11）。

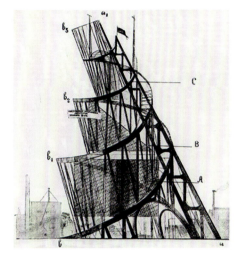

**图 5-4-10　第三国际纪念塔 塔特林**

**图 5-4-11　德国包豪斯校舍**

　　荷兰风格派是 20 世纪初的现代主义运动重要的分支之一，艺术特点是完全采用单纯的色彩和几何形象来代替具象元素，把传统的建筑、绘画、雕塑、家具、产品设计的特征完全剥除，变成最基本的几何结构单体元素。这些基本几何形态根据艺术创作的需要进行重新的组合，但又具有相对的独立性。色彩应用上以基本原色和中性色的反复应用为主要特征。代表人物有特奥·凡·杜斯伯格、皮特·蒙德里安等（图5-4-12～图5-4-14）。

**图 5-4-12　红蓝椅衍生品 荷兰风格派**

图 5-4-13   施罗德住宅外观 荷兰风格派                图 5-4-14   施罗德住宅内景 荷兰风格派

我国现代艺术是鸦片战争之后，随着封建社会形态的没落而全面呈现出来的。但其转型是在唐宋转变之际就出现萌芽，尤其是绘画方面继承了传统又有新的发展。到了明清时期则明显地出现了保守与革新两大文艺思想的斗争。现代艺术在思想上表现了对封建传统的反叛，提倡心灵解放和对个性自由的追求，注重艺术家主观情感和复杂多变的内心表达，侧重于从人的本能出发，追求艺术真实性反映客观现实。

艺术形象的刻画更具有现实性和世俗化，戏剧、小说重视典型人物的塑造，艺术题材更贴近普通大众的生活。以绘画为例，传统绘画以士大夫、文人画为主，题材多以梅兰竹菊、山水之间抒发个人理想抱负或情感，表现手法以写意为主，追求意境和气韵，讲究画面的虚实结合。而现代艺术绘画题材面对普通大众增加了更多世俗化的内容，贴近现实生活，具有很强的生活气息。如齐白石的绘画中增加了许多瓜果蔬菜、花鸟鱼虫等生活性题材，这在传统绘画题材中是极为少见的（图 5-4-15、图 5-4-16）。

图 5-4-15   齐白石绘画作品一                图 5-4-16   齐白石绘画作品二

在现代艺术类型的研究中，人们提出 6 种不同的风格类型的对比，即主观表现与客观再现；阴柔优美与阳刚崇高；含蓄朦胧与明了晓畅；舒展沉静与奔放流动；简约自然与繁富创新以及规范严谨与自由疏放。

### 3.后现代艺术风格

"后现代"最早诞生于 1870 年，由英国画家查普曼（John Chapman，1832—1903）提出，但是获得广泛认同却在 20 世纪中叶。后现代艺术的发展是资本主义社会文化高度商品化和高度媒介化的产物。现代艺术具有前卫发展与传统艺术分道扬镳的特点，后现代艺术源于现代艺术但又是对现代艺术风格的同一性、整体性、缺乏人的主体性和丰富性的反叛，试图突破传统及现代主义的审美范畴，具有反传统、反事实逻辑的特点，主张艺术表达和解读的多元化价值取向。

为了满足战后重建的需要，现代主义逐渐发展成了"国际主义"风格，世界范围内的建筑、平面、产品设计日益趋同，千篇一律几何化的、无装饰的、直线条的且无民族文化特色的设计逐渐让人生厌。后现代主义作为对现代主义的一种批判与超越应运而生，在艺术表现上直观地表现社会的不确定性。

后现代主义的发展一是朝着更为激进的方向发展，以先锋艺术的精神体现出对传统艺术和现代经典的彻底反叛。如意大利的"激进设计"设计立场与现代主义、国际主义完全背道而驰，追求明亮鲜艳的色彩、丰富的装饰，以媚俗、讽刺、调侃的手法颠覆常规设计，具有强烈的反传统逻辑特点（图 5-4-17）。

图 5-4-17　马谢·布鲁尔 1925 年设计的瓦西里椅与门迪尼 1978 年设计的瓦西里椅

德国艺术家约瑟夫·博伊斯是欧洲前卫艺术最重要的代表人物之一，以装置艺术和行为艺术为主要创作形式，他认为艺术具有革命的潜力，试图用艺术重建社会人与人、人与物以及人与自然环境的关系。由于战争对他带来的伤痛过于剧烈，战后他常通过艺术来治疗精神上的创伤。在艺术创作过程中，他对社会、战争等多方面的反思，以颠覆传统的艺术表现形式进行创作，对于成品材料的使用越来越广泛。如在其作品中常使用油脂、毛毡材料，这源于战争期间他被这两种材料得救而产生的亲切感与温暖。作品《油脂椅》被称作构建暖性社会的代表性象征。通过木材与油脂材料的暖性变化，使人产生解剖学、心理现象等联想，触摸人类温暖体验（图 5-4-18）。

二是面对整个被商品化了的社会，朝着大众文化和通俗文化迈进，追求大众性、平面性、游戏性、娱乐性。如波普艺术，直接取材于商业化的日常生活素材，追求新奇、古怪、拼贴、游戏等多种手法，来突破传统文艺设计的审美范畴，追求一种全新的表现方法。波普艺术强调为年轻一代而设计，能够代表他们自己的视觉符号、风格特征、街头流行文化等各种旗

图 5-4-18　《油脂椅》　约瑟夫·博伊斯

帜鲜明的时代特征，成为主要设计方向和素材（图5-4-19、图5-4-20）。

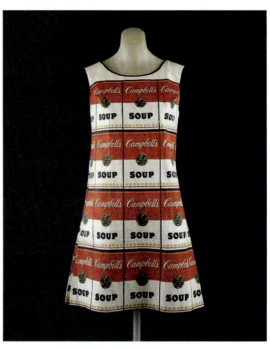

图5-4-19　《玛丽莲·梦露》　安迪·沃霍尔　　　　图5-4-20　《金宝汤罐头纸裙》　安迪·沃霍尔

### 4. 东方艺术风格

东方艺术风格与中国文化的发展一样，从没有中断过，它是以中华文化为根基，随着中华文化的不断发展而发展，尽管在历史流传中有过曲折但深植其中的中华文脉并未产生根本性颠覆，这充分体现了东方艺术的审美特征中的因原始思维而发生的互渗性特征；其次，因"学"而起的神秘性体验特征，古人注重"学之为言觉也，以觉悟所不知也"。注重自我完善，治性体道的实践，体现了艺术审美中含有直觉体验特征，体验虽然发自直觉，却也关注主客体统一原则，因学而悟，转为审美鉴赏，在其过程中进行自身修养的提高；最后，强烈的整体生命主体意识。东方艺术的鉴赏在于悟，艺术品本身只是艺术表达的一个环节，艺术之道的本质即为生命之道，生命意识又是主体意识，因而，艺术品所承载的是艺术主体，所蕴含的是表达主体的生命意识。

在艺术表达上，与西方艺术不同，东方艺术关键在于艺术表达以虚为主，艺术理念以审美认同为主旨。

### 5. 西方艺术风格

西方艺术与西方文化一样，处于断裂式发展状态，呈现出阶段性的特征。其审美特征首先体现在因逻辑思维而生发的单向度特征，具有逻辑思维的精细化表达导致艺术作品尽管能传递表达主体的艺术理念，却不能进行主客体的交汇，即西方艺术鉴赏不能形成主客体交互的感悟式审美；其次，以精密性思维而形成的直观性特征，相较于东方以虚为主的艺术表达形式，西方艺术更善于单刀直入，不论是艺术表达的效果、艺术作品名称还是艺术创作主题都能直接呈现给欣赏者；最后，强烈的个体生命意识，艺术作品所呈现的效果即为艺术表达的全部，没有言外之意和暗有所指，艺术作品更多是对西方社会的现实刻画。

知识拓展：艺术风格、艺术流派、艺术思潮的关系

西方的艺术表达以西方美学为旨归，关键在于艺术表达以实为主，艺术理念以事实认同为主旨。

## 模块小结

　　艺术作品是艺术创作的结晶，艺术作品由内容和形式构成。题材和主题是作品内容的最基本要素，结构和艺术语言是作品形式的最基本要素。没有内容的形式和没有形式的内容的作品都是不存在的，艺术作品是内容与形式的完美统一体。本模块主要介绍了艺术作品的层次、艺术作品的构成、艺术典型、意象和意境、艺术风格。

## 练习思考

　　1. 艺术作品的层次有哪些？
　　2. 艺术作品的内容要素有哪些？
　　3. 艺术作品的形式要素有哪些？
　　4. 艺术风格的类型有哪些？

# 6

**模块六** ■

# 艺术门类论

■ **知识目标：**

1. 了解艺术门类的几种类型。
2. 了解各艺术门类的概念。
3. 掌握各艺术门类的审美特征。
4. 掌握各艺术门类的分类标准及相关的理论

■ **能力目标：**

1. 能够识记、理解艺术门类中的相关观点，并将艺术门类的相关理论联系到现实生活，进一步拓展个人艺术视野。
2. 掌握动漫艺术的特征、分类，识记动画概念和发展线，了解动漫衍生品的概念、特点和经典动漫形象。

■ **素质目标：**

作风端正、忠诚廉洁，勇于承担责任，善于接纳、宽容、细致、耐心，具有合作精神。

■ **模块导入：**

以艺术作品的存在方式为依据，可以将艺术分为时间艺术（音乐、文学等）、空间艺术（绘画、雕塑等）和时空艺术（戏剧、影视等）；以对艺术作品的感知方式为依据，可以将艺术分为听觉艺术（音乐等）、视觉艺术（绘画、雕塑、动漫等）和视听艺术（戏剧、影视等）；以艺术作品对客体世界的反映方式为依据，可以将艺术分为再现艺术（绘画、雕塑、小说等）、表现艺术（音乐、舞蹈、建筑等）和再现表现艺术（戏剧、影视等）；以艺术作品的物化形式为依据，可以将艺术分为动态艺术（音乐、舞蹈、戏剧、影视等）和静态艺术（绘画、雕塑、建筑、工艺等）；以艺术形态的物质存在方式与审美意识物态化的内容特征为依据，可以将艺术分为造型艺术、实用艺术、表情艺术、语言艺术（文学）、动漫艺术和综合艺术。

艺术类型研究的目的在于通过揭示各类艺术的特性与规律，以及其自身的物质媒介与艺术语言，让人们更加深入地了解各类艺术的审美特性与美学本质。历史上对艺术类型论研究曾出现过许多种说法，而本模块主要从造型艺术、表演艺术、语言艺术、实用艺术、动漫艺术五个门类进行阐述。

# 单元一 造型艺术

造型艺术是指利用一定的物质材料（如泥石、纸张、木料、颜料等）与造型方法来创造空间形象，反映社会生活、表达艺术家思想情感的一种艺术形式。它作为空间艺术的一种再现，属静态视觉艺术的范畴。其主要包含绘画艺术、雕塑艺术、书法艺术、摄影艺术等。

## 一、绘画艺术

绘画艺术形式在造型艺术中占有较重要的地位，是一门运用线条、色彩等艺术语言，通过构图、造型和着色等艺术方法，在二维的平面空间中塑造静态视觉形象的造型艺术。

### 1. 绘画艺术审美特征

（1）内容美。绘画艺术包括艺术作品的题材、主题、细节、情节、情感等要素，并通过其作品的内容给人们一种美育体验，力求达到净化人们心灵、实现情感共鸣等目的。因此要求绘画艺术创作中，无论从题材的选取，还是作品所蕴含的情感等方面都必须体现内容美。事实上，一幅优秀的绘画作品，既是社会的缩影，又是美好事物的写照，还能渗透着艺术家的情感，传达出人们对美好事物的向往。

（2）形式美。绘画艺术的形式美体现在作品各要素的组织构造与外在形式上。绘画艺术通过空间、构图、线条、色彩和材质等艺术语言来塑造画面，形成形式美，并作用于人的感观。即通过运用对称与均衡、对比与调和、节奏与韵律、变化与统一、虚实与留白、秩序与自由等形式美法则，实现画面内容与形式的高度统一。

### 2. 绘画艺术分类

绘画是造型艺术中较为自由的一种类型，其涉及范围十分广泛，根据分类角度和分类标准，绘画可以划分为许多种类；从绘画体系来看，绘画分为东方绘画和西方绘画两大体系；从使用的工具、材料和技法来看，绘画可分为中国画、油画、水彩画、水粉画、版画、油画棒画等；从题材内容来看，绘画又可分为肖像画、风景画、风俗画、静物画、历史画、动物画等；从作品的形式来看，绘画还可以分为宣传画、壁画、年画、连环画、漫画等。从绘画的两大体系来看，东方绘画以中国画为代表，西方绘画以油画为代表，其作为一定历史条件的产物，都具有各自的表现形式与审美特点。

（1）中国绘画。中国画，简称国画，在世界美术领域中独具特色，也是东方绘画体系中的主流。中国画的题材可以分为人物、动物、花鸟、山水等；表现方法可分为工笔、写意和兼工带写三种；按画面样式划分，可分为卷轴、扇面、册页等。中国画的绘制采用特制的毛笔、墨与颜料，在宣纸或绢帛上作画。因此，中国画又被称为"水墨画"或"彩墨画"。在构图上，中国画常常采用散点透视法冲破空间与时间的局限，使画面构图灵活自由；也常常运用"留白"与"虚实相生"等手法来取得巧妙的构图效果。在创作上，中国画重在传达出物象的神态情韵和画家的主观感受，主张"道法自然"，又反对单纯地"形似"，营造出"似与不似""以形写神"的意境。在内容与形式上，中国画与书法、篆刻、诗文有机地结合在一起，相辅相成，交相辉映，旨在"画中有诗""诗中有画"。另外，中国画倡导"文如其人，画如其人"，强调画家自身的道德修养，故有"德不高，则艺不强"的说法；还推崇"德馨艺高"的从艺思想，营造出"画以人重""画以人传"的艺术氛围。

中国画具有悠久历史，据历史记载，战国的帛画、汉代的画像砖和画像石已具有较高的水平。而魏晋南北朝时期出现一批杰出画家，如：东晋的顾恺之、南朝的陆探微与张僧繇，被称为"六朝三杰"。唐宋时期中国绘画艺术达到高峰，在原有人物画的基础上，拓展了山水与花鸟等独立画科，并涌现出许多画家与流派。如：擅长人物画并被后世称为"画圣"的吴道子、擅长肖像画与历史画的阎立本、擅长青绿山水画的李思训、擅长水墨山水画的王维；以及擅长画马的曹霸、韩干，擅长画牛的戴嵩，擅长画花鸟的黄筌、徐熙等，另外还出现了以苏轼、米芾、文同为代表的文人画家等。元明清时期，中国绘画取得了很大的成就。先后出现了以山水画为代表的黄公望、吴镇、王蒙、倪瓒，被称为"元代四大家"，以沈周、文徵明、唐寅、仇英为代表的"明代四大家"，以石涛、八大山人、石谿、弘仁为代表的清初"四僧"以及清乾隆年间具有个性的"扬州八怪"。到了近现代,中国画坛更是人才济济,其中齐白石、张大千、徐悲鸿、吴昌硕、潘天寿、黄宾虹、林风眠、李苦禅、李可染、黄胄等,在中国绘画艺术上做出了卓越的贡献。

另外,纵观中国绘画史发展历程,其中也出现了不少佳作。如:东晋顾恺之的《洛神赋图》、唐朝阎立本的《步辇图》、张萱、周昉的《唐宫仕女图》、韩滉的《五牛图》、五代十国时期南唐顾闳中的《韩熙载夜宴图》、北宋张择端的《清明上河图》、王希孟的《千里江山图》、元代黄公望的《富春山居图》等(图6-1-1～图6-1-8)。

图 6-1-1　《洛神赋图》 宋摹本　现存于北京故宫博物院

图 6-1-2　《步辇图》　阎立本

图 6-1-3　《唐宫仕女图》（局部）　周昉

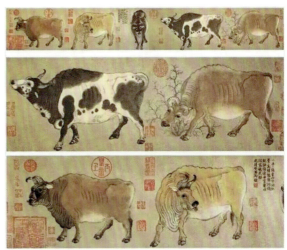

图 6-1-4　《五牛图》（局部）　韩滉

图 6-1-5　《韩熙载夜宴图》（局部）　顾闳中

图 6-1-6　《清明上河图》（局部）　张择端

图 6-1-7　《千里江山图》（局部）　王希孟

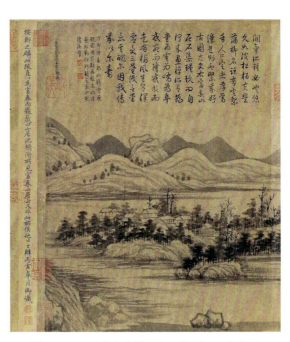

图 6-1-8　《富春山居图》（局部）　黄公望

（2）西方绘画。西方绘画艺术源远流长，品种繁多，从整体上看，西方绘画的审美趣味在于"真和美"，追求对象与环境的真实，讲究比例、透视、明暗、解剖、色性、色度等科学法则，常以光学、解剖学、几何学、色彩学等原理作为科学依据。而在众多西方绘画中，油画作为西方传统绘画的代表，对世界绘画的发展产生了非常大的影响。其特点：易于修改、立体感强、色彩丰富，能真实生动地描绘一切有形事物；并在作画时严格运用符合视觉理论的焦点透视，强调写生中质感、色调、光线、层次和空间的表现。另外，西方绘画艺术作为世界绘画史的一笔丰厚财富，在发展过程中，也形成了不同的流派。

欧洲在 14—16 世纪出现资本主义萌芽和初步发展，新兴资本主义在欧洲发起了新的思想文化运动，史称"文艺复兴"。文艺复兴以贯彻现实主义和体现反封建、反宗教的人文主义思想为主要特征。美术代表人物有达·芬奇、拉斐尔、米开朗琪罗等。作为西方近代艺术源头的文艺复兴艺术，其基本风格和表现技法构成了西方近代艺术的主要传统，影响极其深远。

始于 16 世纪末的意大利学院派艺术，17、18 世纪在英、法、俄等国流行，其中法国的学院派因官方特别重视，所以势力和影响最大。学院派重视的规范，包括题材的规范、技巧的规范和艺术语言的规范。由于对规范的过分重视，结果导致程式化的产生。学院派十分重视基本功训练，强调素描，贬低色彩在造型艺术中的作用，并以此排斥艺术中的感情作用，学院派艺术至今依然有着巨大的影响。

在 16 世纪末 17 世纪初，卡拉瓦乔开创现实主义绘画，其代表作为《音乐会》（图 6-1-9）。现实主义艺术家赞美自然，歌颂劳动，深刻而全面地展现了现实生活的广阔画面，尤其描绘了普

图 6-1-9　《音乐会》　卡拉瓦乔

通劳动者的生活和斗争，此时劳动者真正成为绘画中的主体形象，大自然也作为独立的题材受到现实主义画家青睐。米勒的《拾穗者》也属于现实主义绘画。

　　盛行于17世纪，延续到18世纪后期的古典主义，主要特点是模仿古希腊、罗马的艺术形式，尊重传统，崇尚理性，要求均衡、简洁，表现出反宗教权威的精神。代表画家普桑、勒布伦、拉图尔、勒南兄弟等。直到18世纪50年代至19世纪初新古典主义开始流行于西欧，它力求恢复古典美术（主要指古希腊古罗马艺术）的传统，追求古典式的宁静，重视素描，强调理性。代表人物有法国画家大卫、热拉尔、安格尔等，其中大卫的代表作有《马拉之死》（图6-1-10）。

　　19世纪初至19世纪30年代浪漫主义绘画在法国兴起。浪漫主义绘画摆脱了当时学院派和新古典主义美术的羁绊，采用现实生活、中世纪传说和文学名著为题材，偏重于发挥艺术家自己的想象和创造。画面色彩热烈、笔触奔放、富有运动感。代表人物有席里柯、德拉克洛瓦、卡尔波等。

　　1874年，评论家路易·勒鲁瓦对莫奈所做《日出·印象》（图6-1-11）一画进行了嘲笑批评，印象派以此登上历史舞台。该派把光和色看作画家追求的主要目的，强调画家应该走出画室，面对真实的自然物象进行写生。代表人物有莫奈、毕沙罗、西斯莱、雷诺阿、德加等。

图6-1-10　《马拉之死》　大卫

图6-1-11　《日出·印象》　莫奈

　　19世纪末20世纪初，后印象派流行于法国。他们反对印象画派的客观主义表现和片面追求外光与色彩，强调主观感受的表达，重视形和构成形的线条、色块和体积。代表人物有塞尚、凡·高、高更等，其中凡·高的《星月夜》是典型代表作品（图6-1-12）。

　　进入20世纪，追求形式排列组合所产生的几何美感的立体主义，如毕加索的《亚威农少女》；吸收了东方和非洲艺术的表现手法，创造出一种有别于西方古典绘画的疏、简的意境，有明显写意倾向并追求更为主观和强烈的艺术表现的野兽主义，如马蒂斯的《三姐妹》（图6-1-13）；20世纪初期绘画领域中特别流行于北欧诸国的表现主义；主张从潜意识的思想实际中求得"超现实"的超现实主义，如米罗的《女人和鸟》系列（图6-1-14）；多以社会上流行的形象（如各种商业广告、电视、连环漫画中的人和物）或戏剧性的偶然事件作为表现内容的波普艺术；主张以色彩、线条、形状等抽象形式来表现艺术家的主观心灵的抽象主义等艺术流派相继出现，为丰富世界艺术表现形式，提升艺术社会价值做出了有益且卓越的探索。

图 6-1-12 《星月夜》 凡·高

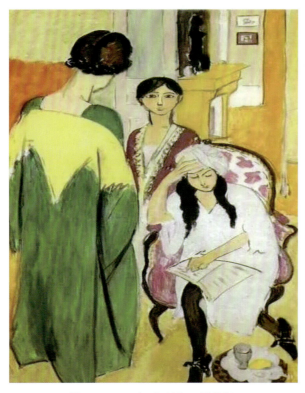

图 6-1-13 《三姐妹》 马蒂斯

图 6-1-14 《女人和鸟》系列之一

## 二、书法艺术

书法艺术是一门追求线条美的艺术，其利用笔墨将汉字的点画结构、行次章法等造型美表现出来，以此来展示书写者的品格与情操，从而达到美的境界。

### 1. 中国书法的审美特征

（1）线条美。线条是书法艺术作品造型手段的基础。在书法作品中线条不仅仅是构造字形的基本要素，还能表现出字形的动感、质感和量感。书法艺术作品中线条的墨色有浓淡、干湿和轻重、疾涩的用笔变化，因此产生出各式各样的风格和特色，形成迥然不同的视觉美感。另外，书法作品的线条美，不仅仅停留在造型上，更是书法家心声的表现，其通过不同线条的运用，来抒发书画家的审美趣味。

（2）结构美。书法中的结构美主要通过平正、变化、连贯等多方面的有机融合来体现。平正是汉字书法结构美的最基本法则，即书法作品在字形上的平衡性与稳定性来显示出一种不激不厉、平和端庄之美。变化既表现为单个字体上的点画关系（点画的长与短、粗与细、曲与直等）；又强调通篇作品在字体风格统一的基础上，为避免出现重复字形，而将同一字的字形进行适当调整，以形成千姿百态的变化美。而连贯强调笔画之间、偏旁之间，以及字体与字体之间的相互呼应与牵连，以形成整体和谐的视觉美感。另外，值得注意的是：书法的平正与变化看似矛盾，然而这两者与连贯进行有机的融合，既强调平正作为变化与连贯的前提与基础，又确保变化与连贯让作品在平正的基础上更具灵活奇巧之美。事实上，书法艺术正是通过这三者的紧密联系，让欣赏者产生整体协调感的同时，使书法作品多了一份生机与活力，进而真正体现书法艺术之美。

（3）章法美。章法指的是"布局"，也称为"布白"，是指书法艺术中字与字、行与行按一定的规律和法则进行合理分布、巧妙安排的方法。书法的章法美主要表现为：一是通过作品中笔法、字法、款识、分间布白等内在因素，来体现书法艺术本质的内在美，使作品蕴涵丰富的艺术内涵，如节奏、风骨、神采、气韵、意境、虚实、疏密等；二是通过作品各种幅式、形制以及整体布局、装潢等来体现外在美。因此，在书法章法布局中，需要将书法艺术内在美与外在美进行有机组合，进而实现书法家追求章法美的最高境界。

（4）意境美。书法艺术作品的意境美，主要体现在三个方面。一是书法艺术以汉字为基础，营造意境，遵循道法自然，展现人与自然、客体与主体之间的关系，在强调自然美的同时，将中国士大夫、文人独特的审美观念和高超艺术创造力表现出来。二是书法作品常常将诗歌作为书写内容，并书写出诗歌中蕴藏的意境，进而体现书法作品特有的诗情画意的意境美。三是书法作品以"点"与"线条"作为基本造型元素，并结合不同的笔法、章法使作品具有一定的韵律美与节奏感，以达到形式与内涵相统一的意境美。

### 2. 中国书法的分类

书法艺术在几千年的演变中，产生了不同字体种类及书写风格，根据字体的不同，书法分篆、隶、楷、行、草五种，其影响力遍及东南亚各国，被人们称为东方艺术的核心。

（1）篆书。篆书笔法瘦劲挺拔，直线占少数，比较多的是曲线，起笔有方笔、圆笔和尖笔，多以"悬针"收笔。篆书分大篆与小篆，大篆包括甲骨文、金文、六国文字，其具有古代象形文字的明显特点。大篆简化后衍生出来小篆字体，也称"秦篆"，是秦国的通用文字，它的特点是字形均匀齐整、字体书写起来相对容易。代表作品李斯小篆《琅琊台刻石》（图6-1-15）。

（2）隶书。隶书一般认为是由篆书衍变而来，字形横长竖短，大多呈宽扁，讲究"蚕头燕尾""一波三折"，主要有秦隶、汉隶等。隶书起源于秦朝，称为秦隶；在东汉时期汉隶达到顶峰。汉隶对魏晋、南北朝，以及后世书法有深远的影响，代表作品《张迁碑》（图6-1-16）。

（3）楷书。楷书由隶书演变而来，《辞海》中形容楷书："形体方正，笔画平直，可作楷模。"古时候也称楷书为"今隶"，汉魏时期称汉隶为"正书"，六朝时期碑上版书称为"真书"，唐代把楷书称为"正楷"。钟繇、王羲之被历代评论者称为"正书"之祖。魏晋南北朝是楷书的发展期，其摩崖、造像、碑刻，体态百变，精品迭出，具代表性的有《张猛龙碑》《石门铭》《龙门二十品》；楷书在唐代到达盛行顶峰，欧阳询、褚遂良、虞世南、颜真卿、柳公权各具特色，至今仍是后世推崇的楷书典范，影响深远。唐朝欧阳询（欧体）、唐朝颜真卿（颜体）、唐朝柳公权（柳体）、元代赵孟頫（赵体）被称为楷书四大家。其中欧体笔法严正险劲，有时奇峰突起，出人意料，世称"唐人楷书第一"，代表作为《九成宫醴泉铭》（图6-1-17）；颜体字方正茂密，开阔雄劲，代表作《多宝塔碑》《颜勤礼碑》（图6-1-18）、《颜氏家庙碑》等；柳体清健遒劲，结体严谨，笔力挺拔，笔法精妙，代表作《玄秘塔碑》（图6-1-19）和《神策军碑》；赵体端正严谨，圆润清秀，又不失行书之飘逸娟秀，代表作《玄妙观重修三门记》（图6-1-20）。

图 6-1-15    《琅琊台刻石》    李斯

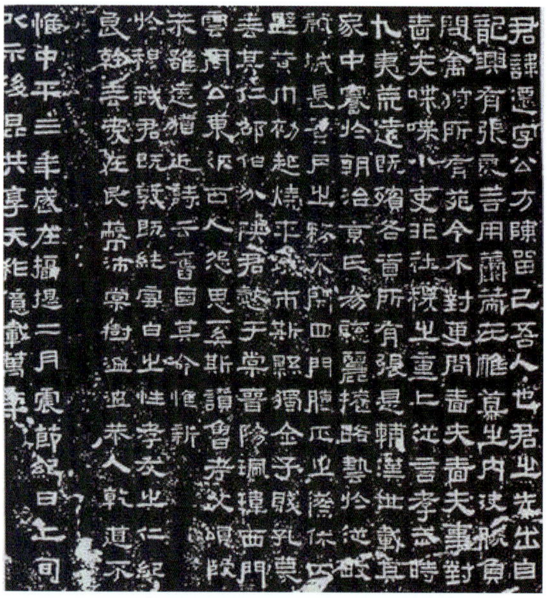

图 6-1-16    东汉《张迁碑》拓片局部

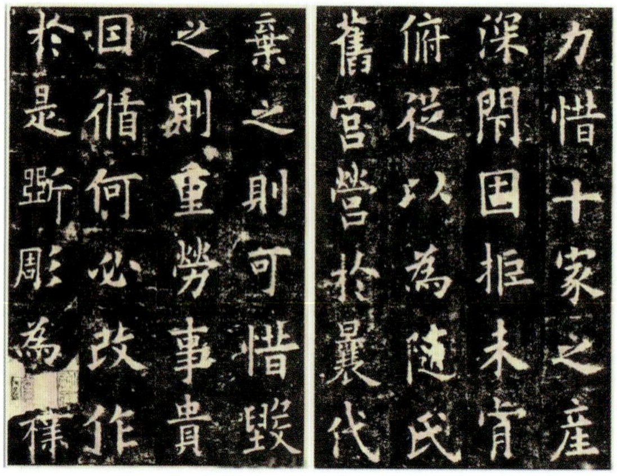

图 6-1-17    《九成宫醴泉铭》（局部）    欧阳询

图 6-1-18    《颜勤礼碑》（局部）    颜真卿

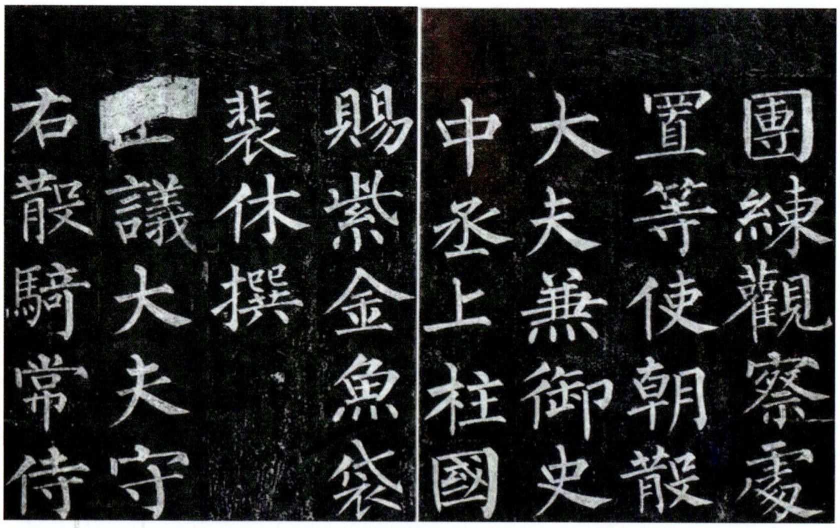

图 6-1-19    《玄秘塔碑》（局部）    柳公权

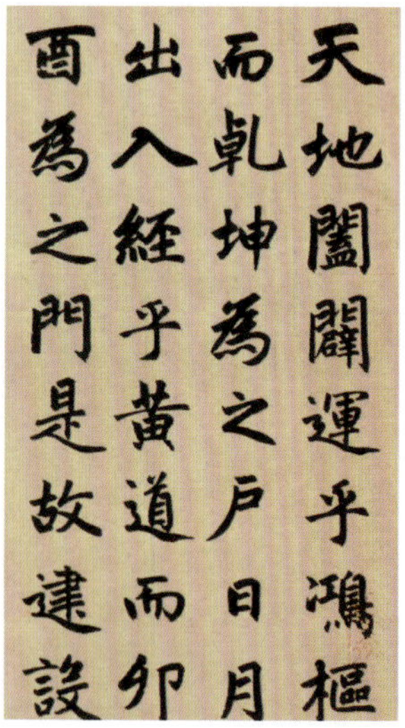

图 6-1-20    《玄妙观重修三门记》（局部）赵孟頫

（4）行书。行书是在楷书的基础上发展起来的，分行楷和行草两种，其风格介于楷书与草书之间。具有书写快捷、飘逸易识的特有艺术表现力。较有代表性的作品是王羲之的《兰亭序》（图6-1-21），其被誉为天下第一行书。

（5）草书。草书是在隶书的基础上演变而来的，是书法艺术中最抽象、最具情感表现力的一种书法艺术类型，主要分为章草、今草，而今草又分为小草和大草，大草也叫狂草。其特点：结构简省、笔画连绵。草书首先通过点画来代替偏旁和字的某个部分，使字体具有符号化的特征；其次，各笔画之间通过连贯的书写，使字与字之间相互呼应，表达出书法家情感的同时，让作品具有较高的审美价值。其中张旭、怀素的"狂草"是其典型的代表作品（图6-1-22、图6-1-23）。

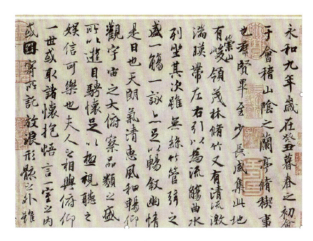

图6-1-21　《兰亭序》（局部）　王羲之

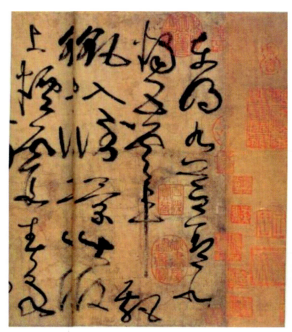

图6-1-22　《古诗四帖》　张旭

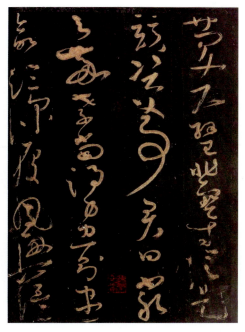

图6-1-23　《大草千字文》　怀素

### 三、雕塑艺术

雕塑艺术是一种造型艺术，包括雕、刻、塑三种造型方法，是利用石膏、树脂、黏土等多种可塑材料（如木材、石头、金属、玉块、玛瑙等）来进行雕塑，创作出具有可视、可触性的艺术形象，它能反映社会生活，表达艺术家的审美情感与理想。

#### 1.雕塑艺术的审美特征

（1）凝练性。雕塑艺术的凝练性指雕塑创作中，将丰富的素材与内容进行精简浓缩，以表达创作者思想情感的艺术形象。雕塑艺术通过凝练形象反映出不同时代的地域特征；因此民族特征鲜明，时代特色浓郁。此外，雕塑还可以通过对形象的提炼，使作品具有象征美。比如，秦汉时代的雕塑大气雄浑具有阳刚之美，盛唐的雕塑技法娴熟尽显阴柔之美等。

（2）空间性。雕塑工艺以泥土、木石、金属等为主要原料，在三维空间中创造物质实体的艺术。因此，雕塑工艺具有空间的概念。另外，雕塑的空间特性既指雕塑通过形体本身的实空间以及形体之外的虚空间来塑造造型，又指雕塑通过外在形象所引发的意念空间，使作品赋予灵性与智慧，从而表达出创作者的情感思想。

（3）静态性。雕塑艺术作为可视静态形象之一，是艺术形象在运动过程中的某一瞬间的凝固，其大部分作品都是通过一定的表情或动作来表示艺术形象性格、动势及情绪。所以，雕塑艺术又被称作"静态"的感受，它将自身定格于瞬间，让观者充满无限遐想，并产生一种仿佛时间凝固的永恒美。

### 2. 雕塑艺术的分类

（1）中国古代雕塑艺术。中国古代雕塑题材主要有陵墓雕塑与宗教雕塑；艺术门类有圆雕、浮雕、镂空雕等；如果将雕塑艺术按其功能划分，通常分为纪念性雕塑、主题性雕塑、装饰性雕塑、功能性雕塑以及陈列性雕塑；雕刻材料也多种多样，常用的有铜、泥、陶等。事实上，中国传统雕塑呈现出浓郁的民族特色和时代特点，凝聚了中华民族几千年来的艺术结晶。

据出土文物考究发现，旧石器时代的北京猿人便已经使用石头雕刻器物。后来，随着陶器的出现以及商代青铜器铸造技术的鼎盛，雕塑艺术得到了进一步的发展。秦汉时期我国古代陵墓雕塑得到空前繁荣，其中陕西省临潼区西杨村发现的秦始皇陵兵马俑被誉为"世界第八奇观"（图6-1-24）。到了南北朝时期，由于皇室的需要，佛教雕塑得到了空前的发展，并在此期间产生了大量的优秀佛教题材作品，如龙门石窟中以武则天为创作原型的卢舍那大佛像（图6-1-25）等。晚唐以后，石窟艺术呈现出衰弱之势，而明清时期的小型玩赏性雕塑日趋繁荣。新中国成立以来，我国雕塑艺术开始走向开放、包容、多元与丰富，成为新时代中国人民不断进取的生活写照。

图 6-1-24　秦始皇陵兵马俑

图 6-1-25　卢舍那大佛像

（2）西方雕塑艺术。纵观西方文明史，可以看出雕塑艺术所呈现出的多种特性：首先，作为宗教崇拜的媒介和膜拜的对象为宗教服务，它具有宗教性；其次，作为一个知名人物或事件，或是一个城市或国家的标志，具有纪念性；最后，它还具有装饰性。而西方雕塑艺术源远流长，作品繁多，从西方雕塑的发展过程入手，又大抵分为四个高峰时期。

第一个高峰期为古希腊古罗马时期，该阶段的雕塑具有庄严的艺术形态以及严谨的写实精神，并从数的观念出发去讲究和谐，体现了古希腊的人生哲学和希腊人对自然、宇宙的和谐与完美的认识，其艺术造诣达到"真善美"的统一，成为西方雕塑艺术的典范。其中的代表作有米隆的《掷铁饼者》（图6-1-26）、菲狄亚斯的《命运三女神》、波利克里托斯的《持矛者》。

第二个高峰是欧洲文艺复兴时期，该阶段的雕塑在恢宏而有力的造型中，表现沉实而内在的精神气质，真正体现了那个时代的精神特色。其中以米开朗琪罗的《大卫》《哀悼基督》为典型代表，而《大卫》（图6-1-27）成为文艺复兴时代英雄的象征。

第三个高峰期是 19 世纪法国雕塑，该时期的雕塑艺术表现出百花齐放、百家争鸣的特性，并善于用雕像的动态和姿势表达内心的情感与内涵，并将令人无法忘怀的现实主义和人文主义思想注入其中，其中以浪漫主义雕塑家吕德的《马赛曲》及现实主义雕塑家罗丹的《巴尔扎克像》《思想者》（图 6-1-28）、《地狱之门》为典型代表。

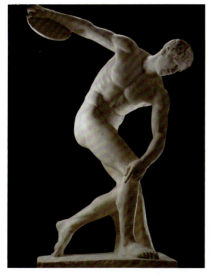

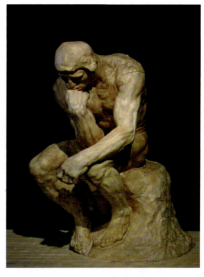

图 6-1-26　《掷铁饼者》米隆　　图 6-1-27　《大卫》米开朗琪罗　　图 6-1-28　《思想者》罗丹

第四个高峰期出现在 20 世纪，该阶段西方雕塑艺术向多元化发展，多种流派同时并存，并处于不断的演变发展之中。其中法国著名雕塑家马约尔将雕塑艺术从具象、写实走向抽象、象征，开辟了现代雕塑的崭新途径，其代表作《地中海》以一位丰乳肥臀、和蔼可亲的女性形象，象征风光秀丽、气候舒适的地中海母亲。

## 四、摄影艺术

摄影艺术，是以照相机和感光材料为工具，运用构图、画面、光线、色调等造型手段来塑造可视画面形象，反映社会生活与自然现象，表达作者思想情感的一门艺术门类。

### 1. 摄影艺术的审美特征

（1）纪实性。摄影艺术的纪实性是其区别于其他造型艺术门类最明显的特征。首先通过使用科学技术手段将摄像的对象进行再次呈现；其次体现在对摄像对象进行现场拍摄，如实地反映现实生活中的人物、事件或环境，带给人身临其境的感觉。

（2）瞬间性。摄影艺术的瞬间性是指对人物、景物、事件的瞬间定格，当摄影师按下快门的那一瞬间，创作便已完成。由此可见，摄影艺术带有瞬间性的特征。然而，尽管摄影艺术有瞬间性的特点，但大部分优秀摄影作品在拍摄期间，还需摄影师对场景进行仔细观察、对比、筛选、加工、提炼，以获得最佳拍摄效果。

（3）图像性。摄影艺术依靠图像带给人们视觉感受，以实现摄影艺术图像性的最佳艺术表达。因此，图像性是摄影作品能够顺利呈现与表达的基础。而要实现摄影图像的最佳效果，使摄影作品更加生动形象，除考虑到摄影设备的优化，还需考虑画面图像的构图，以及创作视角的新颖等。

（4）科学性。科学技术的进步对摄影艺术的发展与摄影艺术效果的提升，有着密切的关系。黑白照片让人们感受到生活能被记录，彩色照片让人们主动追求更美的拍摄效果，而数码时代的今天，摄影师有必要牢牢把握科技脉搏，运用现代科技来丰富摄影语言，以推动摄影艺术不断向前。

### 2. 摄影艺术分类

摄影艺术按感光材料和画面颜色区分，可分为黑白摄影和彩色摄影；按摄影器材和技术区分，可以分为红外线摄影、全息摄影、水下摄影、航空摄影等；按题材来分，可以分为人物摄影、风光摄影、舞台摄影、体育摄影、新闻摄影、广告摄影等。可见，对摄影艺术的分类可以说是众说纷纭，然而在日常生活中，我们通常按题材进行分类。

（1）人物摄影。人物摄影通过人物的表情、外貌、动作姿态，来揭示人物的性格特征、精神气质以及思想感情。它由近至远分成特写镜头、头像、半身像、全身像和群像等。人物摄影常采用抓拍和摆拍两种方式来完成，故要求摄影者捕捉精彩瞬间时注意角度、构图的选择和光线的运用等，以充分展示人物当时的内心情感或性格、外貌特征等。如斯蒂芬·麦凯瑞拍摄的《阿富汗少女》（图6-1-29），透过那双绿眼睛让人联想到战争背景下，阿富汗底层妇女遭受的苦难。

（2）风光摄影。风光摄影是主要拍摄自然景物、人文景观为主的摄影方式。题材有自然风景、城市风景、乡村风景等。另外，风光摄影还应具有画面美、意境深、题材广等特点。图6-1-30所示的风景作品通过将自然美转化为艺术美，展现了人们对自然的特殊感受与美学追求。

图 6-1-29 《阿富汗少女》 斯蒂芬·麦凯瑞　　　图 6-1-30 Kilian Schönberger 风景作品

（3）新闻摄影。新闻摄影是通过拍摄任务完成报道事实。其摄影形式主要依靠抓拍进行，以说明事件、传播消息、引发影响等为宗旨。另外，新闻摄影一般都需要附上简短的文字说明，以介绍事件发生的背景和过程等。新闻摄影应坚持新闻真实性的原则。如艾森斯塔特作品《胜利之吻》（图6-1-31）拍摄的是1945年日本投降，纽约广场上水手拥吻护士的场景，以此来庆祝期待已久的胜利。

（4）舞台摄影。舞台摄影是以舞台上生动而优美的艺术造型为拍摄对象的艺术形式，其拍摄内容一般包括音乐、戏剧、舞蹈、杂技和曲艺等多种在舞台上展现的艺术。舞台摄影对摄影造型技术要求较高，需要摄像师对表现形式与表演方法有较全面的了解，以便在瞬间能抓住具有代表性的画面与优美动作，充分展示舞台艺术的魅力和演员高超的表演技巧，如杨军的舞台摄影《夜深沉》（图6-1-32）以优美的舞姿展示艺术美感。

（5）体育摄影。体育摄影是以各种体育运动场面、竞赛中运动员的技术水平或健美姿态等为拍摄对象。摄影师需要在被摄对象动作变化，甚至急速变化中进行拍摄，故大多采用抓拍方式，使用较高的快门速度抓取动态，将惊险优美的瞬间和紧张激烈的竞赛氛围展现在人们面前，使作品具有高度的真实感和强烈的现场感，如摄影师魏征作品《跨越国度》（图6-1-33）。

（6）广告摄影。广告摄影主要任务是拍摄商品的形状、结构、性能、色彩和用途等特点，来激起消费者购买的欲望。其作为推销商品的一种手段，直观地呈现商品的性能，因而要求摄影作品清晰度高，并突出商品的优点与质感，进而达到较好的宣传效果，如 Harold Ross 广告摄影作品（图6-1-34）。

图 6-1-31 艾森斯塔特作品《胜利之吻》

图 6-1-32 《夜深沉》 杨军

图 6-1-33 《跨越国度》 魏征

图 6-1-34 Harold Ross 广告摄影作品

# 单元二 表演艺术

　　所谓表演艺术，是指表演者在一定的词曲、编舞设计、剧本的基础上，结合自己的理解和感受，通过表演展现一定时间中的动态形象，构成叙事或抒发情感，以表现生活的艺术门类。表演艺术是要在前期创作的基础上进行二次创作才能最终完成。因此，表演性、动态性和二度创作性是表演艺术的特征。然而在很多教材中，只将音乐和舞蹈归为表演艺术，把戏剧、影视归为综合艺术。我们认为戏剧、影视确实具有综合艺术特性，但更需要表演，更需要二度创作才能最终完成。因此，本书提到的表演艺术包括音乐、舞蹈、戏剧、影视等艺术门类。

## 一、音乐艺术

　　音乐通过有组织的乐音，利用时间上的流动来创造艺术形象、传达思想情感、营造审美情境。可见音乐不仅仅是一门声音的艺术，也是时间的艺术，更是一门表现的艺术与再创造的艺术。它是人类社会历史上最早出现的艺术门类之一，主要依赖曲调、音色以及演奏、演唱的技巧，来营造艺术感染力，也是人们日常生活中非常喜爱的一种艺术门类。音乐的艺术语言与表现手段多种多样，具体包括旋律、节奏、和声、曲式、调式、复调、调性等。其中前三者最为重要，被称为音乐的三要素，有时旋律又称曲调。

### 1. 音乐艺术的审美特征

（1）听觉性。音乐以声音为媒介来塑造形象、表达情感，这些都需要通过欣赏者的听觉来实现，因此音乐是一种"听觉艺术"。而无论是演奏者，或是听众，都需要通过听觉来欣赏音乐，并鉴别其艺术效果的优劣。

（2）抒情性。在艺术门类中音乐最擅长抒发情感，是表现人类心灵的直接语言。它不是重现实际生活中的物质形式，而是表现人们内心的感受、情绪等情感性的内容，因此可以认为音乐是"以声表情"的艺术。

（3）想象性。音乐作为一门抽象艺术，通过曲调作用于欣赏者的听觉，并借助于欣赏者的想象力，将曲调呈现的声音主观地转换成相应的画面或场景，以唤起倾听者内心深处的情感共鸣。音乐的情感表达由于受到欣赏者年龄、文化以及生活阅历等的影响，因而使得相同的音乐在不同听者之间所产生的感受也会有所区别。

（4）象征性。音乐象征性是借助人们的想象力，运用音响的特有属性来表现声音以外的生活现象。音乐象征性强调乐器声音的属性与人的精神、情感自然融合，是音乐艺术的重要审美特性，体现出音乐独特的韵味。如：人们常常用小号强烈、明亮而锐利的音色象征光明，以音色高傲、辉煌、庄严壮丽而饱满的铜管乐器象征英雄凯旋等。

### 2. 音乐艺术的类型

音乐的类型可以有不同的标准去划分。按照使用工具的不同，音乐可分为器乐和声乐两大类。其中，器乐包括铜管乐、木管乐、管弦乐和打击乐等；声乐，分为女高音、女中音、女低音和男高音、男中音、男低音。音乐按照被接受程度以及表演难度不同，又分为通俗音乐与高雅音乐，而通常情况下，人们将流行音乐划分到通俗音乐范畴；而将古典音乐划分到高雅音乐范畴。音乐根据体裁的不同可分为独奏、齐奏、重奏、交响曲、协奏曲、奏鸣曲、重唱、组曲等；除此之外，还包括能体现民族文化和民族精神的民族音乐等。以下我们主要按体裁的划分方式进行简要解说。

（1）独奏，是指由一个人进行演奏，并且根据使用乐器的不同可分为钢琴独奏、二胡独奏、萨克斯独奏、小提琴独奏等。

（2）齐奏，是指由多人同时演奏同一曲调，演奏时可使用同样的乐器同时进行，也可使用不同的乐器同时演奏。

（3）重奏，是指多声部合作完成的一种演奏形式，每个声部均有人员负责。根据乐曲的声部数目，重奏可分为二重奏、三重奏、四重奏以至七重奏、八重奏。并根据使用乐器的不同，可划分为弦乐重奏、管乐重奏等。其中，弦乐四重奏是最常见的一种重奏形式，一般由一把中提琴、一把大提琴和两把小提琴组成。

（4）交响曲，也称交响乐，其规模宏大，管弦乐法复杂，适于表现性较强的艺术形式内容。古典交响曲起源于18世纪的欧洲，一般分为四个乐章：第一乐章为快板；第二乐章为慢板或稍慢；第三乐章为快板或稍快；第四乐章为终曲。

（5）协奏曲，是指一件或多件独奏乐器与管弦乐队共同配合进行演奏的大型乐曲，并常常以独奏乐器来命名，如小提琴协奏曲、钢琴协奏曲等。

（6）奏鸣曲，一般是由一件或几件乐器演奏，钢琴伴奏，由3～4个乐章构成的大型乐曲。最常见的是钢琴奏鸣曲或小提琴奏鸣曲。

（7）重唱，是指两个及两个以上的演唱者，按不同高低的声部演唱同一乐曲。按声部、人数分为二重唱、三重唱、四重唱、六重唱、包括男女声重唱等。歌剧中的重唱基本上是人物与人物进行感情交流的表现方式。例如，《艺术家的生涯》中的"爱情二重唱"、《茶花女》中的"饮酒歌"等。另外在《弄臣》中还有著名的四重唱、《拉莫摩尔的露琪亚》中的六重唱等。

（8）组曲，是由几个独立的乐曲或乐章经过统一构思、编创而成的大型作品结构形式。组曲分声乐与器乐两种形式。声乐组曲一般在统一的标题内容下，将若干彼此独立、演唱形式及风格各不相同的歌曲进行组合。器乐组曲则由若干个具有独立性的器乐曲组合而成。如 18 世纪中叶以前的组曲，常包括库朗特（法国）、阿勒曼德（德国）、萨拉班德（西班牙）和基格（英国）等舞曲形式，使作品在风格与速度上形成对比。

## 二、舞蹈艺术

舞蹈艺术，运用节奏、表情和构图等多种艺术语言，塑造出具有直观性和动态性的舞蹈形象，以表达主体思想感情的一种艺术样式。其作为较为古老的艺术门类之一，是一种将设计、编排过的人体动作进行串联呈现的表演形式，常常与音乐进行配合表演。

### 1. 舞蹈艺术的审美特征

（1）动作性。舞蹈艺术首要特征是动作性，舞蹈家以身躯、四肢、动作、造型、姿态、表情等各种形体动作来塑造舞蹈形象。并通过动作塑造形象，向欣赏者传达情感，这是舞蹈特有的艺术语言；另外，值得注意的是：舞蹈动作不是简单的动作相加，它必须具备一定的艺术标准。如首先要求舞蹈动作具有规范性和技巧性特点。像芭蕾舞的基本功中，对于脚和手的各种位置都是有规定的，各种跳、转技巧也都有一定的规范；其次舞蹈动作不但要讲究形式上的外在美，还要具备深刻内涵，需通过人体动作来表现文字或其他艺术手法难以表现的人的内在精神世界。如：杨丽萍编导的国家舞台艺术精品剧目《云南映象》（图6-2-1），一方面选用当地少数民族文化中的经典舞蹈元素来展示作品的原生态性；另一方面通过使用现代舞台美术、灯光、服饰，将民族文化与现代手法进行结合，使整个舞蹈作品既有传统之美，又有现代之魂。同时该作品在呈现浓郁云南民族风情时，也表达了云南人民对自然万物的深厚感情。

**图 6-2-1 《云南映象》剧照**

另外，舞蹈动作还要注重不同风格的表现。如：中国古典舞无论在舞姿造型上，还是在动势动态上都体现着"圆"和"终点回归起点"的走圆运动原则，被称为是"画圆"的艺术。这种画圆规律同样也反映在中国古典舞的舞姿动作上，不仅包括身躯体态的拧、倾、圆、曲，还有舞蹈韵律上的起承转合、欲前先后、欲左先右、欲张先含等规律，及平圆、立圆、八字圆的运动轨迹上，都充分演绎出中国古典舞的"圆"之美，体现出中国古典舞的独特风格。

（2）抒情性。抒情性是舞蹈创作和表演中主要的艺术特性之一。舞蹈通过人体外部动态，塑造出诗画般艺术形象，以此来抒发编导内心的精神世界。汉代《毛诗序》言："情动于中而形于言，言之不足，故嗟叹之；嗟叹之不足，故咏歌之；咏歌之不足，不知手之舞之足之蹈也。"这句话表明：通过舞蹈动作能表达某些难以用语言表述的精神状态、情感变化和心理活动，强调舞蹈的抒情特性。然而，舞蹈在"长于抒情"的同时，又具有"拙于叙事"的特性，即舞蹈在叙事与说理方面跟小说和戏剧相比，呈现出明显的局限，其很难通过舞蹈动作去完整地交代故事情节。因此，舞蹈作品中有许多的不带具体事件和情节的"情绪舞"。如：陕北的《秧歌》（图6-2-2）、东北的《花鼓舞》等，这些舞蹈以热烈的舞蹈动作来抒发愉悦、高昂的情绪，形成一种热闹的场面，至于其激发这种热情的事因，却很少有人问津。

### 2. 舞蹈艺术的类型

从总体上来看，舞蹈分为生活舞蹈与艺术舞蹈两大类。生活舞蹈与人们日常生活紧密联系，是人们根据生活需要而进行的舞蹈活动。这类舞蹈动作简单易学，主要用于娱乐或社交中，且具有广泛的群众性、普及性与实用性。生活舞蹈包括习俗舞蹈（广东的春牛舞、湖南的蚕灯舞等）、宗教祭祀舞蹈（民间的巫舞、师公舞等）、社交舞蹈（交际舞、华尔兹、探戈等）、自娱舞蹈（迪斯科、霹雳舞等）、体育舞蹈（健身舞、广场舞等）等。艺术舞蹈，是舞蹈家通过对动作的艺术创作，在舞台上呈现艺术作品，具有很强的观赏性。这类舞蹈常常具有较高的技艺水平、强调艺术性，是表演性舞蹈的总

图 6-2-2　陕北秧歌

称。而艺术舞蹈按不同的艺术特点，又分为不同的类型。

（1）按表演形式划分，有独舞、双人舞、群舞和舞剧等。

① 独舞，也称单人舞，顾名思义，是单人表演的舞蹈。独舞是展示个人艺术能力和技巧的重要手段，也是刻画人物形象的重要方式。它的舞蹈编排要求高度精练而富有表现力。

② 双人舞，由两个人表演，共同完成一段舞或一段舞蹈片段。双人舞很多时候由一男一女共同完成表演，它既需要展示舞者个人的艺术能力与技巧，更需要舞伴之间的相互配合，并通过协调或对比性较强的动作、姿态、造型来共同表达舞蹈的主题。

③ 群舞，是指人数不等的多人舞。群舞可以是独立作品，也可以是大型舞台艺术中多人完成的舞蹈表演。群舞对队形、风格、气氛、场控、默契等都有讲究，是一种集体合作性质的舞蹈，演绎时舞蹈动作要求协调、风格要求一致。当然，群舞中有时也有领舞，即一个人或几个人物占有比较突出的地位，并从艺术上通过变化、对比以增强美感，形成丰富多彩的画面效果。

④ 舞剧，以舞蹈为主要表达手段，是具有戏剧情节的综合性大型舞台艺术，是舞蹈艺术高度发展的产物。其中舞蹈和音乐是构成舞剧最重要的两个因素，舞剧是舞蹈艺术和音乐艺术的升华。另外，舞剧具有特定的人物和情节，结构也如同一般戏剧那样分幕、分场。舞剧还可以包容不同类型、不同风格的舞蹈，但在一部舞剧中，必须以一种类型的舞蹈为主体，主要用它来构成舞蹈语汇，其他类型舞蹈的利用要与它相互协调。例如《天鹅湖》中主要是芭蕾舞，其间也穿插有西班牙和匈牙利、波兰等地的民间舞蹈。

（2）按塑造舞蹈形象的不同划分，有抒情性舞蹈、叙事性舞蹈。

① 抒情性舞蹈，也被人称为情绪舞，常采用"托物寓意""借物抒情"的手法，通过生动的舞蹈形象直接表现和抒发舞蹈者的思想感情，以此来表达舞蹈家对客观世界的感受和评价。抒情舞往往不仅要有舞蹈形象的个性特征，还要囊括普遍的时代性与情感特色，因而很容易在欣赏者中产生共鸣。如《红绸舞》通过红绸流动飞舞的线条，组成丰富多彩的画面，表达了亿万人民翻身做主的愉悦心情，体现了新时代工农大众扬眉吐气，欢欣鼓舞的时代精神。

② 叙事性舞蹈，又称"情节舞"，通过躯体动作、动态来塑造人物、描述情节事件、表现作品主题思想的舞蹈。叙事性舞蹈特点：结构缜密、细腻生动、人物形象设计得个性鲜明，在叙事方面不是通过平铺直叙地进行讲述，而是通过艺术化地概括从极简练的事件中获取情感因素，并进行扩大与夸张，力求以感染观众为最终目的。如《金山战鼓》，通过"登舟观阵、擂鼓助战、初战笑敌、金兵再犯、对天盟誓、还我河山"六个段落，在短短的10分钟内成功地勾画出梁红玉与她的两个儿子率领将士英勇抗金的感人场面，并通过人物情感、人物性格、人物命运，充分表现出巾帼英雄梁红玉豪情壮志，英姿飒爽的将帅风度。

（3）按舞蹈的表现风格特点划分，有古典舞、民间舞和现代舞等。

① 古典舞，在民族、民间传统舞蹈的基础上，经过历代相关专业工作者的传承与创新以及漫长时间的艺术实践的沉淀而流传下来的，具有典范意义和古典风格的一种舞蹈形式。事实上，全球各个国家和民族都有他们各自特有的古典舞蹈。我国古典舞于 20 世纪 50 年代才形成具有本国特色的完整体系，并以传统的戏曲舞蹈为主，同时还汲取了武术中的灵感和技巧，使古典舞蕴涵着丰富的舞蹈语汇和精湛的表现力。另外，古典舞中的动作以"圆"为基本形态，讲究"手、眼、身、法、步"的应用和"精、气、神"的张扬，形成圆润细腻、丰姿绰约、优美抒情、刚柔相济的特色。中国古典舞的代表作有《胭脂扣》《宝莲灯》《秦俑魂》《扇舞丹青》《书韵》。欧洲古典舞的典型代表为芭蕾舞，又称脚尖舞，最明显的特点是表演时女演员脚尖点地。芭蕾舞起源于意大利，发展于 17 世纪的法国宫廷，在20 世纪初传入中国。1958 年我国首次演出了《天鹅湖》，后来创作了《白毛女》《红色娘子军》等，标志着中国芭蕾舞剧的正式诞生。其中《红色娘子军》（图 6-2-3）是我国第一部真正的芭蕾舞剧。20 世纪80 年代后期，芭蕾舞呈现出不断发展的局面。

图 6-2-3　中央芭蕾舞团《红色娘子军》剧照

② 民间舞，来自民间的一种舞蹈形式，常用于民间节日庆典以及祭祀活动中，是很多专业舞蹈的主要素材来源，它直接呈现出各地区、各民族的生活、爱好、审美以及风俗习惯，有着强烈的民族特色和鲜明的地域色彩。从总体上看，民间舞在艺术形式上强调"自娱自乐、载歌载舞、热情奔放、风格各异"的特点；善于利用手绢、扇子、帽子、腰鼓等道具来丰富舞蹈的表现力。我国的民间舞一般分为汉族民间舞和少数民族民间舞两类。其中汉族民间舞的典型代表有《红绸舞》《龙舞》《花鼓舞》《狮子舞》《采茶灯》等；少数民族民间舞有蒙古族的《盅碗舞》、藏族的《弦子舞》、维吾尔族的《夏地亚纳》、苗族的《芦笙舞》、彝族的《打歌》、傣族的《孔雀舞》等，这些民族舞都是我国民族民间舞蹈的艺术瑰宝。

③ 现代舞，起源于 19 世纪末 20 世纪初的欧美，它反对古典芭蕾的守旧、脱离现实生活和刻意追求技巧的形式主义，主张使用符合自然运动法则的舞蹈动作，来反映人的真情实感，演绎现代社会生活。现代舞虽然是在传统舞蹈的基础上衍生出来的，却跟随时代的发展而表现出流行、时尚、新潮的特征，且有广泛的群众基础，尤其深受广大青少年的喜爱。近年来，现代舞发展迅速，风格多样，流派层出不穷。其中，伊莎多拉·邓肯被誉为现代舞之母，其主要作品有根据《马赛曲》、贝多芬的《第七交响曲》、门德尔松的《春》和柴可夫斯基的《斯拉夫进行曲》改编的舞蹈。

## 三、戏剧艺术

戏剧是由演员扮演角色，并以演员的动作和声音为主要表现手段，在观众面前当场表演的艺术样式。戏剧的四个构成要素包括剧本、导演、演员和舞台美术。其中剧本是"一剧之本"，也是演员演出的依据。而导演是一部戏的总指挥，通常情况下，演员演出的重点、各角色之间的情感处理分寸、音乐与舞台艺术的尺度把握等，都需由导演进行组织与安排。演员，是戏剧的表演与体现者。没有演员，剧本只能是案头文学，导演也将失去传达戏剧思想情感的媒介。因此，演员的表演是戏剧作品重要的中心环节。另外，从一般情况来看，演员表演还需要舞台美术等的配合，才能更好地渲染和表现戏剧创作的主题思想。由此可见，无论是剧本、道具、还是舞台美术，都是服务于演员的表演，也因如此，我们将戏剧划分到表演门类之中，以强调演员表演在戏剧中的重要性。

### 1. 戏剧艺术的审美特征

（1）行动性。在戏剧中，戏剧的一切内容，包括人物、情节以及主题等，都必须通过演员的行动进行直接体现，离开行动，戏剧作品就不能成为现实，这便是戏剧的行动性。行动作为戏剧中最基本的表现形式和手段，成为戏剧创作过程的关键所在。例如戏剧剧本就需要通过行动才能进行表演，并将文学语言组成的剧本有机地转化为舞台行动，以此实现演员表演的二度创作，否则，剧本就永远只能停留在一种仅供阅读的文学作品范畴。

另外，戏剧行动包括外部的形体行为与内部的心理行为两部分，形体行为包括语言、动作、表情、态度等，心理行为即戏剧角色的心理活动。在戏剧表演中任何形体行动都会反映特定表演者的心理情感，而任何心理行动也都会通过演员的形体进行表现，这两者紧密联系、不可分离，以此来突出戏剧人物的性格。因此，戏剧行动首先是与剧中人物的性格进行直接关联；并依靠动作过程生动直观地展示人物性格，使演员与观众之间产生迅速、强烈的情感共鸣，让观众获得视觉上的审美享受。

（2）冲突性。戏剧冲突其实是将现实生活中的矛盾冲突在舞台上进行再现，主要表现为：人与人之间的冲突，人与社会、环境的冲突，人物自身的冲突。可以说没有冲突就没有戏剧。高尔基在谈到剧本写作时曾说过："除了文学才能外，戏剧还要求有造成愿望或意图的冲突的巨大本领，要求有用不能反驳的逻辑来迅速解决这些冲突的本领。"这也强调了戏剧所特有的冲突性。戏剧冲突的原型源于现实生活中的矛盾冲突，但是它必须有鲜明特征与典型化。这种冲突将戏剧情节推向高潮，使人置身其境而悬念迭起，从而让人们进入欲罢不能的欣赏状态。如曹禺的经典话剧《雷雨》，剧中各色人物，有着各不相同的社会地位和由此形成的各不相同的情感与命运，并通过作者巧妙安排，构成波澜起伏的戏剧冲突，给观众留下鲜明的印象和强烈的感染力。

（3）综合性。一方面，戏剧是一门以表演为主的艺术门类，但它是许多单项艺术的综合体，包括文学（剧本）、音乐（唱腔、伴奏、音响等）、美术（布景、灯光、服装、妆容和道具等）、舞蹈（形体动作、姿态等）等多种艺术因素。另一方面，戏剧又是几种艺术门类的综合体。它既是时空的综合，又是视听的综合；既具有表演艺术中音乐的听觉性，又具有造型艺术中绘画、雕塑等的视觉性。事实上，戏剧的综合性是建立在将各种艺术进行有机融合的基础之上。然而，这种综合性最终都是为演员表演而服务，并通过戏剧行动而实现。

### 2. 戏剧艺术的类型

（1）按照艺术形式分，戏剧可以分为话剧、歌剧、舞剧、戏曲等。

① 话剧，是以对话（对白或独白）、动作为主要表现手段来展现故事情节、塑造人物形象的戏剧形式。于19世纪末20世纪初传到中国。与传统舞台剧、戏曲的不同在于，话剧的主要表现方式是演员在台上无伴奏的对白或独白，配以少量音乐、歌唱等。话剧中的对话较为口语化，通俗易懂，精炼自然，生动优美，极具个性化，并充满表现力。郭沫若的《屈原》、曹禺的《雷雨》、老舍的《茶馆》等，都是我国著名的话剧。

② 歌剧，主要是以歌唱和音乐为媒介来表现故事情节、塑造人物形象的戏剧形式。因此，歌剧里人物的心理活动与对话大多是以歌唱的形式来展现的。歌剧具有主题鲜明、情节简明、情感集中的特点。其中根据小说《红岩》中有关江姐故事改编的歌剧《江姐》，以四川民歌为蓝本，广泛取川剧、婺剧、越剧、杭滩、京剧等音乐素材进行创作，以其强烈的戏剧性与鲜明的民族特色，成为歌剧中的典型代表。

③ 舞剧，是以舞蹈为主要手段，来演绎故事情节、塑造人物形象的戏剧形式。我国舞剧中，以民族舞剧为代表的《宝莲灯》、以芭蕾舞剧为代表的《红色娘子军》与《白毛女》及以原生态歌舞剧为代表的《云南映象》等，都是经典的舞剧作品。而1957年首演的当代我国第一部典型大型民族舞剧——《宝莲灯》，在戏曲舞蹈的基础上充分利用舞蹈手段来塑造人物，让作品赋予表现力；并通过扇子、手绢、大头舞（假面）等道具来烘托喜庆的气氛，使该作品获得"20世纪经典提名"。

④ 戏曲，是用程序化的歌舞来展现故事情节、塑造人物形象的戏剧形式。戏曲中的"歌舞"有"念、唱、做、打"四种类型，唱腔分西皮、二黄等，且这些类型都有特有的程序规范。除演员表演外，戏曲角色分生、旦、净、末、丑；道具有刀枪、马鞭等；化妆分脸谱、翎子等。另外，戏曲注入我国古典美学中的写意性、虚拟性的特点，通过虚拟人物、虚拟动作、虚拟环境或虚拟时空等来塑造形象，展现故事情节，使演员在有限的舞台上，将现实生活与思想感情无限地演绎出来。从历史来看，我国民族戏曲经历了漫长的发展历程，从先秦的"俳优"，到汉代的"百戏"、唐代的"参戏"，宋代的杂剧、南宋的南戏、元代的杂剧、明代的昆曲，直至清代地方戏曲空前繁荣，逐步演变成以"京剧、越剧、黄梅戏、评剧、豫剧"五大戏曲剧种为核心的中华戏曲百花苑。

（2）按照容量与场次，可分为多幕剧、独幕剧等。

① 独幕剧，顾名思义，只有一个幕，其剧情简单集中，故事较完整，人物较少。而这里的"幕"是相对于

"场"而言，指戏剧按照时间、地点、事件的变化来划分的一个相对完整的段落；而"场"指的是戏剧中包含在"幕"里的一个小段落。戏剧通过"幕"和"场"来表示段落和情节。契诃夫的《求婚》、辛格的《骑马下海人》、菊池宽的《父归》、格雷戈里夫人的《月出》等，都是著名的独幕剧。而在中国早期话剧中有很多也是独幕剧，如洪深的《五奎桥》、田汉的《名优之死》、丁西林的《压迫》等。

② 多幕剧，分成若干幕，人物多且情节复杂。老舍的《茶馆》就是多幕剧。《茶馆》从结构上分三幕，这三幕戏又以北京裕泰大茶馆为中心场景，分别截取了清末、民国初年、抗战胜利后三个不同时代的社会生活矛盾，并在其中绘制出多幅精彩的人物形象和生活场景，以此来反映中国近现代史上 50 年的世道沧桑，进一步强调了"只有社会主义才能救中国"的时代主题与历史命运。

（3）按照作品题材不同，可分为历史剧、现代剧等。

① 历史剧，顾名思义，是反映历史题材的一种类型，包括古代历史剧和现代历史剧。曹禺的《王昭君》、田汉的《关汉卿》、郭沫若的《蔡文姬》《屈原》等都是历史剧的代表。

② 现代剧，以现实生活为题材。如曹禺的《日出》、田汉的五幕话剧《卢沟桥》。

（4）按照矛盾冲突的不同性质，分为悲剧、喜剧和正剧三类。

① 悲剧，以表现主人公与现实之间不可调和的冲突及其悲惨结局为基本特点，通过英雄的牺牲、主人公苦难的命运或与人们想象相违背的故事情节，造成观众心灵的震撼，映射主人公的巨大精神力量和伟大人格，从而使观众在悲痛中得到美的熏陶和心灵的净化。我国古典悲剧的典型中，元朝的《窦娥冤》《赵氏孤儿》和清朝的《长生殿》《桃花扇》被称为"中国四大古典悲剧"；西方典型的悲剧作品代表为莎士比亚的"四大悲剧"，具体包括《哈姆雷特》《奥赛罗》《李尔王》《麦克白》。

② 喜剧，起源于古希腊的狂欢歌舞和滑稽戏，其对戏剧形象性格的刻画手法夸张、结构巧妙、台词诙谐，力求给观众轻松、欢乐之感，并从笑声中嘲讽愚蠢与丑恶、歌颂美好理想的一种戏剧样式。鲁迅先生曾表明："喜剧将那无价值的撕破给人看。"也就是说，喜剧能把生活中的丑陋、愚昧、落后的缺陷暴露出来，用嘲讽的手法加以否定；也可以通过善意的嘲笑来引起人们的自省。我国古代四大喜剧分别是关汉卿的《拜月亭》、王实甫的《西厢记》、白朴的《墙头马上》、郑光祖的《倩女离魂》；莎士比亚的四大喜剧是西方典型的代表，即《威尼斯商人》《皆大欢喜》《第十二夜》《仲夏夜之梦》。

③ 正剧，是继悲剧、喜剧之后具有最广泛影响力的戏剧类型。正剧不局限于悲剧、喜剧的划分，而是取两者之长，其题材源于生活而高于生活，以表现更为复杂、丰富的矛盾冲突，演绎人际关系，反映社会生活的方方面面。在正剧中的人物和情节往往具有更加普遍的典型意义。莎士比亚的《一报还一报》《暴风雨》，狄德罗的《私生子》《一家之主》、契诃夫的《三姐妹》、曹禺的《日出》、汤显祖的《牡丹亭》等均属很有影响的正剧作品。

## 四、影视艺术

影视是电影和电视的合称，是以摄影、摄像等现代科技为手段，以画面和声音为媒介，通过银幕或屏幕来塑造"声画合一、时空一体"的艺术形象，以此来反映社会生活的一种综合性表演艺术。[①] 影视是现代科技与艺术相结合的产物，它以摄影和摄像等电子技术的发明应用为基础，是在信息产业飞速发展和市场竞争日趋激烈的条件下，应运产生并发展壮大的一门年轻艺术门类。跟传统的艺术样式相比，影视不仅科技含量高，而且诞生的时间短。

### 1. 影视艺术的审美特征

（1）蒙太奇性。蒙太奇（法语：Montage）是音译的外来语，原为建筑学术语，意为构成、装配，影视艺术出现后又在法语中引申为"剪辑"，发展成一种电影艺术中镜头剪辑组合的理论及手段。苏联电影导演、电影理论家艾森斯坦认为："镜头间的并列甚至激烈冲突将造成第三种新的意义。当我们在描述一个主题时，我们可

---

① 王朝元. 艺术概论 [M]. 北京：首都师范大学出版社，2021.

以将一连串相关或不相关的镜头放在一起，以产生暗喻的作用，这就是蒙太奇。"例如，我们将母亲在煮菜、洗衣、带小孩，以及父亲在看报等镜头放在一起，就会产生母亲"忙碌"的感觉。在影视艺术中，蒙太奇是指对镜头画面、声音、色彩等元素编排组合的手段，以达到1+1＞2的效果。在后期制作中，将事先拍摄的无数个分镜头根据文学剧本和导演的构思进行精心排列，把许多镜头有机地组合、剪辑在一起，这些不同的镜头使故事产生连贯、对比、联想、衬托悬念等联系以及快慢不同的节奏，从而构成一部完整的影视作品，这些剪辑与组合的方式，就叫蒙太奇。蒙太奇在类型上可以划分为三种，分别是叙事蒙太奇、表现蒙太奇和理性蒙太奇，第一种起叙事功能，后两种主要起表意功能。例如美国著名导演弗朗西斯·福特·科波拉在拍摄电影《惊情四百年》时，有一个镜头是吸血鬼的头被砍之后飞了出去，镜头跟拍到头要落下时，镜头马上剪切到晚餐时一大块盘子上的肥肉，这种镜头的转换好像头落到盘子上变成一团食物的感觉，实际上导演就是用蒙太奇的手法表达弱肉强食的隐喻。蒙太奇巧妙运用镜头、场面、段落的分切与组合，对影视素材进行选取，不仅使内容主次分明，达到高度的集中和概括；又能营造紧张的气氛，吸引观众注意力；还能实现时空再造，形成独特的影视时空等。可见"蒙太奇"的产生及应用在影视艺术发展史上是里程碑式的，是影视艺术最突出的形式特点。

（2）运动性。跟绘画与摄影相比，影视艺术的画面是运动的，不是通过瞬间描述来反映生活，而是通过连续性的动态画面、镜头以及不断发展的故事情节来反映作品内容。运动性作为影视艺术独有的特性，其涉及内容尤为广泛，既包括拍摄对象这种客体的运动；也包括摄影机等拍摄装备主体的运动；还包括主客体的复合运动；更包括蒙太奇剪辑组合将两个静止的画面衔接起来，造成时空自由跳跃的运动等。影视艺术正是通过这些连绵不断的运动画面来抓住观众的感知与注意力，从而使作品具有强大的感染力。另外值得注意的是：尽管运动是影视艺术的本性，但它必须与镜头以及画面进行配合，并通过不断刻画出扣人心弦的人物内心活动动作，才能更形象、更深刻地表现作品的思想情感。

（3）逼真性。影视的逼真性是指影视的"摄影机捕捉的影像近似于现实的原貌、原型、原态，是'几可乱真的表象'"，即强调影视里面的画面、声音、动作、灯光、事件等给观众很真实的感觉，但这里的逼真并不等同于真实，而是逼近真实。视听上的真实感体现了影视艺术的逼真性，即影视艺术借助现代音像实录技术，在对一些生活常见场景进行拍摄时，往往根据现实中的"生活化"场景进行现场摄像，而在一些危险场景或特殊画面进行拍摄时，往往是通过拍摄技巧的运用，来模拟"生活化"的形象或场景等，以酷似现实的逼真感牢牢地抓住观众。如"利剑穿心"的镜头就是利用蒙太奇手法把几个画面进行剪辑，然后加上酷似鲜血的道具，使画面更加真实。另外，随着科技的发展，影视艺术的逼真性也得到了更大的提升。如在观看4D电影时，当画面溅起水花时，观众不单可以感觉到水花飞出屏幕，还能感受到水花拍打在脸上的感觉。

（4）综合性。影视艺术的综合性是建立在现代科技发展基础之上的新兴艺术门类，实现了艺术与技术的统一。影视综合了时间与空间艺术、视觉与听觉艺术，还综合了导演、演员及幕后所有艺术工作者的智慧与才能。影视艺术不仅仅停留于艺术学层次，还将文学、绘画、音乐、舞蹈、戏剧等各种艺术元素进行有机融合，并综合吸收了各艺术门类的特点，以丰富自己的艺术表现力，从而使影视艺术成为不同于其他艺术门类的独立艺术。

### 2. 影视艺术的分类

（1）电影艺术。电影诞生于19世纪90年代，被人们称为"第七艺术"，一般认为电影分为影像、声音、剪辑三大部分。影像中除了演员的表演、物体的造型之外，还包括构图、布景、角度、运动、机位、照明、色彩等；声音包括人声、音响、音乐；剪辑分为影像剪辑和声音剪辑，并通过特殊的剪辑方法可创造出新的蒙太奇效果。另外，电影艺术按传统划分方法可分为四种类型，即故事片、科教片、纪录片和美术片。

① 故事片，取材于现实生活，并采用叙事的方式，通过演员扮演角色刻画出具有完整故事情节、表达一定主题思想的艺术影片。故事片的类型较多，根据题材的不同，可将其分为历史、现实、生活、儿童、爱情、战争、武打、科幻等题材。

② 纪录片，通过现实生活的拍摄，并对其进行艺术加工与处理，将真实的事件、人物、环境等信息整合呈现在观众面前，以此来传播文化、反映社会现实。因此真实是纪录片最重要的特征，而优秀的纪录片除了真实客

观地反映生活外，还常常具备深厚的人文情怀，进而引导观众对文化进行思考，树立正确的人生价值观。《中印边界问题真相》《辛亥风云》《历史的纪念》《毛泽东》《黄山奇观》《漫游世界》等，都是我国纪录片的代表作。

③ 科教片，旨在传播科学知识或推广技术经验、传授工艺方法等，并在广大群众中得以普及，是具有一定宣传教育作用的影片。好的科教片通过准确、客观、科学、形象、生动地展现科学知识，使观众在愉快、轻松的氛围中进行科学的教育。根据影片内容和观众对象的不同，科教片可分为教学片、科学普及片、科学技术推广片和军事科学片等。其中《生物进化》《体育与健康》《生命与蛋白质——人工合成胰岛素》《特战奇兵》等都属于科教片范畴。

④ 美术片，根据导演的构思想法，将绘画或雕塑等塑造的人、动物或其他物体、其他造型艺术的形象、画面按照电影逐格拍摄的方法联系起来，形成活动的电影画面。因其在美术造型方面使用手段的不同，又分为动画片、木偶片等。美术片中夸张、变形是其常用的手法；神话、童话、民间故事、科学幻想等是它的主要题材，美术片因其丰富的想象力、夸张的表现手法以及高度的概括形象语言，而备受少年儿童的喜爱。《葫芦兄弟》《小蝌蚪找妈妈》《大闹天宫》《哪吒闹海》《三个和尚》等都是我国美术片的典型代表。

（2）电视艺术。电视诞生于 20 世纪 20 年代，是一门迄今为止最年轻的艺术门类，被人称为"第八艺术"。电视艺术的语言有画面、声音、造型、文字、镜头、编辑、特技、符号等。电视艺术在类型划分上与电影艺术有相似之处也有不同之处。根据表达和反映生活的视角、形象塑造、结构处理等方面，一般将电视艺术分为纪录片、科教片、美术片以及电视剧、文艺片和文献片等。因电视纪录片、科教片、美术片这几种类型跟电影艺术的相似，这里就不再进行重复介绍。

① 电视剧，跟电影里的故事片相似，也是通过对人物、环境与情节等来叙述故事。其类型包括连续剧、系列剧、单本剧、短剧等。电视剧在形式和手法上接近电影里的故事片，但由于传播媒介与受众环境不同，因此在艺术处理上也有区别于故事片的自身特点，如：由于画面大小与观影方式的不同，使得电视剧不能像电影那样表现宏大的场面，因此在拍摄时常采用中景、近景和特写，而较少采用全景与远景；另外，由于电视剧在观看时不必完全停止一般日常活动，因此其剧情节奏不宜太快，以免观众偶尔疏忽而看不明白；并且电视剧也常常采取"细细道来"的方式，把篇幅进行延长，以便将故事情节进行充分的展开，使观众在一个一个的悬念中获得期待的审美乐趣。

② 电视文艺片，是除电视剧外的所有电视文艺节目的总称，包括专题型文艺节目，如戏曲、曲艺、杂技、MTV（音乐电视）、舞蹈等；栏目型文艺节目，如《星光大道》；晚会型文艺节目，如央视《春节联欢晚会》等。还可按内容的不同划分为综艺、娱乐、竞赛型文艺节目等。其制作方式包括三种，即一是声画同步式，如实况直播与实况录像；二是先录制后剪辑的声画组合式；三是同步与组合相结合的声画交叉式。电视文艺片运用先进的电子技术手段，对各种文艺样式进行电视艺术的二度创作，既保留原有文艺的艺术价值，又充分发挥电视特殊的艺术功能，以艺术的审美眼光和创造性表现手法给观众以新的视觉感受。例如当我们用传统的方式来欣赏芭蕾舞剧《胡桃夹子》时，难免会因为自身认识的局限，而错过一些经典动作或片段，而将其转化为电视舞蹈后，观众欣赏到的画面是通过专业的导演及电视制作人员进行艺术化处理与创作之后最终才呈现在电视屏幕上，因而无论是视觉效果还是剧情节奏的把握等方面，相比传统的自我欣赏方式肯定更加优化。

③ 电视文献片，是指大量运用历史文献资料以展现历史真实、表达主观评价和感情的电视片。如电视艺术中的报告文学，它常常以实际生活中有意义的真实的人物、事件或其他事物为题材，围绕一个主题来进行摄制，其内容可以涉及人物、历史、人文特点、地理风光、政治事件、经济状况等诸多方面。电视文献片由于形象直观，反映及时，往往能够获得良好的社会效果。如央视拍摄的大型电视文献片《中国千年古县——淮阴》，主要展示淮阴古县悠久灿烂的历史文化，雄浑壮观的自然风光，浓郁多彩的民俗风情，琳琅满目的地理景观，让欣赏者认识淮阴，了解其人文、乡土、历史、地理、民俗等信息，从而进一步提升淮阴作为"中国千年古县"的知名度和美誉度。

# 单元三 语言艺术

语言艺术，即人们常说的文学，又被称为"文学艺术"或"文字艺术"，包括诗歌、散文、小说、剧本等体裁。文学总是通过语言文字传达或记录生活中的感受，并将语言作为其塑造艺术形象的手段，来反映社会生活，传达作者内心深处的思想感情。

## 一、诗歌

诗歌是文学的基本体裁之一。它将具有节奏与韵律的语言进行高度凝练，形象地表达出作者丰富的情感与想象，集中反映社会生活的方方面面。

### 1. 诗歌的审美特征

（1）强烈的情感与丰富的想象。一方面，情感是诗歌的生命，诗歌是情感的结晶。没有情感就没有诗歌，情感奠定了诗歌艺术的本质特征。中国诗歌史上，诗人们无论是托物言志还是寄情山水，都是源自诗人内心情感的抒发。如李白有"抱琴时弄月，取意任无弦"的怡然自乐；杜甫有"国破山河在，城春草木深"的亡国之痛。另一方面，没有想象便没有艺术，也就不可能产生完美的文学作品。诗歌创作最基本、最显著的特征是饱含着丰富的想象；而丰富活跃的想象又来自广博的见闻、丰富的知识，以及作者对生活的感悟。如屈原的《离骚》，全诗围绕诗人忠贞不渝的家国情怀和追求崇高理想的精神进行布局，前半部分在对诗人以往生活经历进行回顾时，利用比兴手法铺叙夸饰自己的美好品质，表现出想象的特色；后半部分更是通过对奇幻境界的描述，尽情地发挥想象，显示出浓厚的浪漫主义气息。可以说，《离骚》里描写的天上地下，花草马龙，既是诗人丰富想象力的展现，也是诗人抒发情感的需要。

（2）凝练而富于音韵美的语言。诗歌的语言要求言简意赅、朗朗上口，富于节奏感与音韵美。诗人艾青称诗歌语言是"最高的语言，最纯粹的语言"。因此，凝练、美妙的诗歌语言是诗人呕心沥血、千锤百炼的结果。如王安石在《泊船瓜洲》中写到"春风又绿江南岸，明月何时照我还？"该诗作为首句入韵的七绝，不仅读起来抑扬顿挫、意蕴幽深，给人音韵美；还通过一个"绿"字，将无形的春风化为鲜明的形象，使全诗大为生色。"绿"字在这里是吹绿的意思，将春风拟人化，表现出春天到来之后，千里江岸一片春意盎然的动态美。

（3）注重意境美的营造。《辞海》中曾记录"意境是指文艺作品中所描绘的客观图景与所表现的思想感情融合一致而形成的一种艺术境界。具有虚实相生、意与境谐、深邃幽远的审美特征，能使读者产生想象和联想，如身入其境，在思想情感上受到感染"[1]。以此表明意境美在文艺作品中的重要性。诗歌跟其他文艺作品一样，也是在表达强烈的思想感情时，特别注重创设情景交融的意境美。意境既包括文学作品中表达作者思想感情"意"的部分，又包括文学作品中描绘的具体景物和生活画面"境"的部分。而意境美，作为我国古代诗歌追求的最高艺术标准，将意与境联系到一起，使诗中景中有情、情中有景，进而形成一种美的形态，实现"意象合一"的艺术升华。如马致远的"枯藤老树昏鸦，小桥流水人家，古道西风瘦马。夕阳西下，断肠人在天涯"（《天净沙·秋思》），通过诗中情景的描写，渲染出一种凄凉悲苦的意境。而诗歌正是通过这种"寓情于景，情景交融"的意境美，给读者以隽永的蕴藉和无限的美感。然而，人们由于个体的客观因素和主观的审美差异，每个人对意境的感受不一样，因此，要欣赏诗歌的意境美，就必须提高读者自身的审美趣味、审美感知等能力。

### 2. 诗歌的分类

诗歌按照作品的性质以及塑造形象的方式进行划分，可分为抒情诗与叙事诗；按照诗歌的历史发展以及语言有无格律进行划分，又可分为格律诗与自由诗[2]。

---

① 夏征农. 辞海 [M]. 上海：上海辞书出版社，2011.

② 彭文民. 艺术概论 [M]. 武汉：武汉大学出版社，2008.

（1）抒情诗，通过直接抒情来表现作者思想情感，反映社会生活。它不强调故事情节的完整，也不追求人物及景物的细节描写，却注重通过诗人运用寄意于物、借景抒情的手法，来表现自己内心深处的情绪与感受。如杜甫的《登高》（图 6-3-1），该首七言律诗，前四句通过借景抒情在描写登高所见的秋景时，便深沉地抒发了自己的情怀；后四句在登高所感时，围绕自己的身世遭遇进行叙事，抒发出作者年老体衰、流离颠沛的悲伤情感。全诗通过情景交融，融情于景的手法，将作者身世之悲，抑郁不得志之苦融于萧瑟荒凉的秋景之中，并将潦倒不堪的根源归结到时世艰难上，倾诉出诗人长年漂泊、老病孤愁的复杂感情，同时也将杜甫忧国忧民的感情表现得淋漓尽致。

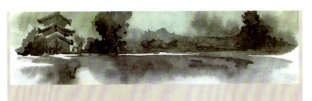

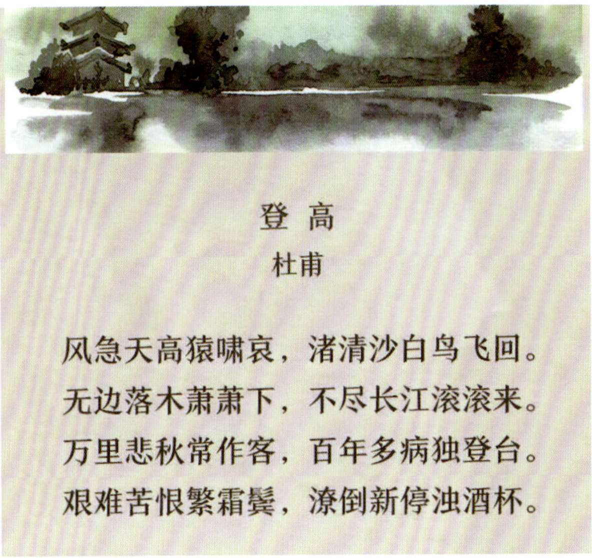

图 6-3-1　《登高》杜甫

（2）叙事诗，主要通过写人叙事，来抒发情感，表达诗人内心的理想和愿望，反映诗人对社会生活的认识与评价。叙事诗一般详细叙述生活事件的过程，具有完整的故事情节，典型的人物性格且渗透着诗人强烈的感情，具有浓郁的抒情气息。如我国南北朝时期的长篇叙事民歌《木兰诗》（图 6-3-2），描写了女英雄木兰从女扮男装，到代父从军、建功立业，再到后来辞官还家的传奇故事，表达了作者对木兰勇敢善良的品质、保家卫国的热情、英勇无畏的精神以及淳朴高洁的情操的敬佩赞誉之情。

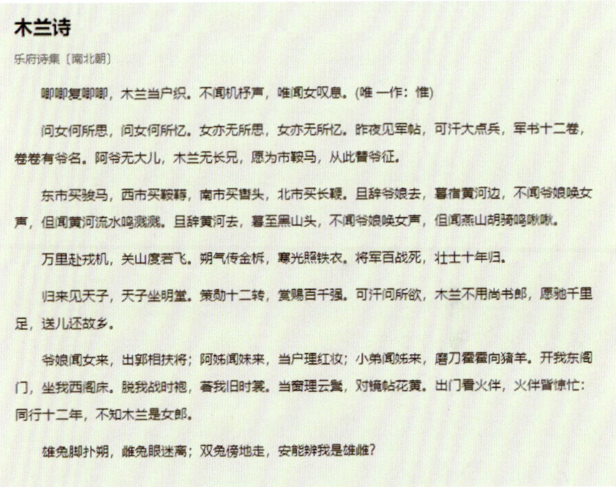
**木兰诗**

乐府诗集〔南北朝〕

唧唧复唧唧，木兰当户织。不闻机杼声，唯闻女叹息。(唯 一作：惟)

问女何所思，问女何所忆。女亦无所思，女亦无所忆。昨夜见军帖，可汗大点兵，军书十二卷，卷卷有爷名。阿爷无大儿，木兰无长兄，愿为市鞍马，从此替爷征。

东市买骏马，西市买鞍鞯，南市买辔头，北市买长鞭。旦辞爷娘去，暮宿黄河边，不闻爷娘唤女声，但闻黄河流水鸣溅溅。旦辞黄河去，暮至黑山头，不闻爷娘唤女声，但闻燕山胡骑鸣啾啾。

万里赴戎机，关山度若飞。朔气传金柝，寒光照铁衣。将军百战死，壮士十年归。

归来见天子，天子坐明堂。策勋十二转，赏赐百千强。可汗问所欲，木兰不用尚书郎，愿驰千里足，送儿还故乡。

爷娘闻女来，出郭相扶将；阿姊闻妹来，当户理红妆；小弟闻姊来，磨刀霍霍向猪羊。开我东阁门，坐我西阁床。脱我战时袍，著我旧时裳。当窗理云鬓，对镜帖花黄。出门看火伴，火伴皆惊忙：同行十二年，不知木兰是女郎。

雄兔脚扑朔，雌兔眼迷离；双兔傍地走，安能辨我是雄雌？

图 6-3-2　《木兰诗》

（3）格律诗，又称旧体诗，其作品具有一定的字句格式与音韵规律。我国古典诗歌都是广义的格律诗，包括唐代以前的古体诗，唐代形成的近体诗以及唐后期的词、曲等。狭义上的格律诗专指近体诗，近体诗（如五、七言律诗、绝句等）在字数、平仄、对仗、押韵上都有着严格的规定和限制。如柳宗元《江雪》：“千山鸟飞绝（jué）（平平仄平仄），万径人踪灭（miè）（仄仄平平仄）。孤舟蓑笠翁（平平平仄平），独钓寒江雪（xuě）（仄仄平平仄）”，该诗为五言绝句，每句五字，共四句，20 字；从第一、二、四句最后一个字押韵（绝 – 灭 – 雪）；从对仗上来看，“千山”对应“万径”，“鸟”对应“人”，“飞绝”对应“踪灭”。另外，欧洲古典诗歌中的十四行诗也是一种格律严谨的格律诗。

（4）自由诗，其作为白话文学的先驱，是五四新文学和五四文学革命开始的标志。与格律诗的严谨相比自由诗相对较为灵活，且在句式、字数、行数、音节、韵律上没有严格的规定与束缚，提倡以接近大众口语的文字来取代文言文，来描写社会状况，彰显时代特色。自由诗的创始人是 19 世纪美国诗人惠特曼，其代表诗集《草叶集》。而在我国五四运动前后，郭沫若、刘半农、戴望舒等创作的新诗，开始打破格律诗条框的限制，更加自由地抒发情感，给文坛带来了新的活力。

## 二、散文

散文指通过灵活的写作方式，不受形式约束的语言文字，来抒发作者真情实感，反映社会生活的一种应用最广的文学样式。

### 1. 散文的审美特征

（1）真实性。"讲究真实性"这是散文的最重要的特征。散文描写的是最接近生活原生状态的人、事、景、物，同时也是最能彰显人性本真的状态，它能够得到读者的认可，并确信作者所写的内容是真实的。然而散文的这种真实性，是建立在不束缚人们想象力的基础之上的。如在记录历史人物时，由于史料记载的不完善，某些场景出现中断的记录，而要填补这之间的内容，并使文章更符合逻辑，需要作者设身处地思考该人物性格以及所处的时代背景，以便能虚构出符合人物发展需要的场景。因此，概括起来说，散文就是通过真实的内容，触景生情、有感而发，在个别细节描写可能有些虚构的成分，但并不影响作品总体的真实。

（2）灵活性。散文题材广泛、风格多样、手法灵活。从表现手法上看，散文融"记叙、抒情、议论"为一体，且抒情散文通常在叙述与议论的过程中表达情感，叙事散文又通过抒情与议论来反映事件的本质，而议论散文更需要依靠叙述与抒情增加文学色彩。从风格上来看，更百家争鸣、百花齐放。唐代柳宗元的文章清峻奇崛，宋代苏轼的文风豪放旷达，鲁迅的杂文却犹如匕首一样富于战斗性。从散文的选题来看，上至天文，下至地理的古今事物都可以作为其题材，且完全不受时空的限制；例如，唐代柳宗元既写过描绘大好河山的山水游记《永州八记》，也写过揭露当时社会黑暗现实的叙事散文《童区寄传》《捕蛇者说》《段太尉逸事状》等，又写过富有哲理、发人深思的寓言《三戒》等，还写过逻辑清晰、见解深刻的哲学著作《天说》《天时》《封建论》等。另外，散文的这种自由灵活性，还表现在其文字可长可短，结构不拘一格，无须像诗歌那样遵守韵律和节奏的和谐，也不必像小说那样需要典型的人物和完整的情节。

（3）形散神聚。"形散"主要是说散文题材广泛，无论什么事件或题材都可以写入文章。且由于散文本身具有自由灵活的特点，因此在结构形式上显得较为松散。"神不散"主要表现在散文的立意上，指无论散文的内容多么广泛，表现手法多么不拘一格，都是为了主题明确或更好的表达主题，抒发作者自己的思想和感情。事实上，优秀的散文总是"形散而神不散"，将作品外在和内在的美学特质体现出来。如朱自清散文《背影》，通过描写多年前父亲在浦口车站送作者乘火车北上念书的情景，以及作者见到父亲的两次背影和自己的三次流泪的场面等，来表现父亲对儿子深挚的爱。全文通过"描述故事"这个"形"与"父子间的感情"这个"神"进行结合，将作品所展示的真挚感情表现得淋漓尽致。

### 2. 散文的类型

对散文的分类可以说是众说纷纭，然而相较而言，按照作品表现对象和表现手段的不同，将散文分为抒情散文、记叙散文、议论散文的"三分法"是较为广泛的说法。

（1）抒情散文，采用以物言志、以景抒情或以事抒情的方式，借助象征、比拟等手法，来表现作者内心思想与情感。这类文章一般感情真挚、语言生动，因而具有强烈的艺术感染力。如朱自清的散文《荷塘月色》（图6-3-3），通过对月夜的描写直抒胸臆，采用了移步换景、情随景生的方法，从小路到荷塘，从伫立环顾再到凝神遐思，逐步来展开作者内心的体验和感受；将静谧的夜晚、淡淡的月光、清香的荷花以及潺潺的流水，写得如此意境清幽、淡远恬静，以此来表达作者洁身自好、不与世俗社会同流合污的高洁品质，含蓄而又委婉地抒发了作者渴望自由，不满现实，想超脱现实而又无法实现的复杂的思想感情。[①]

（2）叙事散文，包括叙事与抒情两个部分，主要通过写人记事来叙述人物和事件在发展变化过程中所反映出的事物本质，以此来阐明作者的思想情感。另外，叙事散文往往具有时间、地点、人物、事件等因素，将叙事推向高潮，却很少用议论方式进行阐述结果，而是通过抒情表达作品的思想主题。报告文学、特写、传记文学、回忆录、人物传记、游记等都属于叙事散文类，叙事散文应用较广，实用性强。如夏衍的报告文学《包身工》（图6-3-4），通过深入的社会调查，真实、生动、详细地记叙了包身工一日工作的几个场面，反映了"七七事

---

① 朱自清. 荷塘月色 [M]. 成都：四川人民出版社，2017.

变"前上海东洋纱厂童工的悲惨生活，揭示了包身工制度的社会根源，在饱含血泪的文字中凝聚着作者对女工们的无限同情，并坚信"黑暗终将过去，光明终将到来"的主题思想。该叙事散文以翔实的材料与作者鲜明的情感立场为基础，成为我国现代报告文学创作成熟的标志。

沿着荷塘，是一条曲折的小煤屑路。这是一条幽僻的路；白天也少人走，夜晚更加寂寞。荷塘四面，长着许多树，蓊蓊(wěng)郁郁的。路的一旁，是些杨柳，和一些不知道名字的树。没有月光的晚上，这路上阴森森的，有些怕人。今晚却很好，虽然月光也还是淡淡的。

路上只我一个人，背着手踱(duó)着。这一片天地好像是我的；我也像超出了平常的自己，到了另一个世界里。我爱热闹，也爱冷静；爱群居，也爱独处。像今晚上，一个人在这苍茫的月下，什么都可以想，什么都可以不想，便觉是个自由的人。白天里一定要做的事，一定要说的话，现在都可不理。这是独处的妙处，我且受用这无边的荷香月色好了。

曲曲折折的荷塘上面，弥望的是田田的叶子。叶子出水很高，像亭亭的舞女的裙。层层的叶子中间，零星地点缀着些白花，有袅娜(niǎo nuó)地开着的，有羞涩地打着朵儿的；正如一粒粒的明珠，又如碧天里的星星，又如刚出浴的美人。微风过处，送来缕缕清香，仿佛远处高楼上渺茫的歌声似的。这时候叶子与花也有一丝的颤动，像闪电般，霎时传过荷塘的那边去了。叶子本是肩并肩密密地挨着，这便宛然有了一道凝碧的波痕。叶子底下是脉脉(mò)的流水，遮住了，不能见一些颜色；而叶子却更见风致了。

月光如流水一般，静静地泻在这一片叶子和花上。薄薄的青雾浮起在荷塘里。叶子和花仿佛在牛乳中洗过一样；又像笼着轻纱的梦。虽然是满月，天上却有一层淡淡的云，所以不能朗照；但我以为这恰是到了好处——酣眠固不可少，小睡也别有风味的。月光是隔了树照过来的，高处丛生的灌木，落下参差的斑驳的黑影，峭楞楞如鬼一般；弯弯的杨柳的稀疏的倩影，却又像是画在荷叶上。塘中的月色并不均匀；但光与影有着和谐的旋律，如梵婀玲上奏着的名曲。

图 6-3-3 《荷塘月色》片段

旧历四月中旬，清晨四点一刻，天还没亮，睡在拥挤的工房里的人们已经被人吆喝着起身了。一个穿着和时节不相称的拷绸衫裤的男子大声地呼喊："拆铺啦！起来！"接着，又下命令似地大叫："芦柴棒，去烧火！妈的，还躺着，猪猡！"

七尺阔、十二尺深的工房楼下，横七竖八地躺满了十六七个被叫做"猪猡"的人。跟着这种有威势的喊声，充满了汗臭、粪臭和湿气的空气里，很快地就像被搅动了的蜂窝一般骚动起来。打呵欠，叹气，叫喊，找衣服，穿错了别人的鞋子，胡乱地踏在别人身上，在离开别人头部不到一尺的马桶上很响地小便。女性所有的那种羞涩的感觉，在这些被叫做"猪猡"的人们中间，似乎已经很迟钝了。她们会半裸体地起来开门，拎着裤子争夺马桶，或者在稍稍背转一下就公然在男人面前换衣服。

那男子虎虎地向起身慢一点的人的身上踢了几脚，回转身来站在不满二尺阔的楼梯上，向楼上的另一群人呼喊："揍你的！再不起来？懒虫！等太阳上山吗？"

蓬头，赤脚，一边扣着纽扣，几个还没睡醒的"懒虫"从楼上冲下来了。自来水龙头边挤满了人，用手捧些水来浇在脸上。"芦柴棒"着急地要将大锅子里的稀饭烧滚，但是倒冒出来的青烟引起了她一阵猛烈的咳嗽。她十五六岁，除了老板之外大概很少有人知道她的姓名，手脚瘦得像芦柴棒一样，于是大家就拿"芦柴棒"当了她的名字。

这是上海杨树浦福临路东洋纱厂的工房。长方形的用红砖墙严密地封锁着的工房区域，被一条水门汀的小巷划成狭长的两排。像鸽子笼一般，每边八排，每排五户，一共是八十户一楼一底的房屋，每间工房的楼上楼下，平均住宿三十多个人。所以，除了"带工"老板、老板娘、他们的家族亲戚和穿拷绸衣服的同一职务的打杂、"清醒誓"、"清愿誓"等之外，这工房区域的墙圈里面，住着二千个左右衣服破烂而专替别人制造纱布的"猪猡"。

图 6-3-4 《包身工》片段

（3）议论散文，主要是指杂文，它将政论与文学进行融合，运用形象生动的语言，以及比喻、反语、幽默、讽刺等手法，通过精辟透彻的说理和别有风趣的议论，以及以理服人的理论说服力和以情感人的艺术感染力，表达作者强烈的思想感情。另外，作为议论性散文的杂文发展历史悠久，春秋战国时期诸子百家撰写的《论语》《孟子》等就具备了杂文的特征。而现代文学中，鲁迅先生的杂文以其鲜明的政论性和强烈的战斗性，一针见血地表达了作者的观点与立场，而其在 1918—1924 年的撰写的杂文集《热风》，是其典型的代表作。

## 三、小说

小说以刻画人物形象为中心，通过完整的故事情节和环境描写来反映社会生活的文学体裁。人物、情节与环境是小说的三要素，小说中的人物和故事需要从生活中提取素材，需要作者对其进行虚构和典型化的创造，以达到对生活的逼真再现。

### 1.小说的审美特征

（1）全面、深入地塑造人物形象。人物是小说构成三要素之一，而塑造鲜明生动的人物形象，是小说的首要任务。小说以语言为媒介，通过对人物的肖像描写、动作描写、心理描写以及周边环境的烘托等多种表现手法来展示人物性格，进而塑造出复杂、丰满的人物形象特征。如罗贯中在对《三国演义》中的风云人物关羽形象进行描述时，既描写了关羽忠义、英勇、坦荡的英雄气质，又将其骄傲自满，刚愎自用的性格缺点刻画得表露无遗。作者通过对人物正反两方面形象的刻画，将人物形象描写得更为立体与真实。

（2）丰富、完整的情节描述。小说情节一般包括开端、发展、高潮、结局四部分，有的还包括序幕、尾声。情节指在小说作品中，由于人物之间以及人与环境之间的矛盾冲突，而产生的一系列事件的发生、发展，以至解决的全过程。而矛盾冲突是形成小说情节的基础，也是推动情节发展的动力。小说常常通过丰富复杂的情节来反映各种各样的社会矛盾，进而更加全面地反映社会生活。如吴承恩的《西游记》，作为我国小说史上最具浪漫色彩的神魔小说，打破时空、生死、天地、仙人等界限，形成了丰富完整的故事情节，在向人们展示出一个绚丽多彩的神魔世界的同时，也表达了人们惩恶扬善的愿望与要求。

（3）细致、形象的环境描写。任何小说中的情节与人物，都是在一定的社会环境与自然环境下存在，而不能脱离环境，因此，环境对于塑造人物形象、展示故事情节，都具有极其重要的作用。如曹雪芹的《红楼梦》通过对贾府大观园环境变迁的细致描写,显示出贾府家庭与人物命运的发展变化,生动地反映了这个封建大家族由盛而衰的历史变迁过程。另外,在提到小说环境时,我们要注意将小说背景与环境进行区分,一般来讲,小说的环境是指小说在一定背景下的社会环境与自然环境,而小说的背景是指这一具体环境产生的特定时代与历史条件。因此,在塑造人物、展现情节以及渲染氛围和深化主题过程中,背景与环境在小说作品中都具有不容忽视的重要意义。

### 2. 小说的类型

中外文学史上小说数量众多,分类方法也多种多样。根据题材内容的不同,小说可分为历史小说、社会小说、战争小说、言情小说、武侠小说、神话小说、传奇小说、志怪小说、科幻小说等;根据艺术结构和表现形式的不同,小说又可分为话本小说、章回小说、日记体小说、书信体小说、新体小说等;根据容量大小和篇幅长短,小说可分为长篇小说、中篇小说、短篇小说等[1],而最后一种分类方式在当前最为常见。

(1)长篇小说,篇幅较长、容量较大、人物众多而情节复杂,是相对而言结构较宏伟的一种小说样式。它适用利用复杂的情节与结构,来全面描写人物个性,以反映广阔的社会生活。另外,长篇小说一般字数在10万以上,且在篇章上,按故事情节分成许多章节,或若干卷或部等。我国古典长篇小说代表有《水浒传》《三国演义》《西游记》《红楼梦》,又被世人简称"四大名著"。

(2)中篇小说,无论篇幅长短、容量大小,还是人物多少以及故事情节的繁简都介于短篇小说与中篇小说之间。常截取人物某段生活中的典型事件进行形象塑造,以此来反映社会生活中的某一段重大事件,揭示生活中发人深省的问题。另外,中篇小说一般字数在3万~10万。其结构既不像长篇小说那样枝叶繁多,也不像短篇小说那样单纯集中。鲁迅的《阿Q正传》、沈从文的《边城》等都是典型的代表作。

(3)短篇小说,篇幅比较短,情节较简洁,人物描写相对集中,故事结构短小精辟。它选取和描绘典型生活片段,来刻画人物性格,以反映社会生活的某一方面。另外,短篇小说虽然一般字数在3万以下,但同样具有完整的情节,以及深刻与丰富的社会意义。我国古代文学史上最辉煌的短篇小说集是蒲松龄所著《聊斋志异》;而世界短篇小说的经典代表有:契诃夫的《变色龙》《苦恼》《万卡》,莫泊桑的《羊脂球》《项链》《我的叔叔于勒》,欧·亨利《麦琪的礼物》《警察与赞美诗》等。

## 四、剧本

剧本是戏剧艺术创作的文本基础,其作为编导与演员演出的依据,主要由台词和舞蹈指示组成。[2] 剧本主要分为文学剧本与摄影剧本,并以戏剧与影视为主要方式,来表现故事情节,因此又称戏剧文学或影视文学。它是一台戏剧或一部影视作品的"第一道工序"。

### 1. 剧本的审美特征

(1)突出的舞台性。跟小说、散文的自由相比,剧本常常受到时空的限制,它要求人物、情节、场景以至时间都必须集中在舞台范围之内,因此,剧本在反映生活的方式上不能像小说那样天马行空、纵横万里,而必须精炼地概括生活,形成高度集中的焦点矛盾,再通过有限的场景、人物、情节表现出来。另外,剧本的舞台性,决定表演者舞台表演的时间不宜过长,人物不宜过多,场景亦相对固定;且需要通过布景道具、灯光设计、服装造型等全方面的舞台设计,来烘托复杂的人物关系与跌宕起伏的剧情。如曹禺在《雷雨》中对周朴园人物形象进行塑造时,在舞台服装造型方面,通过戴眼镜、留胡须、大背头后梳样式的发型、有时身穿带暗纹团花的中式丝绸长袍,有时又穿上流社会的西装或华丽的绸缎睡袍,将周朴园世代经商的矿业董事长的舞台形象描写得绘声绘色。

(2)尖锐的矛盾冲突。戏剧是为了集中反映现实社会生活中的矛盾冲突而产生,因此,没有矛盾冲突就没有戏剧,并且戏剧必须依靠人与人的冲突、人物内心冲突以及人物与环境的冲突来刻画人物形象,推动故事情节

---

① 王朝元. 艺术概论 [M]. 北京:首都师范大学出版社,2021.

② 彭文民. 艺术概论 [M]. 武汉:武汉大学出版社,2008.

发展。另外，剧本由于受到篇幅以及演出时间等的限制，因此要求人物、事件、时间、地点必须高度集中，故事整体脉络清楚，尽量突出主要人物与主要情节，并将剧情中反映的尖锐矛盾冲突凝缩在有限的舞蹈上。剧本中的矛盾冲突同样分为开端、发展、高潮和结局四部分。戏剧开场往往就通过矛盾来吸引观众，矛盾冲突发展到最激烈的时候称为高潮，即编写剧本和舞台演出的"重头戏"，此时的剧情也是最精彩，最扣人心弦的。如：关汉卿的《窦娥冤》通过一个"冤"字，将窦娥谴责天地鬼神与婆婆诀别以及临刑时的奇愿这三个部分贯穿到一起，整个剧情"由冤生怨—由冤生悲—由冤生誓"，并以窦娥恪守捍卫礼教和各种封建黑暗势力之间的冲突为主线，其矛盾高度集中、情节紧凑、高潮迭出而又环环相扣，让人产生移步换景的紧凑感与变幻莫测的紧张感，以此来在戏剧与观众中产生共情共鸣。

（3）简练、准确的语言。虽然剧本的语言包括台词与舞台说明，但在通常情况下我们只将台词当作戏剧的语言。台词包括对话、独白和旁白，即剧中人物所讲的话。独白指人物独自抒发情感及内心愿望时说的话；旁白是说话者不出现在舞台上，而通过其他人从旁侧对观众说的话。事实上，戏剧中故事发展、人物性格以及剧作家对人物、事件的评价与态度，都通过舞台人物台词来表现。并通过台词推动戏剧情节的发展。因此，戏剧的语言既要有高度的个性与充分的表现力，还要通俗自然、简练明确，在适合舞台演员表演的同时，有效地揭示出人物的性格特点，优化观众的体验感，进而引起观众的情感共鸣。如老舍的著名剧作《茶馆》，大量运用地道的"京油子"语言，展示出浓厚醇正的"京味儿"；并根据人物身份与性格，对语言进行个性化组织，以表达人物的思想情感；同时还运用幽默的语言；来表达对黑暗社会的批判与讽刺，在微笑中蕴藏着严肃和悲哀，进而诱发读者进入深度地思考与回味。

### 2. 剧本的分类

剧本，按照应用范围可分为话剧剧本、电影剧本、电视剧剧本等；按剧本题材又可分为喜剧剧本、悲剧剧本、历史剧剧本、家庭伦理剧剧本、惊悚剧剧本等。还有一种剧本，不以演出为目的，亦不适合表演，主要追求剧本的文学性，被称为"案头剧"或"书斋剧"。欧洲19世纪的许多浪漫主义诗人和作家都创作过这种戏剧形式的诗歌。因此，一般情况下剧作家在的创作剧本时需处理好剧本的文学性与舞台性的关系，并懂得舞台与表演的重要性，毕竟没有演出和观众的戏剧谈不上是戏剧（因该节内容与《表演艺术》内容中戏剧艺术分类有类似之处，因此这里不做重点解说）。

## 单元四 实用艺术

实用艺术与人们的衣、食、住、用等日常生活关系最为密切，主要通过具有实体性的物质材料，创造出具有实用与审美的静态空间艺术。实用艺术将物质生产与艺术创作结合到一起，一方面满足了人们日常生活的实用需求；另一方面注重表现艺术家的审美观念与美学追求。建筑艺术、园林艺术、工艺美术、现代设计等都属于实用艺术范畴。

### 一、建筑艺术

建筑，是建筑物和构筑物的总称，是人类用物质材料修建或构筑的居住和活动场所。建筑（Architecture）这个词在拉丁文中原来的含义是"巨大的工艺"，说明建筑的技术与艺术密不可分。建筑艺术按照美的规律，运用其独特的艺术语言，使建筑形象具有文化价值和审美价值，体现出民族性和时代感[1]。

#### 1. 建筑艺术的审美特征

（1）实用性与技术美相结合。人类历史上最早的建筑，就是因为实用而产生，即满足人们遮风避雨、防寒

---

[1] 彭吉象.艺术学概论[M].3版.北京：北京大学出版社，2006.

御兽等功能，为人们提供稳定、安全的活动场所而服务，因此实用性是建筑的首要功能。后来随着生产技术的发展以及人们审美观念的提升，建筑的审美性也越来越受到重视，但是再美的建筑也必须结合其实际的使用功能，以适用人类需要为前提。另外，建筑艺术作为一种立体设计工程，还要受到施工技术等的制约。从建筑发展史来看，建筑从木结构发展到砖石结构，再到钢筋水泥建筑材料的出现，都不能脱离技术而存在。因此，今天耸立在我们面前的高楼大厦，也是设计师、各种设备的工程师，以及各种生产的工艺技师共同劳动的成果和智慧的结晶。

（2）造型美与经济性相结合。建筑艺术的造型美主要通过运用形体、色彩、节奏、空间、质感等艺术语言与表现手段，遵循变化与统一、比例与尺度、均衡与稳定、节奏与韵律等形式美法则，并将这些语言与表现手段进行协调统一，形成独特的空间造型美。如澳大利亚著名的悉尼歌剧院，可以从多个立面观赏：它像远航的帆船，像展翅飞翔的白鹤，像盛开的荷花，像美丽的贝壳……从不同角度观赏，能给人以不同的造型美感。另外，建筑还讲究"美观、适用、经济"。所谓经济，是指建筑一般体积巨大，因此在耗材上的成本较高。因此建筑艺术作品，不仅要考虑造型的美观，更要考虑经济的实惠，以适合广大普通群众的物质消费水平。

（3）民族文化和时代精神的结合。建筑艺术与其所处的历史背景、气候特征、生活习俗以及民族文化等密切相关，它通过直观形象地反映出一定的社会意识形态和深刻的历史文化内涵，体现出一个国家或民族在特定年代的文化与时代精神。如我国故宫建筑群以纵横交叉的格局，构建了各种体量、形式、色彩的建筑，通过稳定的对称性，空间的严肃感等充分显示了明代中国封建统治者皇权至高无上的权威，以及对礼仪、秩序与法度的追求。而中世纪的"哥特式建筑"的代表——巴黎圣母院，其正面是一对高 60 余米的钟塔，后面是一座高达 90m 的尖塔，同时高耸入云的塔尖创造出一种向上、缥缈、凌空的理想境界，在象征着中世纪教会权威的同时，把信徒们的目光引向青天，让他们忘却现实，憧憬天堂。

### 2. 建筑艺术的类型

建筑艺术的类型很多，一般是以其使用功能为标准进行分类，具体包括宗教建筑、纪念性建筑、园林建筑、民用建筑、公共建筑、商业建筑、工业建筑等。

（1）宗教建筑，为服务于宣扬宗教教义、开展宗教活动而创作的建筑物的总称，具有强烈的宗教特色（图 6-4-1），如佛寺、佛塔、石窟、教堂、祭坛、佛学院等。

（2）纪念性建筑，主要用于对重要事件和人物的纪念，具有强烈的人文意识和时代精神（图 6-4-2），如纪念堂、陵墓等。

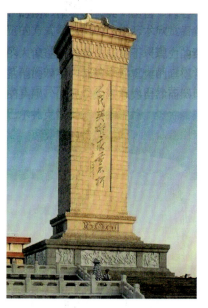

图 6-4-1　宗教建筑　　　　　　　　　　　　　　　　图 6-4-2　人民英雄纪念碑

（3）园林建筑，是指在园林建造与城市绿化过程中为人们提供游玩、休息或观赏用的建筑物的总称。它通常将人们的生活环境进行艺术化处理，并通过凝聚各种艺术风采，来体现人们的审美情趣（图6-4-3），如亭、廊、榭、轩、阁、楼、舫、台、厅堂等。[1]

（4）民用建筑，广义上是供人们居住和进行公共活动的建筑物的统称，包括居住建筑与公共建筑；狭义上是为人们提供居住场所的居住建筑（图6-4-4）。它常常体现出特有的民俗民风、等级观念、宗教信仰等民族意识，并遵循实用、安全、舒适的原则，如住宅、宿舍、学校、政府办公楼、超市、监狱等。

图 6-4-3　中国传统园林建筑——廊

（5）公共建筑，是指除居住外，为满足人们其他一切社会活动需求而建造的建筑物总称。它能反映出不同时代、不同区域人们集体的精神追求（图6-4-5），如图书馆、学校、医院、商场等。

图 6-4-4　贵州西江千户苗寨

图 6-4-5　中国国家图书馆新馆

（6）商业建筑，是为人们从事各类商业活动而提供的建筑物的统称。它作为商品交换、文化交汇的重要场所，是塑造城市环境、宣传城市文化最具活力，最具感染力的媒介（图6-4-6）；能反映出一个城市社会经济发展的程度，如零售商店、商务办公楼、会所等。

（7）工业建筑，是指以工业生产需求为前提，为人们提供从事各类生产活动的建筑物的总称（图6-4-7）。另外，工业建筑还应具有优美的建筑环境与绿化进行配套，以强调新时代中国特色的科技美、材料美与结构美，如厂房、车间、仓库等。

---

[1] 杜春兰. 中外园林史 [M]. 2 版. 重庆：重庆大学出版社，2014.

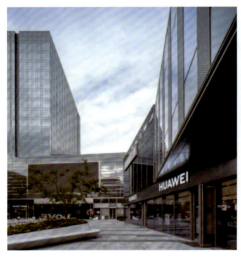

图 6-4-6　商业建筑：上海长风中心

图 6-4-7　工业厂房

## 二、园林艺术

所谓"园林"，是指"在一定的地域，运用工程技术和艺术手段，通过改造地形（或进一步筑山、叠石、理水）、种植花草、营造建筑和布置园路等途径，创作而成的美的自然环境和游憩境域"[①]。而园林艺术是在一定的审美观念与审美文化的背景下，将自然美景融入园林空间，并利用美的规律实现对园林环境的改善与改造，使园林环境更自然、更符合人们审美需求的艺术创造活动。

### 1. 园林艺术的审美特征

（1）人工美与自然美。中国园林崇尚自然，讲究人与自然的和谐统一，充分体现我国"天人合一"的哲学思想。因此，园林设计师在创设浓缩而优美的园林环境时，需要顺应自然，遵从自然规律，以自然的山水作为园林设计的主体，并因地制宜地根据环境来建造各种艺术形式的人文景观，如增设雕塑、楼台、亭榭、长廊等，最终营造一种人造景观与自然环境相协调的艺术氛围，使园林艺术达到"虽由人工，宛自天成"的效果。如我国迄今为止最大的自然山水皇家园林承德避暑山庄，在其整体设计上巧用地形、因山就势，既是对自然的尊重与认可，又是顺应自然，追求自然情趣，再现大自然之美的伟大壮举。另外，值得注意的是：尽管任何园林艺术都是人工美与自然美的统一，然而由于中西方文化上的差异，我国园林艺术更注重"宛若天成"的自然美，而西方园林艺术更强调"人工雕琢"的规则美。

（2）形式美与意境美。由于东西文化背景的差异，西方人认为自然美是有缺陷的，必须通过某种规则进行完善，即按照对称均衡、单纯齐一、调和对比、节奏韵律、比例以及多样统一的规律来创作美的形式，因此在园林艺术中，注重布局均衡，轴线对称、图案几何化以及强烈的节奏与韵律感，来体现对形式美的刻意追求。如法国凡尔赛宫园林，其园内树木、水池、道路、亭台、花圃、喷泉等均呈几何图形布局，并强调秩序与比例、平衡与对称，甚至将花草树木都修剪得整整齐齐。而相比西方审美的理性与规则，东方审美则更强调意境与神韵，因此在园林造景中常借助诗词、绘画等来渲染氛围，并通过方中有圆、圆中有方；大中见小、小中见大；虚中有实、实中有虚等手法，将虚实、动静、气韵、形神等融为一体，进而使园林艺术达到"诗情画意"的最高境界。如素有"中国园林之母"之称的拙政园通过"筑山"来营造山林之美，使得整个园林增加了许多自然的艺术气息，而在空间上，又运用对景、框景、隔景、障景、空间渗透等多种造景方法，在有限的空间上创出无限的意境美。

① 《中国大百科全书（普及版）》编委会. 中国大百科全书（普及版）·建筑的艺术（建筑园林卷）：洒落在世界上的建筑遗珍[M]. 北京：中国大百科全书出版社，2013.

### 2. 园林艺术的分类

园林艺术从历史的角度进行划分，可以分为古典园林和现代园林；从功能的角度进行划分，可以分为植物园、动物园、儿童公园、综合园林等；[①] 而一般情况下，我们从地域的角度将园林艺术划分为东方、欧洲、西亚三大系统，即以中国园林为代表的东方园林体系、以法国古典规则式园林为代表的欧洲园林体系以及以西亚为代表的阿拉伯园林。

中国园林，又被称为"世界园林之母"，在园林构造上，顺应自然，并利用筑山、理池、植物、建筑、书画等构景要素，将自然、建筑与人文进行有机结合，以取得自然、恬静、含蓄的艺术美效果。中国园林按地域特点划分为江南园林、岭南园林、蜀中园林、北方园林。江南园林，分布于江南地区，具有小巧精致的特点，并常采用"小中见大""借景对景"等手法，在有限空间里创造出较多的景色，如苏州留园、拙政园（图6-4-8）等；岭南园林，主要分布在广东省，具有游廊蜿蜒、装修华丽、雕刻图案多样的特征。如顺德的清晖园、东莞的可园、佛山的梁园等；蜀中园林，指具有蜀地特色的园林景观，其风貌古朴淳厚，注重文化内涵的积淀。如杜甫草堂、武侯祠等。北方园林，主要分布于北京、河北一带，也是皇家园林的聚集地。其通过运用中轴线、对景线的布局方式，赋予园林凝重与严谨的格调，如圆明园、颐和园、承德避暑山庄等。中国园林按照建筑目的不同可划分为皇家园林、文人园林、寺庙园林以及邑郊风景园林。皇家园林，规模宏大、气派富丽，其典型代表有圆明园、颐和园（图6-4-9）和承德的避暑山庄（图6-4-10）等。文人园林，常常运用"以雅胜大，以少胜多"的手法，将园景与园主人的文心和修养进行融合，给人景简意浓的艺术效果。如北京的恭王府、苏州的拙政园、上海的豫园等。寺庙园林，常与寺院结合到一起，既能表现出园林的形态，又反映出宗教的特征。扬州的大明寺、苏州的寒山寺、长沙的麓山寺等都是寺庙园林的代表。邑郊风景园林是以自然环境为骨架，结合山水的治理、改造而成的园林风景，其作为公共园林的前身，是城邑居民共有的公共游览区。苏州的石湖和虎丘，扬州的瘦西湖，无锡的锡山和惠山，南京的钟山等都是其典型代表。

图 6-4-8　拙政园局部风景

图 6-4-9　颐和园局部风景

图 6-4-10　承德避暑山庄局部风景

欧洲园林，又称西方园林，主要分为法国古典规则式园林和英国自然风景式园林两大派系。规则式园林在整体布局上呈平面化的几何图形，常常以主体建筑为中心向外辐射，且按中轴对称的方式进行布景，甚至连园林树

---

① 王立娟，孙随太．浅析世界园林三大体系 [J]．建筑设计管理，2016，33（2）：68-69，72.

木都修剪成锥体、四面体、矩形等形状，其中凡尔赛宫花园是其典型代表作（图 6-4-11）。而自然风景式园林却打破过于规矩的布局，将弯曲的道路、自然的树木草地、蜿蜒的河流引入园内，并在植物配置中强调生态美，讲究人与自然的和谐共处。其中，查茨沃斯庄园是其典型代表作。然而，一般情况下我们将欧洲园林划分到规则式园林的范畴，以此来强调欧洲园林几何化与人工美的审美特性。

阿拉伯园林，以伊斯兰教信仰为主体进行设计，因此又称伊斯兰园林。其用经纬轴线将水渠分作四区以象征天堂，并采取十字形道路交叉处的水池为中心的布局方式，将封闭建筑与特殊节水灌溉系统进行结合，形成了阿拉伯园林的独特风格。阿拉伯园林通常面积较小，并富有精美的建筑图案与装饰色彩。夏利玛尔园著名的泰姬陵是其典型代表（图 6-4-12）。

图 6-4-11　凡尔赛宫花园

图 6-4-12　泰姬陵

### 三、工艺美术

工艺美术是指制作手工艺品的艺术。这类艺术一般为解决人们实际生活需求而产生，以美化生活用品和生活环境为目的，是实用与艺术的统一体。我国工艺美术历史悠久、种类繁多、技艺精湛、装饰精美，且具有鲜明的时代风格与民族特色。

#### 1. 工艺美术的审美特性

（1）造型美。造型是工艺美术品的基本形态与结构，工艺美术要突破材料与制作工艺的制约，就必须将形状、线条、色彩等造型元素与夸张、变形、均衡等艺术手法进行融合，以此来实现工艺美术品的造型美。而任何一种以实用为主的工艺美术品，又必须先将产品的功能因素放在第一位，因此在研究工艺美术造型美的同时又不单单从视觉美感的角度进行探索，还必须将工艺品与人们的生活习性、环境效果以及总体的气氛融合起来，以此来体现工艺美术品的造型美。例如在对陶瓷杯进行造型设计时，首先必须考虑的应该是其作为食用器皿的装水功能，其次考虑产品在高温烧成中是否变形、开裂等工艺问题，以及其把手在使用过程中是否符合人机工程学原理、是否具有防烫的功能等；除此之外，有时我们甚至还需进一步思考消费人群的特性以及使用的地域特色来进行造型设计，如儿童杯注重造型的可爱，可以利用仿生造型进行设计。由此可见，工艺美术品的造型美必须以实用为前提，并根据相关形式美法将实用与审美进行统一。

（2）技术美。工艺美术既是技艺的美术，又是造物的美术。在工艺美术创作中，工艺技术几乎贯穿设计制作的全过程，即初级阶段的技术思考过程，以及制作阶段的技术应用与实践过程。它主要是通过特定的技术以及运用特定的材料来进行物质创作[1]。另外，《考工记》中也曾强调制作工艺品必须将材料与精湛的工艺技术进行结合，才能创造出美的工艺品。可见，工艺技术作为工艺美术创造的手段，将直接影响到工艺美术品最后的艺术效果。另外，随着科技的发展，新技术的不断出现也将推动工艺美术不断向前。如现代漆画在借鉴传统技法的基础上融入福州脱胎漆器的制作手法，将"画"与"磨"有机结合起来，使创作出来的磨漆画具有色调明朗、深沉、

---

① 田自秉. 中国工艺美术史 [M]. 北京：商务印书馆，2014.

立体感强、表面平滑光亮等特点。[①]

（3）寓意美。中国工艺美术浸透着中华民族的文化精神和审美意识，并常常通过将外在的物质形体与内在精神进行统一，来实现工艺造物所蕴含的特殊寓意，如借助造型、体量、尺度、色彩来暗喻某些伦理道德观念；通过传统吉祥图案多样的形式、丰富的内容透射出耐人寻味的文化意蕴，以此来体现工艺美术鲜明的民族风格和时代特色。例如传统凤纹是工艺美术吉祥图案中常见纹样。商周时期的凤纹质朴、肃穆；春秋战国时期的凤纹趋于写实；秦汉时期的凤纹气质刚健，具有强烈的生活气息；南北朝时期的凤纹，体态修长飘逸，常和云气纹组合；唐代时期，凤纹华美丰满，姿态多变，气韵生动；宋明时期凤纹则有了定势，云纹冠，眼细长，尾羽做四列飘起；明清以来，凤的图案更是丰富多彩，"凤凰牡丹""凤栖梧桐""双凤朝阳""龙凤呈祥"等吉祥组合图案，表达了一种向往美好幸福、太平的愿望。[②]

（4）材质美。材料是体现工艺美术的物质条件，也是工艺美术创造的重要基础。任何工艺美术都需依赖材料而存在。工艺美术所用材料比较广泛，有昂贵的金、银、象牙等，也有极其普通的树根、竹木等。事实上，材料的贵贱，与工艺美术品的艺术价值品评并无直接关联，而是否"因材施艺"是工艺美术材质美的具体体现。因此工艺美术家常常通过挖掘与发挥原材料的美，来取得意想不到的艺术效果。如利用木头的天然纹理来体现工艺品的古朴怀旧，利用玻璃的物化特性渲染出不同凡响的艺术视觉效果等。

### 2. 工艺美术的分类

工艺美术门类纷繁，样式众多，按功能分为实用工艺美术与陈设工艺美术；按历史形态分为传统工艺美术与现代工艺美术；按生产与消费的社会层次分为文人工艺美术、民间工艺术和宫廷工艺美术；按材料与制作方式还可分为陶瓷、玉雕、木雕、漆器、景泰蓝、刺绣、剪纸、竹编等工艺美术种类。而按材料与制作方式对工艺美术进行划分，是最通俗的一种分类方式。

陶瓷，以陶土和瓷土为原料，经配料、成型等流程制作而成。我国传统的陶瓷工艺美术品大多质高形美，具有较高的艺术价值。从历史来看，早在公元前16世纪的商代就出现了原始青釉瓷器，唐代瓷器运输国外，宋代形成了汝、官、哥、钧、定五大名窑。元代景德镇工匠们对制瓷工艺进行了历史性的突破：首先表现在采用瓷石加高岭土"二元配方"，提高了烧成温度，减少了器物变形；其次青花釉里红烧制成功；最后颜色釉的出现结束了元代之前的"仿玉类银"局面。而元代景德镇陶瓷取得的成就（图6-4-13），也为明清景德镇成为全国制瓷中心奠定了基础，使景德镇赢得了"瓷都"的桂冠。

玉雕，是指将玉石雕琢成精美的工艺品。在古代，玉被人们当作君子风范的象征，常被当作礼仪用具与装饰配件。而玉雕品种齐全，既包括人物、花卉、鸟兽、器具等大件作品，还囊括戒指、别针、印章、饰物等小件作品。另外，玉雕工艺作为我国独有的技艺，具有悠久的历史与鲜明的时代特征，并根据不同的时代背景，表现出不同的造型与特色（图6-4-14）。而选材、设计、雕刻、抛光和过蜡是玉雕工艺的五道工序。

木雕，以各种木材和树根为材料进行雕刻。我国木雕分布

**图6-4-13　景德镇元青花瓷**

---

① 乔十光. 中国传统工艺全集——漆艺 [M]. 郑州：大象出版社，2004.

② 文化艺术出版社. 吉祥图案 [M]. 北京：文化艺术出版社，2016.

广阔、品种繁多，流派纷呈（图6-4-15）。由于各地文化、民俗、工艺、取材的不同，我国木雕按地域特色分为浙江东阳木雕、福建龙眼木雕、乐清黄杨木雕、潮州金漆木雕，被称为"中国四大木雕"。而距今7 000多年前的浙江余姚河姆渡文化中出现的木雕鱼是我国木雕史上留存最早的实物。

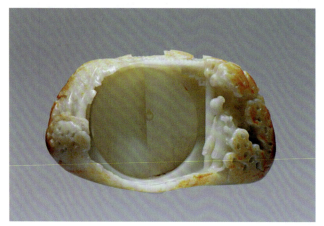

图6-4-14　《白玉雕桐荫仕女》

图6-4-15　建筑木雕

漆器，将漆涂在器物表面而制成，是我国古代将化学工艺与工艺美术进行融合的一项重要发明（图6-4-16）。其工艺步骤包括制胎、采漆、髹漆、描绘、剔刻、推光。其技法有描金、填漆、螺钿、点螺、金银平脱、堆漆、雕漆、斑漆、平漆、戗金、堆红[①]。新石器时期漆器制作处于初步阶段，漆色单调并以红、黑单色为主，髹漆工艺上也仅有彩绘与镶嵌两种。战国、汉代漆器制造空前繁荣，纹样上常用动物纹、云纹以及几何纹；还具有色彩丰富、线条奔放、勾勒交错、气韵生动的特点；其髹漆工艺主要包括描彩漆、镶嵌、针刻等。东汉以后，尽管漆器制作发展较为缓慢，但唐代的金银平脱工艺、宋代的雕漆工艺还是得到较高的发展。明清时期形成了漆器制造史上的另一高潮，并出现了复合技法，如在雕漆的基础上加入戗金彩漆，再次把漆器技法推向高峰。另外，明清漆器制作精良，有些漆器的用料非常珍贵，并且擅于吸取日本漆艺精华，在器型与纹样上具有鲜明的时代烙印。

景泰蓝，又被人称为"铜胎掐丝珐琅"，是我国金属工艺中的重要品种，因其制作技艺在明朝景泰年间达到顶峰，且在釉色上以蓝色为主，因此得名"景泰蓝"（图6-4-17）。其制作工艺精细复杂，需将柔软的扁铜丝在铜质的胎型上掐成各种花纹图案，然后把五彩珐琅填充在花纹内，并通过烧制、磨平镀金而成，是集美术、雕刻、镶嵌、冶金等技术为一体，并最具北京特色的传统技艺之一，同时也是"燕京八绝"之首，被誉为中华国粹，并已列入国家非物质文化遗产。

刺绣，以针线在织物上绣制各种装饰图案的总称。刺绣历史悠久，其作品色彩鲜艳、精美绝伦并富有立体感（图6-4-18）。刺绣渗透着秀女们的聪明智慧与美好愿望，并能显示出不同时代的文化特征与审美风尚。其中清代的刺绣工艺根据地区的不同与技艺的演变，形成了苏、湘、粤、蜀四大名绣。而运用刺绣工艺制成的丝绸工艺品是我国传统手工艺的代表。

剪纸，是用剪刀或刻刀在纸上剪刻图案（图6-4-19）。我国发现的最早剪纸作品是北朝时期的五幅团花剪纸，唐代剪纸艺术得到发展，到南宋时期更是出现了以剪纸为职业的行业艺人。剪纸艺术虽然造型单纯，制作简便，常通过吉祥主题表达人们对美好生活的向往，具有浓郁的民俗风情与地域特色，是中国农村民族美术形式的夸张与浓缩。另外，为了追求造型的完整，传递剪纸的吉祥寓意，常以对称、均齐，圆满的构图形式将图案置于同一圆形或方形画面中，以表达其完美无缺独特的艺术魅力。[②]

① 洪居元.漆器艺术之美［M］.济南：山东大学出版社，2013.

② 黄红.剪纸艺术［M］.武汉：武汉出版社，2000.

图 6-4-16　清 漆器描金人物纹葵花盖盒

图 6-4-17　景泰蓝盖盒

图 6-4-18　苏绣《仕女蹴鞠图》局部

图 6-4-19　双龙剪纸窗花

　　竹编，是用竹条、篾片编织各种用具及工艺品，也是中华民族劳动人民辛勤劳动与智慧的结晶（图 6-4-20）。竹编工艺大体可分起底、编织、锁口三道工序，并以经纬编织法为主[1]。竹编工艺最早出现在新石器时代，其通过将植物的枝条编成篮、筐等器皿，以存放剩余的食物；商代出现了米字纹、回纹、波浪纹等纹样。春秋战国时期逐渐向装饰性意趣过渡。秦汉时期延续楚国的纹样和技法继续发展。明清时期，竹编手工艺人对生活用品进行加工，出现了许多精美的竹编用品，例如面盒、画盒、首饰盒等[2]。

----

[1] 马高华. 竹编工艺 [M]. 杭州：浙江科学技术出版社，1987.

[2] 张腾礼. 竹编工艺概论 [M]. 北京：天地出版社，2014.

## 四、现代设计

现代设计以大工业生产为背景，将科学与艺术、工艺与技术、实用与美学进行结合，是对人类生存生活用品、环境及信息传达方式等的设计、处理、美化与提升，是一门涉及科技、经济、艺术、创造、心理、管理等多学科的复合型、交叉型、系统型的实用性学科。

### 1. 现代设计的审美特征

（1）功能美。现代设计的出现，首先是为了解决人们生活中的各种需要，如衣、食、住、行、用等。根据不同的类型，现代设计又表现出不同的功能特性，如建筑给人提供生活空间，交通工具用来运载人或物，服装用来保暖、装饰等，可见，现代设计的价值在于其功能，功能决定了现代设计存在的意义。因此，在进行现代设计中必须将功能美放在首位；另外，现代设计功能美还应该考虑大多数人的物质与精神需求，强调人们的社会责任感、注重材料的创新性、节能性和环保性。

图 6-4-20　竹编精品

（2）技术美。技术美依附手工业特殊技能和大工业生产条件下机器制造而产生，是人们在物质生产和产品设计过程中，通过运用各种技术手段对客体进行加工，以此来满足人们生理与心理的双层需要，从而使人们得到美的享受。现代设计以大工业生产时代为背景，体现出明显的科技特性，而科技崇尚理性，反映在现代设计中即造型简洁、简化不必要的装饰与附属物；在材料、功能、结构以及形式上体现出和谐、理性的科技美；另外，现代设计是否关注产品使用过程中的安全、方便、舒适，也是衡量其技术美的一个重要标准。

### 2. 现代设计的类型

随着社会的进步、科技的发展，以及人们物质文化与精神文化水平的不断提高，现代设计涉及范围越来越广，并随科技的发展而不断壮大，当前我们将现代设计划分为视觉传达设计、产品设计、环境设计以及新媒体设计四大类。

视觉传达设计，最早起源于"平面设计"，是指依据某一特定的设计目的，对信息资料进行分析与归纳，并通过文字、图形、色彩、版式等视觉符号，进行有意识、有计划的艺术设计活动。因此，视觉传达设计是将可视化信息传达给受众，然后对受众产生影响的过程。视觉传达设计范围十分广泛，包括字体设计、标志设计、插图设计、编排设计、广告设计、包装设计、展示设计等。然而，随着现代科技的发展，视觉传达设计已经不再局限于平面设计，而是充分调动了光、色、文字、图形、运动等多种手段扩展到影视、计算机等领域[1]。

产品设计，指对产品的造型、功能以及结构等其他方面进行设计创作的一门学科，其目的就是设计符合消费者需求、并具有"实用、美观、简便、经济"特性的产品，功能、造型、物质技术条件，是产品设计的三个最基本、最基础的要素[2]。另外，产品设计将造型艺术与工业生产进行结合，在强调"功能至上"的同时，实现工业产品艺术化处理，最终使得产品形式追求功能，实现技术与艺术的完美统一。产品设计范围广泛，包括家具设计、服装设计、纺织品设计、日用品设计、家电设计、交通工具设计、文教用品设计、医疗器械设计、通信用品设计、工业设备设计、军事用品设计等内容。

环境设计，是人类为满足自身物质与审美需求，对各种自然环境与人工环境进行改造与设计的过程。环境既包括以自然风景与名胜古迹为主的景观环境，还包括以城镇街区和建筑组群为主的空间序列环境，也包括以陈设、小品和人工绿化为主的日常生活环境。其中城市规划设计、建筑设计、室内设计、室外设计、公共艺术设计等都是环境设计范畴。

① 彭吉象．艺术学概论 [M]. 3 版．北京：北京大学出版社，2006.

② 张蒙蒙．产品设计中情感化设计的研究 [J]. 西部皮革，2021，43（14）：23-14.

新媒体设计，通过利用最新科技语言运用到设计制作中，以此完美地展示作品的内涵，从而让作品具有较高的技术性和实践性[①]。另外，随着新媒体技术的发展，现代设计将更加倾向立体、多元和虚拟的方向发展。新媒体设计主要包括数字媒体设计、计算机动画设计、虚拟设计、网络设计、互动设计等。如今，网络传播已经成为主流新媒体传播方式，比如微博、微信公众号、抖音、美拍等平台。

# 单元五　动漫艺术

动漫是一种通俗的艺术，属于大众文化，它深入我们生活的方方面面，内容包罗万象，表现形式是自由卡通。动漫是动画和漫画的合称与缩写，这一名词的出现主要是受日本动漫文化的影响。动漫艺术具有当代知识经济的全部特征，涵盖了艺术、科技、传媒、通信、游戏、出版等多种行业，被誉为"21 世纪新兴的朝阳产业"。

## 一、动漫艺术

### 1. 动漫艺术特征

（1）科技与艺术的融合。随着科技的飞速发展，动漫艺术与科技的关系日益紧密，并且科技在促进动漫艺术发展方面起到了巨大的作用。科技的高速发展推动了动漫艺术形式的多样化。科技可以让动漫艺术进一步渗透到大众生活的方方面面，让动漫艺术更加立体化、生动化、直观化。科学技术的发展促进了动漫艺术的繁荣，动漫艺术与科学技术结合，有利于改变动漫艺术家的"感性化"，从而能够更加真实、全面地反映社会生活。

动漫艺术就整体发展而言，呈现出明显的技术性、产业性发展特征。纵观动漫的发展历程不难发现，动漫在具体的发展过程中十分重视运用新的科学技术，例如 3D/4D 技术、体感技术等，这些新技术的运用，使得观众在感官体验上有了质的提升，同时也促进了动漫产业的进步与发展。可以说，每一次新的技术的产生和运用，都促使动漫产业迈向一个新的高度，如皮克斯动画工作室在技术上不断领跑世界，《冰河世纪》动画制作团队通过运用新的计算机动画（Computer Graphics，CG）技术来创造完美的冰川时代，给观众带来了极强的视觉冲击力。可以说，动漫艺术媒介因为科技发展创新而越发多样性，科技使艺术更加直观、便捷、创新化。

（2）现实与虚拟的融合。在社会经济和科技日益发展的今天，动漫艺术家们开始通过对场景的虚拟来与现实中的情景进行融合，而且这种先锋的艺术逐渐在动漫艺术的应用中日臻成熟。在虚幻中体现出"真""善""美"，是动漫艺术的原则。很多动漫艺术家通过虚幻的艺术形式，将现实与虚幻进行了完美结合。动漫创作中营造出许多"虚假的情景"，意在传达出现实社会中的"真"。例如，深受儿童喜爱的《巧虎》《婴儿画报》等设置的情境非常"现实"——家、公园、超市或者幼儿园等，这些情境真实再现生活中的"真实情节"，与宝宝的生活非常接近，呈现出孩子们在一起学习、游戏等生活趣事，使他们能进行现场模仿，常常会有"身临其境"的真实感。相对而言，《天线宝宝》与《花园宝宝》的情境就虚幻多了。天线宝宝们生活在一个高科技与纯自然相融合的"神奇岛"里，这里没有大人、没有超市或医院，只有宝宝。可见，在动漫世界里，虚假、幻想是还原社会现实的一种有效手段。

（3）动漫审美的视觉性与娱乐性。在动漫艺术中不仅有绘画、文学、音乐、表演、摄影，还有各种各样的艺术形象，也正是由于这些因素的应用，动漫艺术给人带来的感受也就各不相同。为增强动漫艺术的感染力，在越来越多的动漫作品中还融入了多种混合视听，让人们通过这样的方式构建关系语言。当观看《小蝌蚪找妈妈》《玩具总动员》和《熊出没》（图 6-5-1）等经典动漫作品时，观众无疑或多或少地获得了不同于其他艺术的感

---

① 黄楚新 . 新媒体：移动传播发展现状与趋势 [M]. 北京：人民日报出版社，2022.

官欢愉和心理满足的审美体验，审美主体在丰富的审美幻觉中获得极大的视觉享受与娱乐快感。在动漫作品中，通过配合这样的混合视听，更加深化了动漫的艺术形式，激发了人们的感情，引起了共鸣，增强了动漫艺术的审美视觉性和娱乐性。简单地说，动漫艺术的视觉审美冲击和娱乐特性，使观众可以自由地畅游于有限和无限的艺术空间中。因此，动漫是影像视觉的狂欢，更是消费时代的娱乐。

### 2. 动漫的分类

目前，国际上的动漫作品主要分为三大流派，即美式动漫、日式动漫及欧洲动漫。

（1）美式动漫。美国的现代动漫发展十分迅速，并且在国际动漫市场上占有极其重要的地位。美式动漫造型艺术始终长盛不衰，并且一直都体现出高投入、高技术、大规模的时尚创作潮流。作为主流动漫市场的一个霸主，美式动漫直接影响了战后兴起的日本动漫文化，也影响着全球几代人的成长。

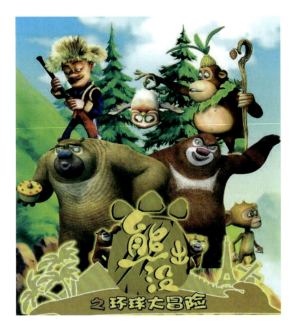

美式动漫最为著名的就是迪士尼的卡通动漫。众所周知，迪士尼作为好莱坞八大电影制片厂之一，早在 20 世纪 20 年代便已进入动漫产业领域，拥有包括电影、电视、网络、出版、音乐、主题公园等在内的各种娱乐产业，最为经典的动漫形象就是米老鼠，这是迪士尼的代表作品之一。另外，《疯狂动物城》《超能陆战队》《冰雪奇缘》等，都是在国际上受到很高评价的动漫作品。

**图 6-5-1　动画《熊出没》剧照**

（2）日式动漫。日式动漫主要以日本为代表，风格与之接近的韩国和中国台湾地区等地的动漫统称为日式动漫。日式动漫是日本文化产业的重要支柱之一，在数量和质量上可以说与美式动漫势均力敌。

日式动漫对东方国家和地区，特别是中国、韩国动漫文化的形成和发展有着很重要的影响。日本动漫的代表人物有鸟山明、宫崎骏等。日式动漫主要有少女动漫、体育动漫、历史动漫等。通常都带有明显的轻松、愉快、清新的特点，深受亚洲青少年的喜爱。日本的美少女形象多是甜美可人、曲线圆润、端庄秀丽，例如，经典的日本动漫《美少女战士》中的女主角月野兔就是以一种清新、可爱的形象出现的。日本动漫自第二次世界大战以后就在国际市场上独占鳌头，早已作为一种特有文化形式传到世界各地。

（3）欧洲动漫。欧洲动漫可以称为自由式动漫或独立式动漫，其作品风格自由多变，充满了浓郁的人文情怀，贴近现实生活，而没有美式和日式动漫的火爆和刺激煽情。欧洲动漫富有个性和文化内涵，具有很强的试验性和探索性，艺术价值更高，商业色彩较弱，这些都是基于欧洲深厚文化底蕴而产生的。

1972 年，经典形象摩夫（Morph）的创造，开创了英国动画的新纪元。阿德曼曾制作纯泥偶动画片《动物悟语》《引鹅入室》等都曾获得奥斯卡最佳动画短片奖。"超级无敌掌门狗"系列当时在英国可谓是家喻户晓，由此所创造出的卡通形象"华莱士"和酷狗"阿高"被喻为英国的米老鼠和唐老鸭。2000 年，斯皮尔伯格的"梦工厂"投资推出了一部纯泥偶动画长片《小鸡快跑》后，反响巨大。2005 年 10 月阿德曼与梦工厂再度联手推出《超级无敌掌门狗之人兔的诅咒》，该片不仅赢得了英国电影学院年度杰出英国影片奖，而且又在第 78 届奥斯卡金像奖颁奖典礼上获最佳动画长片奖。

动漫艺术是一种外来艺术，在 20 世纪前的中国艺术中并没有这样的形式。自 20 世纪 20 年代开始，我国在动漫领域也创造出了许多优秀的作品。《铁扇公主》动画片是我国历史上第一部长动画，这部动画片在色彩和风格上更偏向于中国风，将我国很多民族特点和中国的本土文化都融入其中，典型的动漫作品如《西游记》《哪吒闹海》《宝莲灯》等，极具民族特点，为我们树立了很好的典范。

## 二、动画

动画是一种综合艺术门类，它是集绘画、电影、科技、摄影、音乐、美术、文学等众多艺术门类于一身的艺术表现形式。动画的英文为"Animation"，其词源自拉丁文词根 Anima，意思为"灵魂"，动词 Animate 是"赋予生命"的意思。其意义包含有"使某物活跃起来"之意。所以 Animation 就是通过创作者的安排、使原本不具有生命的东西像获得生命一般的活动。广义而言，把一些原先不活动的东西，经过影片的制作与放映，变成会活动的影像，即为动画。

### 1. 动画的起源与发展

动画的发展历史很长，从人类有文明以来，各种形式图像的记录已显示出人类潜意识中即有表现物体动作和时间过程的欲望。如数万年前的洞窟壁画以及埃及墓画、希腊古瓶上的连续动作之分解图。1906 年，美国人斯图尔特·勃莱克顿制作的动画《滑稽脸的幽默相》，被誉为是动画历史上第一部真正的动画片，因此他也被称为"美国动画之父"。由此，动画才算真正意义上的诞生。1908 年，法国人埃米尔·科尔首创用负片制作动画影片，采用负片制作动画，从概念上解决了影片载体的问题。科尔主张动画制作技术的创新，进一步发展了动画片的拍摄技巧，为之后动画片的发展奠定了基础。1909 年，美国人温瑟·麦凯用 1 万张图片表现一段动画故事，这是迄今为止世界上公认的第一部真正的动画短片。从此以后，动画片的创作和制作水平日趋成熟，人们已经开始有意识地制作表现各种内容的动画片。1915 年，美国人伊尔·赫德创造了新的动画制作工艺，他先在塑料胶片上画动画片，然后把画在塑料胶片上的一幅幅图片拍摄成动画电影。多少年来，这种动画制作工艺一直被沿用着。1923 年，华特·迪士尼和罗伊·迪士尼成立了迪士尼兄弟制片厂，这是迪士尼动画开始的标志。而后迪士尼公司将主要精力放在了动画产业发展上，并由此慢慢形成了以迪士尼动画为核心的价值品牌。迪士尼发展至今，创造了很多经典的动画人物形象，如米老鼠、唐老鸭、白雪公主、狮子王、灰姑娘等。

中国动画开始于 20 世纪 20 年代，万氏兄弟（万籁鸣、万古蟾、万超尘、万涤寰）制作了中国第一部动画《大闹画室》，画面以简洁的黑白线条和表现方式描述了杂乱画室中的故事，由此可见动画在中国很早就萌芽了。1941 年，万氏兄弟受到美国第一部长篇动画《白雪公主》的影响，创作出了《铁扇公主》，在表现形式上用传统的中国水墨作为背景，有着浓厚的民族特色和艺术特点。《铁扇公主》的问世轰动了亚洲，影响了世界。1946 年，东北电影制片厂建立，中国首个动画摄制部门"卡通组"诞生，并将"美术片"作为动画片、木偶片的统称。20 世纪五六十年代，中国的传统动画达到了高峰期，出现不少优秀动画作品，如《大闹天宫》《天书奇谭》等，还有中国独特的水墨动画短片，如《小蝌蚪找妈妈》《牧笛》等，展示出中国二维传统动画的最高水平。20 世纪 70 年代，辽宁电影制片厂、上海电视台动画制片厂、长春电影制片厂美术厂分厂、南京电影制片厂动画组、中央电视台中国电视剧制作美术片创作室等渐渐发展起来，但和世界动画发展比较而言，尤其在美日动画的冲击下，中国动画发展相对缓慢。为重振国产动画，上海美术电影制片厂历时 4 年摄制了动画片《宝莲灯》，这是当时中国投资最大的一部影院动画长片，在画面、人物设计、故事情节、音乐等制作上都十分精心，同时加入了现代高科技的元素，一上映就给人以耳目一新之感，获得了影迷们的一致好评。同时还有《马可·波罗回香都》《哎哟，妈妈》等一批优良的动画片诞生，给中国动画注入了新的活力，动画片呈现出欣欣向荣的景象。随着科技的发展，传播手段的多样化，动漫艺术已经有了较为完善的理论体系和产业体系，并以其独特的艺术魅力而深受人们的喜爱。

### 2. 动画的分类

在动画发展的早期阶段，由于动画表现形式简单，动画片的分类也很简单，随着动画片和科技领域的不断发展壮大，动画片的分类种类也越来越多。

按视觉效果分类，可以分为平面动画和立体动画。平面动画及二维动画也称为 2D 动画，这种类型的动画又分为传统手绘动画和计算机二维动画。家喻户晓的动画电影《千与千寻》和《狮子王》就是 2D 动画技术。立体动画也就是三维动画，也称 3D 动画，它包括传统的木偶动画和计算机三维立体动画。我国的《夜半鸡叫》《阿凡提的故事》等是优秀的木偶动画代表，著名 3D 动画工作室有皮克斯动画工作室、蓝天工作室等，软件则使用 3ds Max、Maya 等。

按传播途径分类，动画可以分为电影动画、电视动画和新媒体动画。电影动画的长度和常规电影长度接近一致，以影院播放为首要传播途径，长度为 90 分钟左右，由于受到更为严格的技术工艺要求，决定了影院动画具有制作成本高、周期长、制作风险大等特点。电视动画专职电视播放而制作的动画，电视的传播特征在于它的便利性，电视动画一般容量大，篇幅长，制作成本相对较低，因此对制作质量的要求要低于电影动画。新媒体动画是随着新兴的传播媒体快速发展，网络动画应运而生，互动性是其重要特点，它的矢量化和交互性是它在网络上迅速崛起的重要原因。

按创作目的分类，动画可以分为商业动画和实验动画。商业动画从设想制作到发行都受市场影响较大，一般篇幅较长，制作规模较大，并以获得商业收益为最终目的。实验动画指还在探索时期的动画作品，这类作品注重关注动画艺术的自身发展特色，具有鲜明的个人化和实验性，实验动画一般篇幅较小、个性化强、观众面较窄。

按作品播放长度分类，动画可以分为长篇动画和短篇动画，长篇通常指 60 分钟以上的动画片，优点是商业价值高，能体现制作和发行商的实力。放映时间不足 60 分钟或更短的动画片制作成本相对较低，制作周期短，风险小。

## 三、数字绘画

随着科技的发展和数字应用技术的出现，利用相关绘图软件和工具进行绘画的方法不断被人们所认识和掌握。数字绘画作为一种新兴的艺术门类，发展十分迅速。数字绘画在艺术表现上不同于传统绘画，为绘画艺术注入新的活力。

### 1. 数字绘画的概念

数字绘画也被称为"数码绘画"或"无纸绘画"，是 CG 领域中的一项绘制技术。数字绘画是利用计算机软件和数字绘图工具在计算机上进行创作的产物。由于精准的造型、丰富的色彩与种类繁多的绘制工具，数字绘画技术为数字艺术创作提供了便利条件。

信息化时代，互联网技术的发展造就了一批数字媒体互动平台，如快手、抖音、微视等，为了迎合大众数字创作需求，一些较为简单的移动端视频编辑创作 App 陆续上市，如剪映、美图秀秀等。不管是专业的艺术作品创作还是大众个性需求，利用相应数字创作工具所产生的作品都是以数字化的形式呈现的，存储自如，方便携带，利于传播。

### 2. 数字绘画的起源与发展

1951 年，首台供商业应用的电子计算机获得专利，此后一段时间内，计算机除了用于大量深入的技术研究，也偶尔用于音乐和视觉艺术。美国年轻研究员诺尔（Michael Noer）可以算作第一批"数字艺术家"，1963 年他用计算机绘出抽象图案《高斯二次方程》（*Gaussian Quadratic*），尝试着在二维画面中表达三维空间。随着更多艺术家的尝试，数字绘画便登上了艺术史的舞台。

随着绘画技法的逐渐成熟，数字绘画由早期的实验性创作走向了商业领域，由于其优异的视觉效果和便捷的流通传播，很快便得到创作者们的追捧。数字绘画在商业领域的成功，进一步促进了数字绘画在技法及绘画工具的使用等诸多方面的发展和升级。进入 21 世纪后，艺术设计的门类被划分得越来越细，偏重商业领域的数字绘画与商业设计结合得更加紧密，数字绘画所涉及的领域、涵盖的创作范围也越来越广。

目前，数字技术已渗透进我们生活的方方面面，这其中也包括了人们的审美习惯随着数字艺术的迅猛发展而改变，艺术创作的方式及艺术欣赏的方式也有了很大的改变。数字绘画的这些数字化特征可以代替传统绘画，来满足人们对艺术欣赏的数字化需求。数字绘画技术的逐渐成熟，助力了电影、动漫、游戏等多个产业的迅速发展。

### 3. 数字绘画与传统绘画的比较

首先，对绘画技巧的掌握程度不同。数字绘画主要是指借助绘画软件，采用手绘板开展绘画创作，只要掌握基本的绘画技巧，会熟练运用绘画软件就可以开始创作了。而传统绘画创作必须掌握速写、色彩、素描等基本绘画技能及技法、造型、构图等绘画技能，且必须具备一定的艺术鉴赏能力及审美能力，最后根据自身的艺术鉴赏能力、审美能力及绘画技能来实现对现实事物的绘画创作。

其次，它们的承载媒体有很大的不同。传统绘画属于实物，是利用实体物质、如颜料、画笔等工具在纸张或布面等载体上进行的绘画艺术。而数字绘画属于数字信息，需借助软件完成创作。

最后，艺术价值不同。传统绘画由于不可复制的唯一性和独特的审美特性，具有很高的艺术价值和收藏价值。和传统绘画相比，数字绘画由于可批量复制，人们在接受它时心理上的价值认可度下降，故而给人以一种廉价的感觉。但我们不能忽视，数字绘画有着自身的视觉语言和审美表达方式，它的价值是不能用传统的价值观来判断的，并且随着不断发展，它的潜力不断地被挖掘，其艺术价值也不断上升。

当然，我们也必须清楚地认识到，数字绘画是基于传统绘画而开发的一种新的艺术形式，是对传统绘画的延伸和发展，尽管两者的创作形式及工具各有不同，但其艺术创作的本质并未发生改变。数字绘画和传统绘画均拥有独特的美感和个性，我们应将两种艺术整合起来，以促进艺术更快、更好地发展。

## 四、动漫衍生品

随着动漫日益受到人们的喜爱，动漫产业呈现出巨大的商机，例如《大力水手》的热播引发了 20 世纪 30 年代美国食用菠菜罐头的热潮，越来越多的动漫衍生品受到大众的青睐，它们作为动漫产业的衍生物，已融入人们生活的各个领域。动漫衍生品开发作为整个动漫产业不可或缺的重要一环，不仅能为动漫产业带来丰厚的收益，同时还能促进动漫产业蓬勃发展。

### 1. 动漫衍生品的概念

"动漫衍生品"是指以动画、漫画等媒体中的动漫形象作为基础，经过专业设计师的精心设计，开发出的各类可供销售的服务或产品，这类产品或是具象的实体，或是抽象的概念。电影、图书、游戏、玩具、文具、动漫形象模型、服饰、饮料等都能开发成动漫衍生品，更能以形象授权方式衍生到更广泛的领域，如主题餐饮、主题乐园等旅游产业及服务行业等。动漫衍生品是动漫产业链中非常重要的环节，可开发的动漫衍生产品品种多、销量大，其利润相当可观。美国迪士尼公司投资 4 500 万美元制作的动画片《狮子王》，到目前为止其动漫衍生品的收入已经高达 20 亿美元。现在，我们熟悉的变形金刚、奥特曼等动漫产品开发已经相当成熟，以漫画、卡通、动画、游戏以及多媒体内容衍生出来的产品充斥着消费市场的每一个角落。

### 2. 动漫衍生品与动漫作品的关系

动漫衍生品是动漫艺术作品的一种延续，正是由于动漫艺术作品深受大众的热爱，才使得由动漫作品衍生出的相关产品得以大卖。动漫衍生品和动漫作品两者之间是相互依存、相互影响的。动漫产业的核心组成部分是动漫产品的创作，而动漫衍生品是动漫产品输出环节，只有动漫产品与动漫相关衍生品结合得好，才能更好地促进动漫产业的发展，也才能符合当今国际社会经济发展的需求。

正因为动漫衍生品和动漫作品有着紧密的联系，因而也促进了两者间互利互惠的关系。动漫产业的核心是动漫产品，而动漫产业最大的利润其实离不开动漫衍生品的研发与销售。动漫衍生品的热销不仅可以延续动漫作品的生命，同时也为新的动漫作品占领市场起到功不可没的作用；反之，动漫作品的热播也会促进动漫衍生品的大卖。

### 3. 动漫衍生品的特点

（1）种类多。动漫衍生品是动漫产品最为重要的一部分，是以动漫作品、动漫形象等为圆心延伸而来的可供售卖的服务或产品，动漫衍生品的种类丰富多样，覆盖面广，主要包括动漫相关的游戏、服装、玩具、食品、文具、主题公园、游乐场、日用品、装饰品等各个领域。

（2）商品性。商品性是动漫衍生品的基本特性，其在现实生活中有利于商品的传播、美化和销售，有利于消费者对产品的认知，可以达到准确传达商业信息的目的。在商品市场竞争激烈的今天，我们不能忽略动漫衍生品作为商品带来的强大商业效益。

（3）艺术性。动漫衍生品蕴涵着艺术表现和制作工艺，要有创意、有独特性，要给人以美的体验。设计者以市场的需求为基础，对动漫作品原本的形象进行艺术设计，包括颜色、服饰、表情、形象等，将受众群体最喜爱的动漫作品的一面加入动漫衍生品，以使其获得受众的追捧和欢迎。

#### 4. 经典动漫形象及其衍生产品

经典动漫形象及其衍生产品主要有米奇（米老鼠）、龙珠、柯南、樱桃小丸子、熊大、熊二等。

（1）美国经典代表——米奇（米老鼠）。动画明星米奇老鼠在1928首次登上电影荧幕，迪士尼能有今日的成就也要归功于这位"先驱"。米奇在屏幕上受到了观众的追捧，其衍生产品的出现使得米奇形象从虚拟走向现实。米奇的动漫衍生产品可以说形成最早、影响最大，衍生出来的产品遍布全球，不仅受到小孩的喜爱，成年人也爱不释手。米奇之所以能存活这么久，是因为迪士尼已经将这位动漫明星生活化，他有自己的性格，有自己的服装。米奇虽是明星，却又很平凡，他仿佛是"快乐"的象征，像一个伙伴一样跟随着我们，可以陪伴着我们一直走下去，一起快乐下去，而且他可以成为任何人的伙伴，不分时间，不分国籍，不分人群。自然，米奇陪伴我们的同时也获得了很大的经济效益。

（2）日本经典代表——龙珠、柯南、哆啦A梦。日本动漫的代表作数不胜数，《龙珠》是漫画家鸟山明的作品，《名侦探柯南》是漫画家青山刚昌的作品，后都被改编成动画片。这种先漫后动的完善体制使得日本动漫深入人心，无论是小孩还是大人都能找到各自喜欢的不同动漫，有这样的国民普遍性做支撑，日本成为动漫帝国是必然的。

哆啦A梦于1952年由两位漫画家以同一笔名"藤子·F·不二雄"共同开始创作，1973年推出试映片，1979年在日本朝日电视台首次播出。据《朝日新闻》统计，第45卷本《哆啦A梦》的漫画已经出版了约1.7亿册。哆啦A梦把人们带到了一个既现实又虚拟的世界里，他的口袋是一大看点，从其中掏出来的道具总是带给观众快乐和惊喜，比如时空机、竹蜻蜓等至少有2 000种。这位日本国民级的卡通品牌受到众多人的追捧，在卡通产品授权后出现了大量衍生产品，主要有衣服、杯子、文具、主题餐厅等，甚至有100个不同造型的等比例哆啦A梦在全国巡展，再现经典。

（3）中国经典代表——熊大、熊二。动漫产业被誉为21世纪最具创意的朝阳产业，我国动漫产业内容生产实力也得到了进一步提升。我国动漫衍生品以动漫玩具、动漫服装和动漫出版物为主，其中动漫玩具占比最高。近些年来大热的国产动画《熊出没》等，60%以上的收益都来自衍生品的商业价值，《熊出没》的成功不仅仅是因为其打造了一个完整的动漫产业链，更因为它已经成为中国原创动漫的典范。回顾动漫的发展历史，国产原创动漫能真正征服中国观众，甚至与国外动漫抗衡的作品寥寥无几。而现在，过去那些只看国外动画的"80后""90后"们，现在也都成了《熊出没》的粉丝。

当然，尽管动漫产品销售火爆，但品牌大多是"洋货"，我国动漫产业的利润大部分来自外商支付的加工费。中国动漫产业创造水平还偏低，存在产业链断档的状况。国内从事动漫原创的设计人员少，动漫作品内容低龄化、幼儿化，缺乏生动的故事情节。中国动漫产业是一个庞大的产业链，需要很高的行业发展度，其中包括版权保护机制、原创作品的大量产出和筛选机制、发行出版机制、动漫周边产出机制等，这些有些需要政府立法和护持，有些需要行业调整与建设，都非一日之功，所以中国动漫还有很长的路要走。

知识拓展：
艺术门类之间的关系

### ■ 模块小结 ■

艺术门类的发展经历了由单一到多样、由简单到复杂、由初级到高级的历史过程。时至当今，从视觉艺术、听觉艺术到视听艺术，从空间艺术、时间艺术到时空艺术，从再现艺术、表现艺术到再现表现艺术。艺术门类无所不包，本模块包括绘画、雕塑、建筑、摄影、书法、工艺美术、音乐、舞蹈、文学、戏剧、影视等纷繁多样的艺术种类。

## 练习思考

　　参考本书配套资料中相关资料，并在图书馆或利用互联网查找《渴望》（见下图）的相关资料，回答以下问题。

《渴望》海报

　1. 《渴望》电视剧在什么年代播放的？

　2. 《渴望》的原创、编剧分别是谁？小说与剧本在艺术表现上有哪些差异？

　3. 《渴望》开辟了中国哪种类型电视剧的先河？产生了怎样的影响？

　4. 《渴望》电视剧包含哪些艺术形式？

　5. 《渴望》播出后，剧中哪些歌曲流行至今？

　6. 剧中刘慧芳、宋大成、王沪生等人物形象给你留下的最深刻印象的当属谁？为什么？

　7. 《渴望》在当时为什么会出现万人空巷的奇观？

　8. 《渴望》电视剧大获成功的重要元素有哪些？

**7**

模块七

# 艺术接受论

■ **知识目标：**

1. 掌握艺术接受的性质与特征。

2. 了解艺术接受的社会环节。

3. 识记艺术欣赏接受主体不同于一般欣赏者的三大特点。

■ **能力目标：**

通过研究艺术活动中的各种问题能够接受艺术。

■ **素质目标：**

在学习上，应严格要求自己，刻苦钻研、勤奋好学、态度端正、目标明确。

■ **模块导入：**

艺术接受以艺术传播为前提，通过各种艺术传播方式践行人类对艺术作品的鉴赏。在艺术鉴赏过程中，人类通过自身的审美再创造能力的自由驰骋，在得到审美愉悦和艺术享受的同时，实现了艺术作品的功效和价值。艺术鉴赏离不开艺术创作，也离不开艺术批评，艺术批评对提升艺术创作水平及影响艺术鉴赏活动具有指导和推动作用。

艺术接受是艺术理论体系中的重要构成，是艺术生产完整过程不可或缺的环节，是连接艺术家与鉴赏者的桥梁。对此，在这一模块中，我们将讨论艺术接受的性质、艺术接受的社会环节、艺术欣赏性质与特征、艺术欣赏接受主体等方面的问题。

# 单元一　艺术接受的性质与特征

艺术接受是指在传播的基础上，以艺术作品为对象，积极能动的消费、欣赏、鉴赏、批评活动。艺术接受的性质与特征可以从艺术接受与艺术本质的关系中体现出来，艺术欣赏是一种最主要的艺术接受方式，是其他一切艺术接受方式的基础，因此，本单元主要研究艺术接受中的欣赏阶段相关理论内容。

## 一、艺术接受是构成艺术活动完整性的重要环节

艺术已经成为当下人们一种非常重要的生活方式，主要表现在艺术作品在社会生活中的传播、接受与消费的过程。艺术的接受与消费在整个艺术活动中起着十分重要的作用。如果没有艺术的接受与消费，那么艺术创作与艺术作品就不会与欣赏者产生联系，进而不能真正实现自己的价值，完成自己的任务。如果凡·高的画作《向日葵》没有被大众所欣赏，那这幅作品就是没有实现其艺术价值的手稿。

同时，艺术的接受与消费在一定意义上还是整个艺术活动开始的起点。虽然在现实的艺术活动过程中，艺术的接受和消费是整个过程完成的标志，但正如马克思在讨论生产与消费的关系中所指出的那样，消费对生产来说并不是被动的，这也就意味着，艺术的接受与大众消费倾向也必然影响艺术活动的开端。因此，艺术的接受与消费是艺术活动完成的重要环节。

另外，艺术家在创作过程中，有意无意都得考虑自己的艺术作品将被哪一社会阶层、社会群体所接受，这就涉及"隐含的读者"这一概念。比如说如果作品接受的对象是市民阶层，或者说是一般的普通大众，那么，艺术家在选材、语言风格、表现形式等方面就必须考虑到这一受众群体的接受能力和接受水平，从而使艺术作品真正成为他们喜闻乐见的。如果是研究性作品，目的是解决某些实验性探索问题，那么这类艺术家心目中"潜在受众"则是一小部分对这类艺术问题感兴趣的艺术家、专家、学者和有较高鉴赏力的人。

## 二、艺术作品接受方式在艺术本质中具有重要作用

中西方关于艺术本质的研究，主要是侧重在两个方面：一是关于艺术家本身；二是关于艺术作品，往往忽略了艺术作品的接受方式在艺术本质中的重要作用。西方文艺学家和美学家对艺术接受与艺术本质的关系问题做了许多研究，如存在主义美学家萨特在《为什么写作》中提出了读者阅读对于文学作品的重要性，他"只有为了别人，才有艺术；只有通过别人，才有艺术"。现象学美学家杜夫海纳谈道："观众不仅是认可作品的证人，而且还是以各自方式完成它的执行者；要显现审美对象就需要观众。"[①] 这些观点都是在证明艺术接受者对于艺术作品的重要性。因此，艺术之所以为艺术，最根本的原因就是艺术作品与艺术接受紧密联系在一起，换句话说，就是作品和创作主体与接受和消费主体构成了特定的对象性关系。

人们在欣赏艺术作品时，可以从不同角度，利用不同方式去接受，接受方式和态度不同，艺术作品所呈现出来的内涵和性质也会有所区别。比如同样是曹雪芹的名著《红楼梦》，经学家可以从阴阳宿命论角度去接受和研究，而革命家是从"排满"的角度看到《红楼梦》中关于朝代更迭的历史必然性。艺术在接受方式上还要求有特定的审美接受方式，即审美态度。所谓审美态度，就是指艺术接受主体对艺术作品采取一种无功利、超利害的观赏态度。艺术不仅有自身存在的独特方式，在接受方式上也有自己的特殊性，当接受主体的审美态度与之相适应时，艺术作品才能成为真正意义上的艺术作品。

---

① [法] 米盖尔·杜夫海纳. 美学与哲学 [M]. 北京：中国社会科学出版社，1989.

### 三、艺术接受是艺术返回社会生活的必由之路

艺术创作源于现实，通过各种艺术媒介反映社会生活。艺术家从事艺术创作一方面是为了反映社会生活，更重要的是希望通过艺术作品来参与和影响现实的社会生活。鲁迅先生提出的"匕首""投枪"理论，都是在强调艺术作品对参与社会生活的重要作用。要实现这一点，就必须通过艺术的接受与消费环节让艺术作品返回社会生活，具体我们可以从以下两个方面来理解。

首先，艺术返回社会生活体现在艺术作品被接受的形式上。从艺术创作主体和艺术接受主体的数量上看，接受主体要远远多于创作主体，这使艺术接受的广泛性成为可能。艺术接受主体本身就是人类社会生活的主体，是艺术家描写和反映的对象，他们的情感、思想、行为方式、风俗习惯、道德传统等构成艺术作品丰富的内涵。当艺术家创作的艺术作品通过社会传播途径与广大接受主体产生关系时，这就意味着艺术作品已返回社会生活。

其次，艺术的接受与消费还有利于建构新的社会生活。从单纯的艺术接受角度来看，艺术家在作品中所构造的生活画面只是潜在的，必须通过欣赏者的接受才可能转换为现实。欣赏者通过对艺术作品的接受，可能会被作品中的内容所感动，从而影响欣赏者的现实生活，以新的态度，新的方式，重新理解现实生活和人生意义，进而在现实生活中通过身体力行的实践活动把精神力量转化为物质力量，在社会实践中重新建构美好的现实生活。

# 单元二　艺术接受的社会环节

为了更直观具体地理解接受活动的具体方式，我们以绘画艺术为例对艺术接受主要的社会过程和环节进行论述。

### 一、艺术展览馆

艺术展览馆是当代最有效、最富活力的艺术传播中介，是绘画艺术传播和接受的重要机构和场所，它为艺术家、艺术作品与接受主体之间建立了一种特殊的交流平台。艺术作品通过展览的方式得以呈现，供艺术欣赏者参观与欣赏，被艺术评论家鉴赏评论，被艺术收藏家珍藏，艺术展览馆逐渐形成一个集艺术创作、艺术传播、艺术欣赏、艺术营销等于一体的展示空间。对于艺术家来说，艺术展览馆是他们艺术作品走向社会接受过程的有效途径，对于大众接受主体来说，艺术展览馆是他们感受、认识当代艺术作品的最直观环节，是了解当代中外艺术发展趋势和潮流的重要中介。艺术展览馆在接受和传播艺术作品方面，覆盖面是最广的，选择的标准也是最宽容的，这也是艺术展览馆跟艺术博物馆的最大区别。艺术展览馆所展览的作品既包括大师级艺术家的经典艺术作品，同时也包括年轻艺术家的优秀作品，这为艺术上具有探索性、实验性的多种风格的艺术作品提供了传播机会，使大众真正在"百花齐放"的艺术氛围中发挥自己接受的主动性和选择性。如俄罗斯乌拉尔（北京）艺术展览（图7-2-1），馆内现展出俄罗斯艺术精品近400件，主要以（苏联）俄罗斯人民及功勋艺术家的绘画及雕塑艺术作品为主。

图 7-2-1　俄罗斯乌拉尔（北京）艺术展览馆

## 二、艺术出版社

艺术展览的方式可以最大限度地保证艺术作品的原作性，作品的审美价值都是独一无二的，但是这种方式的接受面也是有限的，艺术出版社通过对艺术作品的复制发行可以弥补这一缺陷。艺术出版社可以把艺术理论家、艺术批评家、艺术史家对艺术作品的阐释或艺术现象的思考写成的著作出版发行，给广大艺术接受者提供参考和指导。在艺术接受中，首先是对艺术作品外在形式的直接感官接受，这是通过艺术媒介和物质材料可以直接传达的，但在艺术接受过程中也同样包含着对艺术作品深层内涵的理性思考，这种深层的理解往往是以文字语言对社会和艺术作品的分析为前提的。在接受艺术作品的过程中，接受主体个人的感官审美会和著作的理解方式交织在一起，因此，艺术出版社能广泛而深刻地影响艺术接受活动。

## 三、手机媒体

随着数字技术、网络技术的发展，新的艺术传播方式大量涌现，特别是以互联网作用、能手机为代表的新型媒体的迅速兴起，影响了人们的艺术接受方式。手机媒体传播方式为大众提供了开放性和交互性的艺术交流方式，使得手机媒体传播方式具有文化扩展性。手机媒体利用数字技术来创作和传播艺术作品，表现手法外延广泛，包括互动装置、多媒体、电子游戏等，为艺术接受主体提供了无数个性化的可视听资源。手机媒体传播方式的互动技术促使人与人之间点对点的表达和创意已经从艺术家向受众、从专业化向大众化、从专家向平民转变。人们不再依赖艺术家的创作，而是借助手机媒体艺术建构的环境、空间、声音和光线，让自己参与和接受。

## 四、艺术博物馆

艺术博物馆是人类艺术史、文化史和艺术传统的保存者，博物馆中的艺术作品带有传承作用，能与不同历史时期的接受者对话和交流。欣赏者通过对博物馆中的历史艺术作品进行感受、认知，也能更易于欣赏、理解当代的艺术作品，因为当代艺术是以艺术史的发展为其前提和出发点的。一个历史时期的艺术作品不可能全部被保存下来，只有那些通过展览、批评、出版等各个环节的选择和淘汰而被证明有深刻内涵、能代表时代精神的优秀艺术作品才能进入艺术博物馆被永久保存。从艺术接受的角度看，只有这些被博物馆保存的作品才具有无限接受的可能性。通过对艺术博物馆的参观，接受者能欣赏到世界各地的不同风格的艺术作品，接受者不仅能在艺术博物馆中欣赏到不同历史时期的艺术作品，而且还能从不同时期艺术作品之间的联系中来理解、体会每一幅艺术作品的思想内涵。如故宫博物院、首都博物馆、南京博物院（图7-2-2）等都是国内非常重要的艺术传播阵地。

**图7-2-2　南京博物院**

## 五、艺术市场

艺术作品具有商品的属性，在商品经济社会是艺术市场中交换的对象。消费者购买艺术品也是一种重要的艺术传播和接受方式，一般情况下，消费者倾向于购买那些保存了传统样式和审美趣味又略有创新的艺术作品，而对于那些与传统样式和审美趣味差异较大的探索性作品则持谨慎的消费态度。艺术作品的审美价值和商品价值在一定意义上能实现统一，但是这种统一就像价值与价格的关系那样，总是上下浮动的，这种上下浮动既可能受到市场经济规律的支配，也可能受到社会审美意识形态的影响，与社会政治、经济、文化等各方面的因素相联系。

也正是因为这一点，使具有意识形态的精神性艺术产品的商品价值与一般的商品有了本质区别。

从艺术接受的角度看，艺术市场是非常重要的艺术传播中介环节，艺术市场使成千上万的艺术作品通过消费进入接受者的家庭，成为他们精神生活的一部分，同时，艺术市场也会像其他中介体制一样，联结着艺术家与接受者。艺术创作者在这种积极地艺术市场环境中能自由地创作和处置自己的作品，使艺术家与接受者之间形成平等的交换关系。当然，艺术市场也有一定的局限性，因为消费者往往更愿意购买那些与传统样式和审美趣味相一致的艺术作品，这在一定程度上限制了许多艺术家的创造性，也给艺术接受活动带来不良的影响。

# 单元三　艺术欣赏与艺术欣赏接受主体

在艺术接受活动中，艺术欣赏是一种主要的艺术接受方式，也是其他一切艺术接受方式（如艺术鉴赏、艺术批评、艺术史研究等）的基础。在所有艺术接受活动中，艺术欣赏是最简单、参与人数最多、最具大众性和群众性的艺术活动，如看电影、听音乐、参观美术作品展等都是简单的艺术欣赏活动。在艺术理论领域，艺术欣赏涉及两个基本概念：一个是传统意义上的"艺术欣赏者"；另一个是真正意义上的"艺术欣赏接受主体"。这两者既有区别又有联系。

所谓艺术欣赏接受主体，是指对艺术作品进行审美欣赏，并由此促使欣赏文本建构完成的主体。欣赏者不能直接等同于接受主体，因为有的欣赏者欣赏了艺术作品的创作文本，但始终无法促使欣赏文本建构完成，或者根本不认可也不接受这样的艺术创作文本，这样的欣赏者不能称为接受主体。相反，接受主体必然是欣赏者，但欣赏者不一定是接受者，因为接受主体只有欣赏艺术作品的创作文本，才能进入欣赏文本建构过程，最后促成艺术作品的真正实现。这种欣赏既包含对艺术作品的内容、形式、风格、艺术语言和艺术技巧等的认识，也包含对作品中的主题思想、人生启迪、道德判断、社会自然等内涵的深刻理解。

例如，欣赏者甲和乙一同去观看画展，看到同一幅画作时，甲表现为不喜欢这幅画作，甚至说这不是艺术，于是就离开了；乙却不同，表现为非常喜欢这幅画作，而且进入其中构造的话语层，由话语层进入想象层，最后进入境界层，获得了某种审美感受，达到深层的艺术境界。经过比较可以发现，甲不是该画作的艺术接受者，而是一般的欣赏者；乙才是该画作的艺术接受者，同时也是欣赏者，但不是一般的欣赏者，应当属于真正的"知音"，是真正懂得并接受该画作的人。由此可见，艺术欣赏接受主体一定是艺术作品的"知音"和"完成者"。艺术欣赏接受主体不同于一般的欣赏者，主要体现在以下几个方面。

## 一、有明确的艺术审美"期待视野"心理结构

所谓"期待视野"，是指接受者在进入接受过程之前，根据自身的人生阅历、阅读经验和审美趣味等，对于艺术接受客体内容、形式、艺术特色、审美价值等的预先估计与期盼，也称为定向性心理结构图式。它是审美期待的心理基础，是德国接受美学的代表人物汉斯·罗伯特·姚斯（Hans Robert Jauss，1921—1997）提出的。他认为"一部文学作品在其出现的历史时刻，对他的第一读者的期待视野是满足、超越、失望或反驳，这种方法明显地提供了一个决定其审美价值的尺度。期待视野与作品间的距离，熟识的先在审美经验与新作品接受所需求的'视野的变化'之间的距离，决定着文学作品的艺术特性"。期待视野大体上包括三个层次：文体期待、意象期待和意蕴期待。接受者的"期待视野"不是一成不变的，每一次新的艺术欣赏实践都要受到原有"期待视野"的制约，同时又都在修正拓宽着"期待视野"，因为一部新的艺术作品往往具有审美创造的个性和创意，都会为接受者提供新的不同以往的审美经验。

实际上，艺术家在创作中就隐含着接受主体的"期待视野"或"期待视界"，当现实中的艺术欣赏接受主体接受该艺术作品时，其"期待视野"或"期待视界"逐渐与隐含着的接受主体的"期待视野"或"期待视界"相互融合，最后成为真正的接受主体，这种现象称为"视界融合"，这一概念是由阐释学家伽达默尔提出的，他认为"对

于同一个对象，人们理解的视界不是封闭的，而是不断更新变化的，理解者对对象理解的视界同历史上已有的视界相接触，形成了两个视界的交融统一，达到'视界融合'的状态"。当然，"视界融合"所涉及的内容非常多，一般表现为历史、现实和未来的"视界融合"，作者、作品和接受者的"视界融合"，由此把世界、艺术家、作品、接受者统一起来，其中的人生经验、艺术经验、审美经验等也都相互融会贯通，形成"只可意会，不可言传"的审美意境。"期待视野"或"期待视界"及"视界融合"，明显表现出艺术欣赏接受主体具有一定的审美需要。他们作为一种艺术审美欣赏的动因，潜意识中自觉地对各种艺术作品的创作文本进行了审美选择，即选择那些符合其审美需要的艺术作品的创作文本来欣赏，在欣赏过程中还会做出一定的审美判断，甚至产生客观合理的审美批评。

## 二、有不同的审美判断和文本阐释

法国哲学家笛卡尔较早论述了审美判断这一概念的内涵，康德在此基础上做了系统阐述，他认为是"只涉及事物的形式而不触及利害关系等内容；是个人主观的，又有着广泛的普遍性；是一种非逻辑的非概念性的情感判断"。在艺术理论中，审美判断是指主体对事物审美特性进行分析和概括后做出确认和评价的审美心理过程，根据不同的审美需要和选择来进行真、善、美的判断，并由此进行审美批评，具体包括审美的感性判断和理性判断。感性判断是简单地肯定或否定艺术作品的美或丑，理性判断是指通过理论分析来论证艺术作品的美与丑。在艺术欣赏中，感性判断和理性判断是统一和互渗的。艺术欣赏的对象，即艺术作品本身就是以感性的方式呈现给欣赏者的，如美术作品中的线条、色彩和明暗；戏剧和电影作品中的人物形象和视听语言；音乐作品中的节奏、旋律、和声等。正是因为艺术欣赏对象的感性特征，要求艺术接受者以感性的方式欣赏艺术作品，只有这样，欣赏者才有可能在艺术欣赏的过程中得到审美享受和愉悦。同时，由于不同的艺术门类使用的艺术媒介和物质材料不同，在艺术欣赏中欣赏者的感性特征也不一样。如在欣赏美术作品时，最主要的感性方式是视觉；对于音乐艺术来说，主要的感性方式是听觉；而在欣赏戏剧、电影、舞蹈等艺术形式时，感性方式包括视觉和听觉。虽然艺术作品是以感性的方式呈现给欣赏者，但在感性的形式和形象中，也包含着真理、道德、社会理想等丰富的理性内容。艺术作品的这种理性特征需要欣赏者的理性判断才能真正把握艺术作品的深层内涵。因此，在艺术欣赏中，感性判断和理性判断是不可分割的，两者是相互交融、相互渗透的关系。从审美能力的角度看，艺术欣赏者如果要提高艺术欣赏水平，既要从感性层面了解各门类艺术语言的特征，又要从审美的角度全面深刻地体悟艺术作品的深层意蕴，只有这样才能在艺术欣赏中获得真正的审美愉悦和享受。

审美批评是主体对艺术作品形式或形象的直观批评，属于情感性评价。审美批评并非要写出评论文章，也并非要进行理性的逻辑推导和探究，而是感受真、善、美并以之为审美判断标准来对假、恶、丑进行不同的批判，以及对不同的艺术形象进行全新的评价和定位。艺术欣赏接受主体在欣赏艺术作品之后，善于把欣赏文本与创作文本不断地进行比较，做出不同的审美判断和审美批评，从而进入不同的文本阐释和二度创造之中。例如，欣赏者在读过老舍的《骆驼祥子》文本之后，对其中的故事情节、人物形象、思想内涵等做出了新的理解和阐述，如果将原著内容根据个人的审美标准重新加工描述给别人听，即说书，编成剧本演出来，即戏剧艺术，拍摄成电影或电视剧，即影视艺术，如此一来，便会由不同的文本阐释进入丰富多彩的不同的二度创作当中。导演凌子风在对原著《骆驼祥子》审美判断的基础上拍成了经典影视作品，影片中祥子（图7-3-1）是一个性格鲜明的普通车夫，他身上具有劳动人民善良纯朴的品质，他热爱劳动，对待生活具有骆驼一般的积极性和坚韧的精神，但同时他也不讲理，满嘴谎话，好占便宜，还出卖人命。导演在电影中通过祥子的悲惨生活揭露了旧中国的黑暗，反映了当时军阀混战、黑暗统治下北京底层贫苦市民生活在痛苦深渊中的困境。

图7-3-1 电影《骆驼祥子》中的祥子

### 三、有丰富的审美想象和身体性审美体验

西方美学史上最早提到想象的是古希腊哲学家亚里士多德，他在《心灵论》中说："想象和判断是不同的思想方式。"[①] 但古希腊时代主要是用模仿来解释文艺的，开始用想象来解释文艺的是古罗马批评家斐罗斯屈拉特，他认为："想象是用心来创造形象，它是比模仿更为巧妙的一位艺术家。"[②] 黑格尔也认为"真正的创造就是艺术想象的活动，最杰出的艺术本领就是想象"，进一步肯定了想象在审美创造中的重要地位。在中国美学史上，关于想象的研究也是一个热门课题。陆机在《文赋》中指出艺术想象可以超越直接经验的特点，认为艺术家创作构思应该"精骛八极，心游万仞""观古今于须臾，抚四海于一瞬"。刘勰在《文心雕龙·神思》中提出了"神思"的概念，此处的"神思"就是指艺术想象活动。张彦远在《历代名画记》中指出绘画欣赏的心理特点是"凝神遐想，妙悟自然，物我两忘，离形去志"。中国古代文论家和画论家，或从自己的创作实践中总结出想象的重要，或从大量作品欣赏中揭示出想象的意义，对想象在审美活动中的作用有着独到而深刻的认识。

在艺术活动中，审美想象是欣赏主体在长期的审美实践活动中生成的一种审美能力。叶朗在《现代美学体系》中将想象分为联想和构想（创造性想象），其中联想是指由一事物想到另一事物的心理过程，而构想是把各种知觉心象和记忆心象重新化合，孕育成一个全新的心象，即审美意象，并激发起更深一层的情感反应。在欣赏艺术作品时，主体往往会根据艺术作品的故事线索、情节发展、艺术手法等，对其进行想象性的再创造，这种想象是在欣赏者已有的生活阅历、人生经验、教育背景、价值取向的基础上展开。艺术欣赏中的想象会因艺术语言媒介的不同而不同，如造型艺术中，不管是二维空间的绘画艺术，还是三维空间的雕塑艺术，它们都是以空间静止的方式存在，都只能表达时间过程中的一个瞬间。德国美学家莱辛提出"造型艺术必须选择事物和事件发展过程中最富孕育性的瞬间来暗示它们的过去和未来"。从艺术欣赏的角度来看，这一"瞬间"所暗示的过去和未来需要欣赏者的联想和想象去丰富和创造。

在艺术欣赏中，不仅充满了欣赏者丰富的想象和联想，而且在这种想象中始终包含着欣赏主体的感情。托尔斯泰在他的美学著作《论艺术》中认为艺术是"这样一项人类的活动：一个人用某种外在的标志有意识地把自己体验过的情感传达给别人，而别人为这些情感所感染，也体验到这些感情"。从艺术欣赏和接受的角度看，艺术作品中的情感是最重要的，艺术家通过艺术语言要表达的不是艺术家和欣赏者个人的私人情感，而是通过艺术语言符号化、客观化、普遍化的人类共同情感。正是艺术作品表达情感这一特征，能让不同时代、不同民族的艺术接受主体超越历史和文化的限制而达到相互了解、相互交流的目的。

### ◾ 模块小结 ◾

艺术接受在艺术活动系统中占有重要地位。艺术接受是艺术活动的完成和终结。没有艺术接受，艺术创作和艺术作品就失去了熠熠生辉的社会意义和审美价值。艺术接受让艺术创作的目的得以实现，让艺术作品的价值得以存在。艺术接受让人类获得了精神的愉悦，思想的升华，情感的滋润和心灵的净化。本模块对艺术接受整体内容链条上相互依存的艺术接受的社会环节、艺术欣赏与艺术欣赏接受主体做了具体阐述。

### ◾ 练习思考 ◾

1. 简述艺术接受的性质与特征。
2. 简述艺术接受的社会环节。

---

[①] 蔡仪. 美学原理 [M]. 长沙：湖南人民出版社，1985.

[②] 伍蠡甫. 西方文论选（上）[M]. 上海：上海译文出版社，1979.

# 模块八

# 艺术鉴赏

■ **知识目标：**

　　1. 艺术鉴赏的意义与作用。

　　2. 阐释艺术鉴赏的审美过程。

　　3. 培养和提高艺术鉴赏力。

■ **能力目标：**

　　通过本模块的学习，提升审美和欣赏能力，培养文化理解、想象力、创造力、批判性思维和情感表达等能力。

■ **素质目标：**

　　通过培养审美情操、创造力和想象力，以及人文关怀、社会责任感、批判性思维和思辨能力等方面的发展，达到多种思政目标，从而激发个体的内在潜能，提高个人的综合素质，培养积极向上的价值观和社会意识，促进个体和社会的全面发展。

■ **模块导入：**

　　艺术鉴赏是将各种不同风格的艺术形式进行品鉴、欣赏，鉴赏内容涉及广泛，涵盖历史、文化、人文等诸多方面。艺术鉴赏是更高层次的欣赏，其过程包含鉴赏主体认知及评价艺术作品，是对艺术作品由感性认识升华为理性认知的过程。艺术鉴赏的特征主要表现在对艺术作品的重阐释、再创造，积极性的审美再创造及鉴赏者的自我实现三个方面。艺术鉴赏的过程同时也是体现鉴赏主体审美内涵的动态过程，此过程具有阶段性、递进性等特点。

# 单元一　艺术鉴赏的内涵与特征

依据艺术鉴赏的内涵与特征，我们可以将其分为审美直觉、审美体验、审美升华三个不同阶段。

## 一、审美直觉

当人们在赏析一件艺术作品时，通常会习惯性依据自身的偏好而做出"潜意识"的评价。在心理学中将这种"潜意识"定义为：当有机体在外界刺激下而无意识状态下做出的本能反应，而在这一心理活动中，直觉在这一过程中承载着重要作用。而审美直觉是由鉴赏主体在鉴赏活动中所产生的感悟从而剖析艺术作品内涵，所带来刺激精神层面愉悦的全过程。审美直觉具有直接性、瞬间性、直观性等特点。直观性是指鉴赏主体在鉴赏过程中全身心地投入而获得直观的艺术享受与精神愉悦。亲身体验是艺术鉴赏的立足之点，艺术作品的本身给鉴赏者带来的感触是其他任何形式所无法替代的，例如鉴赏者通过视频、音频、图片等形式，其带来的真实感都无法与艺术作品媲美。直接性的特点与直观性的特点同中有异，但前者更多的是倾向于感性认识，具有"开雾睹天"之感，属于观者的瞬间感触。有时人们并不能真正理解其内涵，只是感动于其艺术作品的魅力。人们通过多种其他的艺术形式鉴赏后所体会的美的感受，其功劳非审美直觉莫属。除上述特点外，审美直觉还囊括我们常提到的更深层次的通感。何为"通感"，便是在艺术鉴赏过程中以及艺术创作等活动中将产生出的多种感觉达到心领神会，这是对审美感受的拓展与延伸。目前学术界针对通感的由来尚无统一定论，但普遍承认通感是实际存在的。总而言之，审美直觉虽然是多种因心理因素在共同作用下进行的动态活动，但审美直觉并非完全是先天具有，这与接受后天教育与培养是分不开的。

## 二、审美体验

审美体验是人处于自主状态时所产生的某种心理活动后又反作用于艺术作品，之后积极进行艺术创造的过程。在艺术鉴赏活动中，丰富的审美体验能直接反作用到观众审美愉悦的程度。审美心理具有情感、思想、理解力等诸多心理行为，它们之间有着彼此影响、彼此作用、彼此渗透的过程，这一过程既微妙又复杂，并体现在不同的审美体验阶段。

第一阶段，注意与感知。其中注意是指向、集中特定对象的心理活动，具有指向性、集中性等特点。指向性是指在众多事物中选择要认识的事物。而集中性所指的是将鉴赏主体的所有心理要素汇集在所选择的事物上。在注意的基础上，鉴赏主体便会对艺术作品形成相应的感知。感知是人们在某件具体事物中产生印象的进程，是人脑对物体特点的最直接反应，当然，这也是认知产生的基础。审美行为起始于当鉴赏主体对艺术作品产生情感认知时。

第二阶段，联想与想象。任何艺术形式，包括音乐、绘画、影视等，都会有闭幕之时，都会有相应的篇幅。诸多艺术家们为了丰富作品内涵，通常会采取"留白"的手法，给人们留下充分的联想思维空间。这样，人们可以结合自己对作品的理解、感悟，对作品的留白空间进行再创作，从而使作品内涵更为丰富。

第三阶段，理解情感与内涵。人们的感知是丰富的、有温度的。人们在艺术鉴赏的过程中会敞开心扉，给予作品形态与背景以无限包容，并用自身的真情实感去领悟、感受艺术作品蕴涵的情感及所要传达的思想。与此同时，在审美体验过程中，通常会把自身的情感融入其中，从而使审美体验带有了一定的主观意识。而正是因为有个人情感的加入，才使得人们对艺术作品内涵的理解更加丰富。

## 三、审美升华

艺术鉴赏的尽头便是审美升华，这是建立在鉴赏主体的审美直觉和审美体验之上的一种精神境界。审美升华完成了鉴赏主体与艺术作品之间精神的结合与情感的统一，促使鉴赏主体获得精神的愉悦、心灵的净化、人格的升华。审美升华具有"共鸣"与"顿悟"两大特点，同时也是两者间相互作用的产物。其一，共鸣。共鸣是鉴赏主体在艺术鉴赏活动中，在审美直觉、审美体验的基础上，被艺术作品所感动、吸引，从而达到鉴赏主体与艺术作品在情感、思想等方面的高度统一。共鸣是艺术鉴赏的最高阶段，这一点是毫无疑问的。其二，顿悟。简言之，顿悟可以理解为人们解决问题的过程，是基于事物之间的相互联系而突然产生的。顿悟具备不稳定性、突变性、情绪性等特征。艺术创作者往往难以依靠艺术形式将自身的思想及内涵完整的传递，却可以轻松地由作品的外在形式向鉴赏者传达情感信息。因此，要求鉴赏者要结合自身的生活阅历、审美直觉及审美体验，在了解艺术作品创作背景的基础上，更深层次地了解探究作者的创作意图，只有鉴赏者在全身心地投入中得以"顿悟"，才能达到审美升华。

# 单元二　艺术鉴赏的主动性和审美过程

艺术作品的真正完成在于鉴赏者的接收。艺术鉴赏活动的主动性集中体现在以下几个方面。

一是娱乐分享性。鉴赏者欣赏艺术作品最直接、最基本的目的就是获得审美享受。艺术鉴赏作为一种高级的精神享受，与低级的官能享受大为不同，人们对艺术审美愉悦的向往是基于艺术的审美娱乐性。

二是审美认知性。借助艺术鉴赏活动，我们可以更为深入地认识社会与自然历史与人生，使艺术的潜在认知功能发挥出来，真正融入现实生活并实现价值。

三是价值阐释性。任何艺术精品的创造与形成都必然蕴涵着丰富的审美价值，艺术鉴赏活动也包含了对艺术作品文化价值的阐释。只有持续不断地进行建设活动艺术才更有生命活力，优秀的艺术产品才能历久弥新。

四是审美再造性。艺术作品并非是一个完整全面封闭僵化的结构体，而是一个为接受者、鉴赏者留有想象余地和阐释空间的开放性结构。鉴赏者在接收补白中，其艺术形象的再创造具体化是千差万别的，是必然会加以改造和组合，进而变异性填充的。

在艺术鉴赏中，审美直觉将作品传递给鉴赏者，这是审美最为直接的感觉，收获到的是生理层次的娱心悦目的审美感；审美体验阶段则与上述相反，可以理解为一次积极的审美再创造历程，而收获的是一种心理层次的悦心悦意的审美感；那么，审美升华阶段却是在前者基础之上，攀登到一个更高的阶段，再经更深层次的审美再创造活动，使得鉴赏者与艺术作品有机结合，产生了共鸣与顿悟，以至鉴赏者得到了灵魂的升华和精神的洗礼，最终完成艺术鉴赏审美过程的超越过程。

## 一、审美意识与审美期待

审美意识是情和思的结合，是对思维和认识的超越，审美意识的创造性归纳为审美意识的不可反复性：主客关系里的客体（认识的对象）就必须可以重复，不然正确和真理的说法便不复存在了，而审美意识里的每次欣喜若狂都是一次性的，不同个体的审美体验也是可以相通但是不能相同的。审美意识的愉悦性在于一种超主客关系，达到和审美对象融为一体的感受，这是人的生命因荡漾产生的一种满足感，照亮自己和更广阔的世界的更多联系，上升至万物共鸣，这便是一种审美享受。

审美意识的超功利性则更容易理解：审美意识因为逾越了主客关系以至于并不关切是否存在（例如女娲补天并不是真实存在过，但我们不在乎），也就不在意主客关系视角下的"功利"——我们觉得凶险到会吃人的狮子很美，但是温顺到被人吃的羊不美，例如暴力给人以美的体验，都是审美的超功利性体现。审美意识是客观感性的形象美学反作用到主体的体现，囊括了人们的审美感觉、生活趣味、阅历、观念和思维等。审美意识最初发源于人与自然共处中彼此作用的过程。自然界中万物的原始色彩及形态便如此清新雅致、波澜壮阔，让人在本能的欣赏过程中便充分感受到美的存在。况且，人类改造环境的灵感也是源自于此。至此产生和拓展了人类的审美意识。审美意识的发展水平与社会的发展程度息息相关，并会受社会制约的影响，在此条件下又包含着人的个性特点。在现代，审美意识已经深深渗透到环境意识之中。审美意识已然成为我们与自然和谐共存爱护环境的强大推动力，这不仅仅促进了生态环境的改善，并潜移默化地成为环境意识中的重要部分。审美期待是指鉴赏者在欣赏之前或欣赏过程中，依据个人因素以及社会因素，在心理上通常便有一个即成的构造导图，它开拓了接受者的期待与眼界，并希望在此过程中获取满足。

期待视野由文本期待、意象期待和意蕴期待三方面构成。期待视野的孕育，可分为以下几个方面：第一，生活阅历和受教育程度所产生的世界观、人生观。第二，艺术修养和专业素养。第三，一定条件下的生理特征，例如接受者的性别、年龄、气度等方面的生理特征。审美的上述特性都离不开对主客关系或认识的超越，以割裂事物和世界的无限联系看待世界的主客关系永远都是有局限性的，而审美意识之中，人无法意识到除自己之外还会被外物所限，进入一种物我两忘的境地。

## 二、审美体验与审美创造

审美体验处于审美过程中的核心地位，艺术鉴赏中的审美体验是指鉴赏主体在将创作者的那丰富的联想力融入其中的基础上再唤起心中情感的涟漪，从而达到艺术审美活动的高潮阶段，如同将自己置身于艺术作品中，以获得心灵的审美愉悦，并使鉴赏者将艺术作品融入自身生活活动的一种外在作品。如果说，艺术作品主要作用于欣赏主体的审美直觉阶段，在艺术欣赏活动中则表现为一种感性的、直观的审美感受，鉴赏者在内心将会相对居于较为被动的状况；那么，审美体验阶段主要是鉴赏者对艺术作品的反作用，表现出一种踊跃的审美再创造活动，整个内心活动居于主动的状态。

艺术欣赏中的审美体验，蕴涵着活跃于其中的诸多心理因素。它必须以重视和感知作为前提，然后建立在审美直觉力的根基之上，方能达到这种直觉力；然而，审美体验更积极、更重要的作用是想象、联想和情感在其中发挥作用，因为它更侧重于鉴赏者对艺术作品的再创造。联想力与想象力是审美体验中最突出的能力。这是由于艺术作品所提供的意象，仅仅是给予了艺术欣赏的条件，而要使之转化为鉴赏者内心的艺术意象，就必须经过审美的联想与想象，使之转化为鉴赏者自己的思维，加以消化、再创造。艺术作品的形体依然只是一堆材料，要想在脑海中呈现出生动的艺术形象，还需要鉴赏者发挥丰富的想象力。

情绪也扮演着非常关键的作用。整个艺术鉴赏过程都充满着强烈的情绪色彩，但是，情绪色彩在审美经验中更强烈。考虑到主体的心理活动，在审美直觉阶段也处在一种相对被动的状态，主要是从关注和知觉的总体上组成，对其认知形式的直觉形式立即有了直观的反应。但是，在审美体验的过程中，鉴赏者在众多的心理因素中都是积极的，而欣赏者的审美情感也会随着对艺术作品和艺术形象的深入理解和感悟而得到充分的激发，而激发尤其促进了审美情感的发展，从而具有更加强烈、更深度的想象和联想。在审美体验中，由于鉴赏者的审美想象能力以及对于审美的认识越透彻，所产生的审美感觉便会越激烈，同时也更加深刻，这表明了它的审美想象力越丰富。对审美的理解，艺术欣赏的审美再创造活动通常表现在三个方面。

（1）真正充分利用它的社会意义和美学价值，艺术家的艺术品必须经过欣赏者的审美再创作。接受美学相信，在欣赏过程中才能发生和表现艺术作品的审美价值。尤其是在艺术作品中，有审美教育、审美认知、审美娱乐等，非作者或作品的力量可以达到。只有通过美感再创造活动，才能让欣赏的主体自己体验到。

（2）在艺术的欣赏活动中，欣赏主体是积极地、踊跃地接受，而非被动地、消极地进行审美并创造，其成因是艺术作品不管是完全全面、生动、具体，往往会出现很多"不确定因素"与"留白"，因此，要让欣赏者利用想象、联想等众多心理性来填充和丰富，这是艺术再创造的必要。

（3）与艺术创作一样，艺术的鉴定也是一种自我认可、自我实现的审美活动中的人的主体力量。艺术制作是一种独特的心理制作，它不仅体现在艺术创作与艺术作品中，而且体现在艺术欣赏中，具有主体性。其主要体现在欣赏主体往往要加工、改造作品中的艺术形象，补充丰富，根据自己的生活阅历、艺术修养、兴趣爱好、思想情感和美学理想进行审美的再创造。鉴赏主体在这样的审美和再创造的艺术鉴赏活动中，可以获得一种创造的喜悦。

### 三、审美超越与自我实现

开启生命内部的心灵自由是审美超越的特质。审美超越达到内心的无尽自由，这是源于生命境界的个体对生命意义的理解，是个人特有的内在体验，实质上归于个体，但审美活动总是在特定的社会中进行，因而审美超越是基于个体与社会性的有机统一，这里的个体与社会性都不是其固有的实体，个体是社会历史的生成物，社会性也在逐步地被赋予特定的社会交流，因此，审美超越是个体与社会性在生成论意义上的有机统一，它既是个人的内在体验，也是社会活动的内在体验。

审美超越蕴涵着三种层次：第一层次，意识向自身的暂时缓解超越；第二层次，个体的意识超越一般意识；第三层次，审美活动可以使人们从非自由的个性到自由的个性的全方位超越。

它根本不同于外在的宗教超然，内在的道德超然既是存在的超然，又是感性的超然，这是唯美的超然和奥妙的超然。审美的超越者，是一个既自由又富于自由感的唯美之人。它的超凡脱俗之处，就是一个不唯美的真实世界。尽管感性，却谈不上审美。它的超然抵达之处，是审美既非神性，亦非理性，却是感性的现实世界。它的超然经验是关于美本身感受与构造的审美体验。作为一种感性的超越，审美经验的意义是非同一般的。所以，人们崇尚以审美促进道德的美育来代替宗教。外在的宗教性超然，会把人的现实生活忘掉，内在的道德化超然，会把人的感性冲动压抑下来，进入到存在自我的、只有审美的超然。审美的超然，在这样的意义上，是最本真的超越，也是至高无上的超越。

审美的超越，如果说作为存在的超越，是感性的超然之语，那么回归的可能，则是它自己暗藏的。归位虽然是指事物归位，但却预设了一度远离之处。所以，现在的东西在哪里，就与原来的地方有距离。这与大家普遍认为的审美与现实的关系恰好吻合。现实不唯美，唯美不唯实。审美阅历不同于日常阅历，也脱离了日常阅历。这当然被后现代审美视为"审美的霸权"，被认为是一个审美王国，拥有特权而不得不被否定。他们强调的不是某种纯粹的审美经验，而是一种审美经验，这种经验与日常的经验是相吻合的。

很显然，把审美与现实的界限彻底消除是天方夜谭。如果说现实即审美或审美即现实，要么就变得毫无意义。所以，对现实与审美的边界，即日常生活经验与审美体验的边界，这一点是无法否认的。当然，这并不意味着审美与现实就像象牙之塔与喧闹市井的对立一样，绝对地割裂开来，不可逾越。这不外乎说，审美与现实虽有差异，却能彼此转换。关键是怎么转化才有可能。这就必须对超越审美、回归自然的问题进行深入的思索。

审美的超凡脱俗与回归同步。因为审美的超越，既不是外在的超越，走向另一个世界，也不是进入心性范畴的内在的超越，而是置于存在领域。于是，它超越了存在后既不是不回归，也不是再回归。出之同路，入之同途。这就是审美超越的奥秘，也就是返璞归真。

审美的根底在于人的自我实现，即审美实践与人的社会活动具体地、实际地联系起来并贯穿始终，是通过人的自我实现即审美实践来实现的。

人作为自然界净化发展的产物，在开始物质实践之前，需要维持生存，需要衣食无忧。但是，人活着，并不是只有在生活中寻求基于物质之上的自我，实现自我，才需要维持生存，求得温饱。从那时起，美学实践就开始了。人作为审美的主体，正因为有了这种审美的实践，才能形成，才能扩大。试想，如果不是这样，如果人在现实世界中无法实现自我，便开展审美活动，致使人无法从这个社会中体会和认知到自身存在的巨大价值和崇高意义，那么，人就会感到自己活着的乏味、生命的空虚、精神的无所寄托等。凡此种种，都会使人的生存根源发生根本性的动摇，作为审美主体的人，又怎能从这个世界中获得一种美感的愉悦、一种生活的快乐体验？于是，人的自我实现中就有了审美欣赏的根底。

知识拓展：培养和提高艺术鉴赏力的途径

# 单元三　中外经典艺术精品赏析

《掷铁饼者》（图 8-3-1）：大约在公元前 450 年，希腊雕塑家米隆创作的青铜原作《掷铁饼者》预示着希腊古典时期，这一艺术黄金时代的到来，作者对于人体的表达有了更大的自由，不幸的是这件原作遗失了，现在藏于罗马国家博物馆的是一件罗马时期所复制的大理石仿作。这件作品展现的是一名健硕的男子在竞技场上投掷铁饼过程中，最具有表现力的那一瞬间。他身体上身倒向右转，双膝弯曲，身体重心放在右脚上，左臂向下并且向右轻轻摆荡旋转，以平衡右手向上荡起的力量。整个身体，每一部位都在一种准确的力的观察中，带给观众"引而不发"的感染力，引导我们在全神贯注中，等候那铁饼迅如流星般飞掷出去的瞬间。希腊人让我们知道，人的身体在可以表现如此和谐理想的静态美上，居然有这么多的可能；这不单单是在雕塑技巧上的飞跃，同时也在艺术表现力上达到了质的飞跃。这尊雕像也被称为"空间在凝固的永恒"。

图 8-3-1　《掷铁饼者》

《韩熙载夜宴图》（图 8-3-2）：五代南唐时期顾闳中所创作的绘画作品，现存版本学界推测为南宋人摹本，现藏于故宫博物院。全卷长 335.5 cm，高 28.7 cm，分为 5 个段落，各段落长约 60 cm。这是由连环长卷的方式将南唐名臣韩熙载家中宴会行乐的场景进行描绘。韩熙载为消除后唐主李煜对他的猜忌，便刻意制造出每每夜宴宏开的假象，以声乐为韬光养晦之所，与宾客们肆意嬉戏。《韩熙载夜宴图》便是完整地描绘一次夜宴的场景，作品线条准确流畅，工细灵动，极具表现力，且设色工丽雅致，层次分明，独居神韵。

《韩熙载夜宴图》所描绘出的不单单是一幅反映私人生活的画面，更难人可贵的是映射出了南唐时期的人文风情。艺术家将韩熙载的生活场景刻画得淋漓尽致，甚至是任何一个细节都丝毫不放过，场景中的人物各个栩栩如生，尽管千年过去了音容犹在。《韩熙载夜宴图》将生活场景进行刻画，映射了当时统治阶级的生活状态。作者发挥了充分的洞察力和对于主人公命运和思想的深刻理解，创作出了代表古代工笔重彩最高水平的巨作。并为后世研究五代时期的家具、乐舞、衣冠服饰、礼仪等方面提供了极高的参考价值。

图 8-3-2　《韩熙载夜宴图》局部

　　《巴尔扎克像》（图8-3-3）：罗丹以其敏锐的洞察力，配合着那双训练有素的双手和孕育良久而激发出的灵感，塑造出了欧洲雕塑史中里程碑式的巨作——《巴尔扎克像》，这座罗丹一生中最伟大的作品，使罗丹有力地迈进了现实主义的门槛。生动地塑造出主人公昂首阔步，犀利的目光中充满坚韧的自信，雄狮般蓬乱的头发和随意的长袍将艺术家特有的内在精神气质展现得淋漓尽致。《巴尔扎克像》在表现手法上深受古典传统影响，可贵的是它又摒弃了古典的完美法则，形式上表现得极其自由、质朴，毫无一丝矫揉造作，保留着粗犷的塑造痕迹，给观众一种浑然天成的意趣与神秘之感。

图 8-3-3　《巴尔扎克像》

　　《铜奔马》（图8-3-4）：又名《马踏飞燕》，是东汉青铜艺术的代表性之作，出土于甘肃省武威市，现为甘肃省博物馆的"镇馆之宝"。铜奔马的造型方式，沿用了当时通行的奔马艺术形象，跃步踏上云端，与飞鸟为伍，迅疾如风，从各个角度观看，其造型堪称完美，身形匀称，姿态矫健，头部微微侧倾，似乎想要将全身力量释放，却又显得悠然自得。铜奔马，口、眼、鼻张开，涂绘朱色，鬃毛和尾丝后仰，令人仿佛听见嘶鸣于风啸。马蹄是整个马身的支撑，轻轻踏在翱翔的龙雀背上，是整个艺术形象的爆发点，上演了如同喜剧般的梦幻，成为艺术技巧、力学原理乃至艺术想象力完美结合的典范。马儿四蹄跃步，将优雅的姿态封印在一瞬间。纵然没有羽翅，它也能如同风驰电掣般踏步于天际。这是浪漫主义与现实主义的完美结合。它体现的是大汉王朝勇武豪放的精神气概和奋勇前进的精神面貌，是中华民族伟大气质的象征。

　　《长信宫灯》（图8-3-5）：中国汉代青铜器，现藏于河北博物院。看见这盏灯时，仿佛能看见被它照亮的2 000多年前的那个时代，一位佳人手握一盏明灯，她从西汉启程，带来了那遥远的大汉王朝的一束光明。整个铜灯由6个部分所组成，通体九处铭文达65字之多。因灯座底部刻有铭文"长信尚浴"，说明这盏灯制作之初便为摆放在浴室使用，长信宫灯因此得名。这盏灯将汉代的暗夜点燃，映照出人心美丽的憧憬。一件宝器，一位佳人，舒展自如，轻巧华丽，正是艺术家卓越的设计成就了"中华第一灯"。女子左手托起底座，右臂宽大的袖管自然下垂，扣住托盘成为灯罩，灯盘上有两枚遮光片，盘边设有手柄，开合和转动能控制亮度和角度且各部分均能拆卸，方便清洁。长信宫灯整体结构设计得巧夺天工，宫女左手托举灯座，右手袖看似在挡风，实则为宫灯虹管，可吸纳排烟，保持室内的清洁，同时灯座底部还置有净化废烟气的水盘，既最大化地防止了空气污染，同时也极具审美价值，向我们呈现出了2 000多年前的中华智慧与审美。

　　《最后的晚餐》（图8-3-6）：是"文艺复兴后三杰"之一的达·芬奇创作的圣玛利亚修道院餐厅上的一幅壁画，该作品长约8.8 m，宽约4.6 m，作品尺寸不仅宏大，而且局部描绘也细致入微，构思精巧、画面严谨，为达·芬奇极负盛名的艺术作品。作品中所描绘的人物均一字排开，坐在桌子一侧进餐，耶稣位于画面的视觉中心，众门徒分成四组，坐于两侧，人物左右呼应，彼此相连。此外，画面中人物高度、墙体和门窗高度等都严格按照等比例进行绘制，给观众带来极具视觉真实感；人物的姿态以及倾斜角度等无一雷同，或是直立上身，或是稍微倾斜，或是俯身向下，将艺术家深厚的艺术功底展现得酣畅淋漓，也让作品变得更加真实、更加丰富。画中的耶稣形象双目微圆，两手摊开，神情泰然自若，异常镇定，那蔚蓝的天空如同一轮光环围绕于他的头部，展现了他高尚、宽容、圣洁的品格，也使观者如同身临其境般感受到耶稣慷慨赴死的神情。达·芬奇高超的绘画技巧不仅完美地诠释了耶稣形象，并且将作者对于基督教教义深刻、透彻的把握表现得酣畅淋漓。

图 8-3-4 《铜奔马》

图 8-3-5 《长信宫灯》

图 8-3-6 《最后的晚餐》

　　《千里江山图》（图 8-3-7）：北宋天才少年，徽宗亲传门生——王希孟 18 岁时所创作的青绿山水画卷，也是其唯一幅流传于世的绘画作品，为徽宗时期宫廷画院的画家，也许王希孟一生只为《千里江山图》而来，绘成《千里江山图》便完成了他的使命，留下绝作两年后，翩然而去，只当一次最耀眼的流星。《千里江山图》高 51.5 cm，长 1 191.5 cm，《千里江山图》为一幅青绿山水画卷，它不仅代表着青绿山水发展的历程，而且集宋代以来山水画之大成。画家用绚丽的色彩、精细的笔墨、运用散点透视将"咫尺有千里之趣"的表现手法描绘了江河交织、千岩万壑的秀丽山河，将不同视点景象进行统一，精巧地将空间组织起来。

　　《千里江山图》采用大开合的章法、三段式构图的方式，将表达对象分为六阶段，各阶段都已连绵的山峰作为主题表现，浑然流畅，或以长桥连接，或以流水贯通，使画卷各部分既有相对独立的变化又自然衔接在一起，显得节奏鲜明、错落有致、自然顺畅地体现了"景随步移"的艺术效果。在创作《千里江山图》时，王希孟用石青、石绿、花青、墨等颜色，将各种颜色融合起来，使画面保持一种亮丽本色，物象凝重庄严，富有层次感，以自然中最为盎然的绿色为整体基调，使画面效果单纯而有诗意。王希孟的青绿山水对后世的钱选、蓝瑛、袁江、袁耀、张大千等艺术家都产生了深远影响。

图 8-3-7 《千里江山图》局部

《父亲》（图 8-3-8）：是当代著名油画家、写实主义领军人物罗中立的现实主义艺术作品，运用纯艺术性语言来进行创作。该作品是画家根据在大巴山生活的体验以及与农民结下的深情，创作完成的大幅画布油画。作品以空间、视觉、造型艺术的形式存在。

作品构图饱满，庄重而简练、宁静而质朴。整幅画将老年头像作为表达对象，画面采用令观者视觉稳固而突出的三角构图，令人无不产生抵达内心深处的震撼。农夫那因干涩而皲裂的嘴唇、那如同沟壑般的皱纹布满整个面部，和手中端着一碗浑水形成呼应，同时也拉近了观者与作品直接的距离。色彩方面人物采用深邃的暗色调显得厚重且内在丰富，面容刻画将情感的幽邃和蕴藉展现得活灵活现。背景采用寓意硕果累累的金黄，拉伸了画面的纵深感，达到了突出表达对象的外在"苦"与内在"美"的有机结合。作品表现了朴实厚道的老农形象，诠释了我国勤劳农民"父亲"的经典形象。抓住了中国农民"父亲"外在形象并且毫不遮掩地把父亲的"丑"真实地表现出来，才使得"父亲"的形象与欣赏者产生共鸣而深入人心，这幅作品充分说明了作者是一位极具敏锐的观察力和有着强烈的感染力的艺术家。也正是因为作者这样具有独特的技巧和卓越的才能，把父亲形象刻画得非常逼真，令人难以忘怀。《父亲》更像是一座纪念碑，永远屹立在我们心中。

图 8-3-8 《父亲》

《兰亭集序》（图 8-3-9）：东晋时期著名书法家王羲之运用文学性艺术语言来进行创作。素有"天下第一行书"的盛誉。全诗记叙了一次兰亭聚会的盛况。作品以时间、想象、语言艺术的形式存在。全文共 28 行、共计 324 字。通篇笔势纵横、点画相映、变化无穷，行书起伏多变、节奏感强、布局错落有致，浑然天成。

该作品笔法刚柔并济，点画之间简练雅致。全篇将书法技巧之道发挥得淋漓尽致，单单一个"之"字便有 10 多种变化之多。同时反映出作者具有独特的技巧和卓越的才能。《兰亭集序》既是中国文学史上的名篇，更是书法上的杰作对后世书坛影响极大。千余年来，历代文人多以该作品为标准，笔耕不辍。

《诗经·蒹葭》：出自东方《诗经·秦风》的浪漫主义情怀古体诗，运用文学性艺术语言来进行创作。这是一首情歌，描写追求所爱而不得的怅惘与苦闷，营造出秋水伊人的美妙意境。作品以时间、想象、语言艺术的形式存在。诗句中所营造出的意境简而有效的衬托出主人公快快不乐的情感，同时具有情景交融、变幻多样、有限到无限的特点。整诗分为三个章节，虽每章节只更换区区数字，这不单单发挥了重章叠句、反复吟唱、一唱三叹的艺术氛围，还具有高度的概括性和独特的音乐美。作品属于文学形象，具有真实性、情感性、审美性的特征。

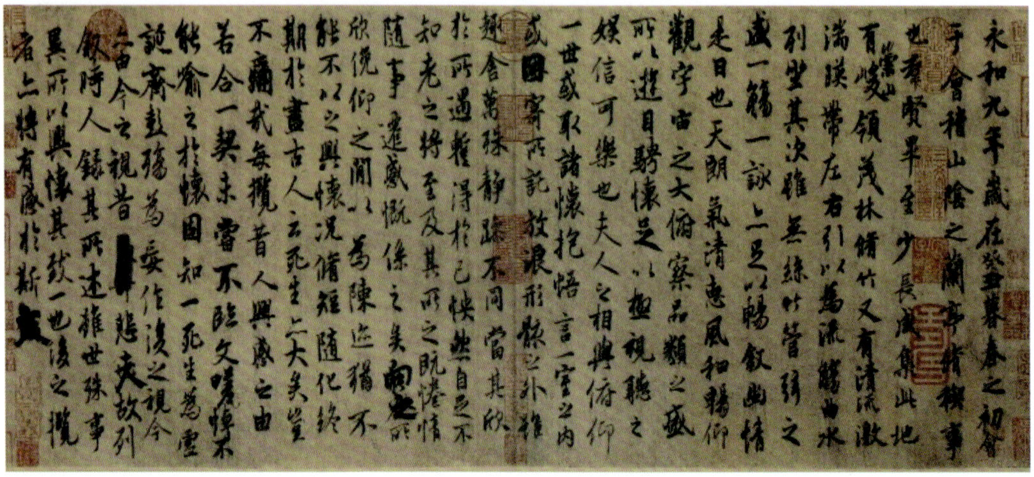

图 8-3-9　《兰亭集序》局部

## 艺术鉴赏

1.《巴尔扎克像》　　　　　2.《韩熙载夜宴图》　　　　　3.《虾》

4.《父亲》　　　　　　　　5.《掷铁饼者》　　　　　　　6.《农鞋》

7.《诗经·蒹葭》　　　　　8.《山居秋暝》　　　　　　　9.《天净沙·秋思》

10.《乡愁》　　　　　　　11.《兰亭序》　　　　　　　12.《高山流水》

13.《梁山伯与祝英台》　　14.《命运交响曲》　　　　　15.《贵妃醉酒》

16.《茶馆》　　　　　　　17.《泰坦尼克号》

### 《巴尔扎克像》

《巴尔扎克像》是 19 世纪法国雕塑家罗丹的现实主义艺术作品，运用纯艺术性语言来进行创作。描绘的是 19 世纪文学巨匠巴尔扎克，他头发蓬松，身材健壮，表现出文豪夜晚沉迷创作，裹着睡袍，昂首凝思的神情，竭力表现充满智慧的头脑。作品以空间、视觉、造型艺术的形式存在（地域、时期、作者、种类—语言—内容—形式）。

本作品简洁凝练具有整体性，摆脱古典雕塑模式。整个头部雕塑由形似的人像逐渐被塑造成富于表现力的线条集合，同时具有视觉性、造型性、静止性、空间性。巴尔扎克的全身，包括他的双手，都被一件宽大的睡袍包裹起来，一切细枝末节都被置于长袍之中，这样就突出了巴尔扎克硕大智慧的头颅，使观众的注意力自然而然地集中到头部，尤其是巴尔扎克那双炯炯有神的眼睛和蓬松的头发，充分体现巴尔扎克愤世嫉俗的性格，这件雕塑作品真正在形似的基础上达到神似，作品属于视觉形象，具有真实性、情感性、审美性的特征。同时也体现出艺术形象是内容与形式的统一（构图—线—细节—美术特征—艺术形象及特征—内容、形式统一）。

作者以朴实简练的艺术手法，来突出巴尔扎克的内在精神气质，同时说明了作者具有敏锐的观察力和强烈的感受力及卓越的才能；作者在构思和塑造上达到如此完美的程度，显示了他对于人体结构的极度熟悉，突出作者具有深厚的文化涵养（创作主体的内在品质）。

该作品开创了西方雕塑史上一个全新的时代，为 20 世纪现代雕塑揭开序幕，同时也是罗丹美学思想的集中体现（升华）。

### 《韩熙载夜宴图》

《韩熙载夜宴图》是我国五代时期南唐著名画家顾闳中的现实主义艺术作品，运用纯艺术性语言来进行创作。画面表现出韩熙载为避免南唐后主李煜的猜忌，在家里宴请宾客的场景。画家顾闳中入韩宅，窥看其纵情声色的场面，目识心记，之后默画而成。作品以空间、视觉、造型艺术的形式存在（地域、时期、作者、种类—语言—内容—形式）。

这是一幅绢本设色长卷形式的作品，用连环画的方式来组织画面，运用散点透视，打破时间观念将不同时间的活动组织在同一画面上。设色工丽雅致，以浓重色调为主，配以淡彩，富有层次感，整体色调艳而不俗。同时具有视觉性、造型性、静止性、空间性。该作品不仅是一幅描写私人生活的图画，更重要的是反映了那个特定时代的风情，还采用了分段叙事的模式，拉长了情节的过程，把作品分成听乐、观舞、休息、轻吹、送别五个场面，每段以屏风、床榻等物分割，生动地刻画了失意官僚的腐败生活与其矛盾交织的心理。作品属于视觉形象，具有真实性、情感性、审美性的特征，同时该作品里面还有状元尚德明等人，体现出了艺术形象性是客观与主观的统一（材质—媒介—点—色彩—美术特征—特定时代—情节—细节—艺术形象及特征—主客统一）。

该作品的作者把韩熙载刻画得尤为突出，在画面中反复出现，或正或侧，或动或静，描绘得精微有神，在众多人物中气度非凡，但脸上无一丝笑意，在欢乐中反衬出他内心的闷闷不乐、郁郁寡欢同时反映出作者具有敏锐的观察力和强烈的感受力；也具有独特的技巧和卓越的才能，使作品构图和人物有聚有散、场面有动有静，充分地显示出画家"传神"的精湛才能（创作主体的内在品质）。

该作品表现了我国传统的重彩画的杰出成就，使这一作品在我国古代美术史上占有重要的地位（升华）。

### 《虾》

《虾》是中国近现代绘画大师齐白石的现实主义艺术作品，运用纯艺术性语言来进行创作。作品中的虾在水里活泼、灵敏、机警地游动着，很有生命力，虾的触须密密麻麻重叠在一起，它们的脚就像是在水中波动水花滑行一样，形象逼真跃然纸上。作品以空间、视觉、造型艺术的形式存在（地域、时期、作者、种类—语言—内容—形式）。

作品中的墨虾，画面章法简洁、疏密有致，动静相宜。作者寥寥数笔，用墨色的深浅浓淡以及用笔的出神入化，表现出一种动感，栩栩如生、情趣盎然。同时具有视觉性、造型性、静止性、空间性。虾均以水墨写出，画法颇为独特，先以湿润的淡墨几笔绘出躯体，再以浓墨画出头部的硬壳和眼睛，虾身呈一节节状，通体透明、富有弹性。群虾在游动时，刚硬的虾钳与柔软的触须交织在一起，彼此缠绕，又乱中有序。作品属于视觉形象，具有真实性、情感性、审美性的特征（空间—色彩—美术特征—技巧—细节—艺术形象及特征）。

该作品把虾画的犹如在水中竞逐，灵动活泼，生机盎然，同时反映出画家具有敏锐的观察力和强烈的感受力；也具有独特的技巧和卓越的才能，在下笔画虾时既能巧妙地利用墨色和笔痕表现虾的结构和质感，又以富有金石味的笔法描绘虾的灵动，使纯墨色的结构里充满丰富的意蕴。高妙的技巧，把艺术造型的"形""质""动"三个要素完美地表现出来（创作主体的内在品质）。

画家笔下的虾，源于生活又高于生活，整幅画面可谓刚柔并济、洗练传神，显示出了画家高超的运笔功力和对生活的体察入微（升华）。

### 《父亲》

《父亲》是我国当代著名画家、写实主义领军人物罗中立的现实主义艺术作品，运用纯艺术性语言来进行创作。该作品是画家根据在大巴山生活的体验以及与农民结下的深情，创作完成的大幅画布油画。作品以空间、视觉、造型艺术的形式存在（地域、时期、作者、种类—语言—背景—形式）。

该作品构图饱满，庄重而简练、宁静而质朴。整幅画面以老人面部为核心，形成三角构图，使画面稳固而突出，给人一种严肃庄重的心灵震撼。同时具有视觉性、造型性、静止性、空间性。老农开裂的嘴唇、满脸的皱纹以及手中粗劣的碗等写实的描绘和手中端着一碗浑水形成呼应，同时也消除了观赏者与作品之间的隔膜。人物色彩深沉而富于内涵，容貌刻画得极为细腻、情感深邃而含蓄。背景运用"丰收"的金黄，来加强画面的空间感，体现出了人物形象外在的"苦"和内在的"美"。作品属于视觉形象，具有真实性、情感性、审美性的特征。作品表现了朴实厚道的老农形象，代表了中国农民的"父亲"的典型形象。体现出艺术形象性是普遍性与特殊性的统一（空间—构图—美术特征—细节—色彩—背景—艺术形象及特征—普遍特殊统一）。

该作品抓住了中国农民的"父亲"外在形象并且毫不遮掩地把农民的"丑"真实地表现出来,才使"父亲"的形象更加真实可信、有血有肉,同时反映出作者具有敏锐的观察力和强烈的感受力;也具有独特的技巧和卓越的才能,把"父亲"形象刻画得非常逼真,都无不打上了他艰苦劳动、生活悲惨的烙印(创作主体的内在品质)。

本艺术作品使我们感到这是一个饱经沧桑,却又永远对生活充满希望,有着乐观和坚韧奋斗精神的老农形象,在他身上汇聚着中华民族百折不屈的优秀文化传统。《父亲》更像是一座纪念碑,永远屹立在我们心中(升华)。

### 《掷铁饼者》

《掷铁饼者》是古希腊雕塑家米隆的现实主义艺术作品,运用纯艺术性语言来进行创作。该作品取材于希腊的现实生活中的体育竞技活动,刻画的是一名强健的男子在掷铁饼过程中最具有表现力的瞬间。作品以空间、视觉、造型艺术的形式存在(地域、时期、作者、种类—语言—内容—形式)。

这座雕像被称为"空间中凝固的永恒",雕塑家米隆抓住掷铁饼者最富于运动感的瞬间:铁饼与人头相呼应,右腿紧贴地面,左足尖点地起支撑作用,张开的双臂上下对称,身体左侧转动,下肢的前后分立,整体的构型是抓住运动员最有表现力的爆发点,同时也充分考虑运动时的稳定性。同时具有视觉性、造型性、静止性、空间性。作品属于视觉形象,具有真实性、情感性、审美性的特征。整个雕塑作品呈现出节奏与平衡的完美和谐,既刻画了人体美的张力,又表达出生命爆发时给观者的视觉冲击与震撼力,在空间与时间中延续、伸长,终于实现形式与内容的和谐。也体现出了艺术形象是内容与形式的统一(称号—细节—构图—美术特征—艺术形象及特征—内容、形式统一)。

作者抓住了掷铁饼者最富于运动感的瞬间,创造出一个出色的充满活力的运动员形象,更加突出作者具有敏锐的观察力和强烈的感受力;整尊雕像充满了连贯的运动感和节奏感,突破了艺术上时间和空间的局限性,传递出了运动的意念,把人的和谐、健美和青春表达得淋漓尽致,同时也体现出作者具有独特的技巧和卓越的才能;作者在构思和塑造上达到如此完美的程度,显示了他对于人体结构的极度熟悉,突出作者具有深厚的文化涵养(创作主体的内在品质)。

该作品体现出了古希腊艺术家们不仅在艺术技巧上,同时也在艺术思想和表现力上有了一个质的飞跃(升华)。

### 《农鞋》

《农鞋》是荷兰后印象派画家凡·高的现实主义艺术作品,运用纯艺术性语言来进行创作。作品以空间、视觉、造型艺术的形式存在(地域、时期、作者、种类—语言—形式)。

该作品画面色彩强烈、色调明亮。追求线条和色彩自身的表现力,装饰性和寓意性强。同时具有视觉性、造型性、静止性、空间性。从鞋具磨损的内部那黑洞洞的敞口中,凝聚着劳动步履的艰辛。凡·高的作品中包含着强烈的个性和形式上的独特追求,一切形式都在激烈的精神支配下跳跃和扭动,震撼观者的心灵。作品属于视觉形象,具有真实性、情感性、审美性的特征(色彩—线条—美术特征—细节—情感—艺术形象及特征)。

凡·高曾说:"泥泞的鞋也可以和玫瑰有同样的美",在他笔下的那双破损不堪的鞋,沾满泥土,静静地待在角落里,流露出岁月的沧桑。同时反映出画家具有敏锐的观察力和强烈的感受力及独特的技巧和卓越的才能。现实生活中的鞋子本来就是普通事物,但作品中的鞋不仅仅是一双鞋而是蕴含着生活与情感所以也体现出了艺术形象是特殊性与普遍性的统一(创作主体的内在品质—特殊普遍统一)。

凡·高在这些劳人的鞋子中,寄予了一种巨大的人道关怀、一种悲悯,这就是凡·高之所以伟大的一个重要原因(升华)。

### 《诗经·蒹葭》

《诗经·蒹葭》是出自我国《诗经·秦风》的浪漫主义怀人古体诗,运用文学性艺术语言来进行创作。这是一首情歌,写追求所爱而不及的惆怅与苦闷,营造出一种秋水伊人的美妙境界。作品以时间、想象、语言艺术的形式存在（地域、作品、种类—语言—内容—形式）。

诗的主旨在写情感，整首诗以水、芦苇、霜、露等意象营造了一种朦胧、清新又神秘的意境，有力地烘托出主人公凄婉惆怅的情感同时具有情景交融、变幻多样、有限到无限的特点。全诗共三章，每章只换了几个字，这不仅发挥了重章叠句、反复吟咏、一唱三叹的艺术效果，具有高度的概括性和独特的音乐美。作品属于文学形象，具有真实性、情感性、审美性的特征（主旨、意境及特征—细节—诗歌特点—艺术形象及特征）。

诗句以四言为主，形成有规律的、鲜明的节奏感和特有的韵律美，读起来朗朗上口。全诗分为三节，韵脚分别为"ang""i""i"，既可以加强诗歌的音韵和谐美，同时也更利于表达情感和提高艺术感染力。同时反映出作者具有独特的技巧和卓越的才能、巧妙的构思和深厚的文化涵养（创作主体的内在品质）。

该这首诗最具有价值意义、最令人共鸣的是"在水一方"。体现出凡世间一切因受阻而难以达到种种追求，都可以在这里发生同构共振和同情共鸣（升华）。

## 《山居秋暝》

《山居秋暝》是唐朝王维的浪漫主义艺术作品，运用文学性艺术语言来进行创作。作品描绘了秋雨初晴是傍晚时分山村的旖旎风光和山居村民的淳朴风尚，表现了诗人寄情山水田园并对隐居生活怡然自得的满足心情，以自然美来表现人格美和社会美。作品以时间、想象、语言艺术的形式存在（地域、时期、作者、种类—语言—内容—形式）。

该作品是一首具有佛家文化色彩的山水诗，在诗情画意中寄托诗人高洁情怀和对理想的追求。同时具有情景交融、变幻多样、有限到无限的特点。全诗将山空雨后的秋凉、松间明月的光照、石上清泉的声音以及浣女归来竹林中的喧笑声，渔船穿过荷花的动态，和谐完美地结合在一起，给人一种丰富新鲜的感受。具有高度的概括性和独特的音乐美。作品属于文学形象，具有真实性、情感性、审美性的特征（类型—意境特征—情节—诗歌特点—艺术形象及特征）。

诗人寄情田园蕴涵丰富、耐人寻味，体现出了作者诗中有画特点。同时反映出作者具有独特的技巧和卓越的才能、敏锐的观察力和强烈的感受力及巧妙的构思和深厚的文化涵养。"明月松间照，清泉石上流"实乃千古佳句（创作主体的内在品质）（升华）。

## 《天净沙·秋思》

《天净沙·秋思》是元代马致远的浪漫主义艺术作品，运用文学性艺术语言来进行创作。全曲无一秋字，但却描绘出一幅凄凉动人的秋郊夕照图，并且准确地传达出旅人凄苦的心境。作品以时间、想象、语言艺术的形式存在（地域、时期、作者、种类—语言—内容—形式）。

这首诗小令共28个字，选取了9个意象，以高度精练的语言组成了一幅凄清而萧索的和画面。同时具有情景交融、变幻多样、有限到无限的特点及具有高度的概括性和独特的音乐美。作者精心安排的精炼语句深刻地点染出了漂泊天涯的游子共同的悲怆情怀。作品属于文学形象，具有真实性、情感性、审美性的特征（结构、意境特征—诗歌特点—艺术形象及特征）。

曲中的景物可以分为两类：第一是"枯藤、老树、昏鸦、古道、瘦马、夕阳"这类景物组合起来的画面给人一种萧瑟悲凉之感；第二是"小桥、流水、人家"这种景物组合的画面给人一种温馨恬静之感。作者借用秋天的景物使孤苦寂寞的旅途与恬静温馨的画面形成强烈反差，更加引起游子思乡之情。同时反映出作者具有独特的技巧和卓越的才能、敏锐的观察力和强烈的感受力及巧妙的构思和深厚的文化涵养（创作主体的内在品质）。

正因为此曲写得如此哀婉动人，所以被誉为"秋思之祖"（升华）。

## 《乡愁》

《乡愁》是东方现代余光中的浪漫主义艺术作品，运用文学性艺术语言来进行创作。作者1949年离开大陆去台湾，当时因为政治原因导致与大陆长时间的隔绝，导致他多年未归大陆，然后写下的这首诗。作品以时间、想象、语言艺术的形式存在（地域、时期、作者、种类—语言—背景—形式）。

全诗共分为四节，每节四行，节与节结构严谨呈现出寓变化与统一的美。作品选用"邮票""船票""坟墓""海峡"赋予其丰富的内涵、反复咏叹，同时具有情景交融、变幻多样、有限到无限的特点。语言上纯粹，风格上以简代繁，体现出恬淡的美学风格，具有高度的概括性和独特的音乐美。作品属于文学形象，具有真实性、情感性、审美性的特征（结构—情节—意境特征—语言—风格—诗歌特点—艺术形象及特征）。

从"幼子恋母"—"青年相思"—成年的"生死之隔"—对祖国的感情，凝聚了诗人自幼及老的整个人生历程的沧桑体验。同时反映出作者具有独特的技巧和卓越的才能及巧妙的构思和深厚的文化涵养（创作主体的内在品质）。

《乡愁》犹如音乐中的柔美而略带哀伤的"回忆曲"，是海外游子深情美妙的恋歌，对故乡的眷恋也是人类共同而永恒的情感（升华）。

### 《兰亭序》

《兰亭序》是东晋著名书法家王羲之的现实主义艺术作品，运用文学性艺术语言来进行创作，素有"天下第一行书"的盛誉。它记叙了兰亭聚会的盛况。作品以时间、想象、语言艺术的形式存在（时期、作者、种类—语言—内容—形式）。

全书共28行、共计324字。通篇笔势纵横、点画相映、变化无穷，行书起伏多变、节奏感强、布局错落有致，浑然天成，同时具有视觉性、造型性、静止性、空间性。兰亭书法，符合传统书法最基本的审美观，"文而不华、质而不野、不激不厉、温文尔雅"。作品属于视觉形象，具有真实性、情感性、审美性的特征（结构—行书特征—美术特征—艺术形象及特征）。

该作品笔法偏重骨力，刚柔并济，点画凝练简洁。在书写技巧上包含了无数变化之道，仅一个"之"字就有10余种写法，在传统的"中和之美"的格式上成为样板。同时反映出作者具有独特的技巧和卓越的才能（创作主体的内在品质）。

《兰亭序》既是中国文学史上的名篇，更是书法上的杰作对后世书坛影响极大。千余年来，历代文人多以该作品为标准，笔耕不辍（升华）。

### 《高山流水》

《高山流水》是先秦时期的浪漫主义艺术作品，运用纯艺术性艺术语言来进行创作。传说先秦的琴师伯牙在荒山野地弹琴，樵夫钟子期竟能领会伯牙琴声，两人成为知音。钟子期死后，伯牙痛失知音，摔琴绝弦，终身不谈，故有高山流水之曲。作品以时间、听觉、表演艺术的形式存在（时期、种类—语言—背景—形式）。

全曲共有9个小段，可分为起、承、转、合四大部分。引子由缓慢的速度以散音奏出，整个"起步"曲调节奏明朗、情绪活泼轻快；承：绵延不断富于歌声的旋律，这一部分由实音演奏，音乐进一步展开。旋律是音乐的灵魂同时具有听觉性、表现性、象征性特征。转：大幅度的滑音，伴以"滚""拂"等手法；合：在干高音区连珠式的泛音群，先升后降，音势大减。作品属于听觉形象，具有真实性、情感性、审美性的特征（结构－音乐特征－艺术形象及特征）。

本曲音调舒缓，犹如水花四溅，高山流水，韵律和谐，好像身临其境。同时反映出作者具有独特的技巧和卓越的才能及自由的想象和巧妙的构思（创作主体的内在品质）。

《高山流水》为中国十大古曲之一。管平湖先生演奏的《流水》曾被录入美国太空探测器"旅行者一号"的金唱片，并于1977年8月22日发射太空，向茫茫宇宙寻找人类的"知音"（升华）。

### 《梁山伯与祝英台》

《梁山伯与祝英台》是我国现代作家何占豪、陈刚的浪漫主义艺术作品，运用纯艺术性艺术语言来进行创作。作品取材于民间传说，吸取越剧唱腔为素材写成。作品以时间、听觉、表演艺术的形式存在（地域、时期、作者、种类—语言—背景—形式）。

作曲家采用了小提琴和大提琴的琴色不同来进行对应，按照剧情结构布局，深入而细腻地描绘了梁祝相爱、抗婚、化蝶的情感与意境。旋律是音乐的灵魂同时具有听觉性、表现性、象征性特征。一般而言，女性较为柔和纤细，男性则相对庄重深沉，这与小提琴和大提琴的音色特征颇为相似。因此作曲家在曲中用小提琴象征女性，大提琴象征男性。从实际状况看，提琴的音色富于人情味，是长于抒情乐器的，用来象征人物、表现人物丰富的内心世界是极为适当的。音乐的象征性表现手法，是人们能够与作品主题联系起来，引起情感共鸣。作品属于听觉形象，具有真实性、情感性、审美性的特征（结构—音乐特征—艺术形象及特征）。

双簧管以柔和抒情的引子展示出一幅百花盛开的画面，独奏小提琴奏出了诗意的爱情主题，铜管以严峻的节奏，奏出了封建势力凶暴残酷的主题。小提琴与大提琴的对答，时分时合，把梁祝相互倾诉爱慕之情的情景表现得淋漓尽致，同时反映出作者具有独特的技巧和卓越的才能及自由的想象和巧妙的构思（创作主体的内在品质）。

《梁祝》是中西艺术结合的经典之作，既发挥了西洋音乐的优势，又充分发挥了中国古典音乐的特点，完成了交响音乐民族化的创世纪，是中国有史以来最著名的小提琴曲，也是华人世界影响最为广泛的一首小提琴协奏曲（升华）。

## 《命运交响曲》

《命运交响曲》是德国作曲家贝多芬的浪漫主义艺术作品，运用纯艺术性艺术语言来进行创作。作品以时间、听觉、表演艺术的形式存在（国家—作者—时期—种类—语言—形式）。

全曲共分为四个乐章。

第一乐章奏鸣曲形式，节奏轻快，灿烂的快板，由单簧管与弦乐开始，用男性粗壮的气息来表达命运主题，乐曲开始的主题被作者成为"命运的敲门声"。

第二乐章以圆号引出明朗、抒情主题，自由变奏曲。歌颂了英雄的乐观精神，表现了战士们的力量和信心。旋律是音乐的灵魂同时具有听觉性、表现性、象征性特征。

第三乐章为快板、诙谐曲形式，表现的是决战前夕各种力量的对比。象征人民在黑暗统治下昂扬的精神和乐观的信念，表达出黑暗即将过去，黎明就在前方的情感。

第四乐章，以气吞山河之势把人民经过斗争终于获得胜利的自豪、欢乐表达了出来。

作品属于听觉形象，具有真实性、情感性、审美性的特征。

该作品通过流动的音符节奏的强弱来表达对命运的抗争同时体现出作品意蕴的深刻性。同时反映出作者具有独特的技巧和卓越的才能及自由的想象和巧妙的构思（结构—音乐特征—意蕴特征—艺术形象及特征）（创作主体的内在品质）。

整部作品表达了人类积极进取不被现实所压迫的奋斗精神，将英雄主义表现得淋漓尽致。贝多芬揭示的"通过斗争，达到胜利"是指从黑暗到光明，从苦难和斗争上升为欢乐和胜利。表达了作者"通过斗争，获得胜利"的光辉思想（升华）。

## 《贵妃醉酒》

《贵妃醉酒》是我国现代著名京剧表演艺术家梅兰芳的浪漫主义艺术作品，运用综合性艺术语言来进行创作。作品取材于唐朝历史人物杨贵妃的故事。贵妃杨玉环备受唐明皇宠爱，曾相约共夜宴于百花亭。届时，明皇爽约。玉环久候不至，饮酒独酌，自遣愁烦。作品以时空、视听、表演艺术的形式存在（地域、时期、作者、种类—语言—背景—内容—形式）。

该剧的突出特征是载歌载舞，通过优美的歌舞动作，细致入微地将杨贵妃期盼、失望、孤独、怨恨的复杂心情一层层揭示出来《贵妃醉酒》的"醉"定为三个层次：

（1）内心苦问、强自作态；

（2）酒下愁肠、微露怨恨；

（3）酒已过量，不能自制。

《贵妃醉酒》得以常演不衰，与其优秀的剧本和优美的曲调是分不开的。其内容已经得到广大群众的认可。

它的唱词和曲调也是多年来由文人墨客加工和改造而成的，具有很高的艺术性，所以才会具有很强的生命力。

同时具有舞台性、虚拟性、冲突性特征。作品属于综合性较强的艺术形象，具有真实性、情感性、审美性的特征（层次—作品提升—戏剧特征—艺术形象及特征）。

梅兰芳先生在对《贵妃醉酒》改良时就借鉴了中国地方戏曲的表演特色，在舞台设计和表演效果上也吸收了许多外国舞台艺术的元素。同时反映出作者具有独特的技巧和卓越的才能及自由的想象和巧妙的构思（创作主体的内在品质）。

《贵妃醉酒》艺术形态和审美价值，包括该剧的成形、成熟乃至定型的过程，却以鲜明的古典精神给人以绵长的感性留存。本作品的内在精神的嬗变则能够更明晰地显示出它的文化史的意义（升华）。

### 《茶馆》

《茶馆》是我国现代文学大师老舍的浪漫主义艺术作品，运用综合性艺术语言来进行创作。《茶馆》结构上分 3 幕，以老北京一家叫裕泰的大茶馆的兴衰变迁为背景，展示了从清末到北洋军阀时期再到抗战胜利以后的近 50 年间，北京的社会风貌和各阶层的不同人物的生活变迁。作品以时空、视听、表演艺术的形式存在（地域、时期、作者、种类—语言—内容—形式）。

（1）卷轴画式的平面结构（也叫人像展览式结构）。这一幕出场的人物有 30 多个，有台词的近 20 人。这些人物没有特别突出的主次之分，人物不断登场，又不断下场。茶馆中每个人物的台词也都不多，他们在茶馆一闪而过，口中说着自己的事情。

（2）淡化贯穿始终的情节设置，这一幕没有统一的情节，人物虽多，但关系并不复杂。每个人的故事都是单一的，人物之间的联系也基本上是单线的、小范围之内的。

（3）《茶馆》的新尝试还在于它所采用的特殊的戏剧冲突方式。剧中虽然集中了三教九流的人物，但他们之间并不存在直接的、具体的、针锋相对的冲突，人物与茶馆的兴衰也没有直接关系。老舍先生把矛盾的焦点直接指向那个旧时代，人与人之间的每个小的冲突都暗示了人们与旧时代的冲突。

该作品同时具有舞台性、虚拟性、冲突性特征。作品属于综合性较强的艺术形象，具有真实性、情感性、审美性的特征。

语言特点如下：

（1）人物语言的个性化。

（2）语言的幽默风格。

（3）浓郁的北京地方色彩。

（结构—戏剧特征—艺术形象及特征—语言特点）

每一幕写一个时代，北京各阶层的三教九流人物，出入于这家大茶馆，全剧展示出来的是一幅幅气势庞大的历史画卷，形象地说明了旧中国的必然灭亡和新中国诞生的必然性。

老舍着重刻画时代的、阶级的、职业的和气质的特点以及地方色彩，做出各种社会典型的艺术概括，通过浮雕般栩栩如生的人物造型，反映出不同的社会面貌。《茶馆》是中国话剧舞台出现的最伟大作品之一（升华）。

### 《泰坦尼克号》

《泰坦尼克号》是加拿大著名导演詹姆斯·卡梅隆执导的浪漫主义艺术作品，运用纯艺术性艺术语言来进行创作。影片以 1912 年泰坦尼克号邮轮在其首次启航时触礁冰山而沉没的事件为背景，讲述了处于不同阶层的两个人——穷画家杰克和贵族女露丝，抛弃世俗的偏见坠入爱河，最终杰克把生存的机会让给露丝的感人故事。作品以时空、视听、综合艺术的形式存在（地域、时期、作者、种类—语言—内容、形式）。

该作品属于综合性较强的艺术形象，具有真实性、情感性、审美性的特征。电影作为一种娱乐形式所反映的本质是社会的文化现象。经典电影的语言常常有着其富有哲理的影视语言，它具有浓烈的艺术感染力，它是人类灵魂中最主要的表现形式。语言是文化的一部分，背景文化与电影的语言是紧密结合在一起的。例如男主角站在船头张开双臂向浩瀚的大海高声呼喊"我是世界之王"，这句台词也是美国人追求自由、民主、平等的表达。

影片《泰坦尼克尼号》在讲述中呼唤一种自由的美、善良的美、爱的美，并不是单纯地一个简单的叙事。导演在影片中融入了他对社会的理解，也是影片的文化内涵。影片所表达的，不只是让人反思自己，更多的是突出现代人在困境中的自救。人类对不可知的神秘世界是畏惧的，死亡面前显得特别渺小、恐慌，所以丑恶的行为便出现了。例如：本可以承载七十人左右的救生船上面只承载了十几人，在船上的人不愿意去救客轮上的诸多落难人，因为担心自己的性命受到威胁。

导演卡梅隆曾说道："《泰坦尼克号》这部影片所要表达的不仅是一个动人心魄的震撼场面，还要让观众感受到所有的乘客和工作人员所表现出来的期望、信念和美好，由此歌颂人类在面临危难时所表现出的美好品质"（艺术形象及特征—语言特点—举例）。

影片《泰坦尼克号》是大师卡梅隆为全世界观众奉献的视觉大餐。影片讲述的是对人类来说非常需要的且共同追求的东西——爱，是一个关于勇气、爱情、牺牲的故事，它紧紧抓住了观众内心的期待和审美需求，它是电影史上的不朽传奇（升华）。

## 模块小结

艺术鉴赏是一种以艺术作品为对象，以受众为主体，力求获得多元审美价值的积极能动的鉴赏和再创造活动，是受传者在审美经验基础上对艺术作品的价值、属性的主动选择、吸纳和摒弃。艺术鉴赏在鉴赏过程中体现出自己的鉴赏规律，具有自身的鉴赏本质和特点。本模块主要介绍了艺术鉴赏的内涵与特征、艺术鉴定的主动性和审美过程、中外经典艺术精品赏析。

## 练习思考

1. 艺术鉴赏的内涵与特征有哪些？
2. 简述艺术鉴赏的主动性和审美过程。

# 9

## 模块九

# 艺术批评

■ **知识目标：**

    1. 掌握艺术批评的内涵及与艺术鉴赏的联系和区别。

    2. 熟悉艺术批评应遵循的原则。

    3. 识记艺术批评的四种方法，掌握社会历史批评。

    4. 掌握艺术批评四个方面的功能。

    5. 了解中外艺术批评代表人物。

■ **能力目标：**

    根据对不同艺术鉴赏的解读，能够进行艺术作品批评。

■ **素质目标：**

    使用新颖的方式或利用以前学的知识，深入思考作品，发现与众不同的特点，培养学生的创新思维。

■ **模块导入：**

    于初学者而言，对"批评"二字的了解，往往狭义地解读为对艺术活动、艺术作品、艺术家等艺术生态系统构成部分的否定或驳斥。然而，"艺术批评"的概念更为宽泛，是对一切艺术现象的研究、分析与思考，在引导艺术生态系统健康发展，提升艺术活动价值、传播力和影响力上起到了无可比拟的作用。艺术批评不同于艺术鉴赏，它有科学的成分和理性的解读，但它又不可能不受批评家自身的方法、目的、表达过程等因素的制约，不可能不带着某种主观性成分，因此，艺术批评具有艺术性和科学性的双重性特点。

# 单元一 艺术批评的内涵与标准

## 一、艺术批评的内涵

凌继尧的《中国艺术批评史》中阐述了我国从先秦汉代到元明清、近代艺术批评的发展脉络,从先秦时期的零星文字记载和哲学先贤的价值评述,到魏晋南北朝时期丰富的文学、乐理、绘画、诗歌等传记、论集,艺术批评已经在中国文化中占据了很大的位置,文哲贤达已经具备了很高的批评自觉。在《左传·襄公二十九年》(公元前544年)记载中吴国公子季札(图9-1-1)对于当时流行乐舞的评论,是目前能看到的较早且专业的艺术批评文章,是研究我国传统艺术批评的重要案例。

同时期,孔子提出"兴观群怨"说,看到了艺术的社会作用。他强调艺术家道德修养对艺术创作的重要性,指出"有德者必有言,有言者不必有德"(《论语·宪问》),"不学诗,无以言"(《论语·季氏》),孟子则提出"故说《诗》者,不以文害辞,不以辞害志;以意逆志,是为得之,"(《孟子·万章上》),古人圣贤对诗书乐理的评价已经是艺术批评的范畴。

研究艺术批评在中国艺术史的维度时,我们不能单纯地将艺术批评分割出来,如谢赫的《古画品录》,既可以作为学画者的艺术理论研究书籍,也可以是史学家洞悉艺术史的著作,还可以是批评家思考传统艺术批评样式的参考。

谢赫开篇即解释了什么是"画品","夫画品者,盖众画之优劣也。"(《古画品录·序文》),相当于今天的艺术批评。接着谢赫便开门见山提出了其著名的"谢赫六法":"六法者何?一,气韵生动是也;二,骨法用笔是也;三,应物象形是也;四,随类赋彩是也;五,经营位置是也;六,传移模写是也。"(《古画品录·序文》),给出了其对绘画的品第原则,影响甚广。标题中的"品",本身就有品评的意思。对作品进行品评并对画家进行定级区分,是艺术批评的主要内容(图9-1-2)。

图 9-1-1 季札像

图 9-1-2 《古画品录·序文》谢赫

除艺术文本外,绘画的题跋、琴谱的题记等具有补充性和说明意味的文字,也是中国传统艺术批评的一大特色。比如赵孟頫的《鹊华秋色图》,画上的题跋和印章布满了整个画面,题跋中既有作者写的创作意图也有后世对作品的评价,这也成为画作评论的一种形式。乾隆在上面留下九处之多的题款,不仅透露出乾隆对该画的珍爱，更是记载了其比照图画实景考证的严谨艺术调查行为。值得玩味的是，在实地调查后，乾隆发现赵孟頫图中的鹊、华二山方位有误，一气之下竟把《鹊华秋色图》沉寂冷宫。题跋文字的记载既有助于我们研究艺术史事，更表达了不同藏家和批评家对作品的看法和思考，别有一番风味。

里奥奈罗·文杜里（Lionello Venturi）写的《西方艺术批评史》则从古代希腊、罗马开始写起。和中国的文化史有着高度相似，在当时社会里，政治、宗教、道德、文化等并没有具体的、明显的分科，社会权威也可能是道德权威、艺术权威或者思想权威，他们对艺术现象特别是艺术作品的评价，往往就决定了这件作品的价值高低、水平优劣，并且是作为"终审"很难"翻案"。比如，柏拉图对绘画和诗歌的评论，亚里士多德对戏剧的评论等都属于艺术批评。

学术界有一个较为一致的看法，现代艺术批评的起源可以追溯到18世纪法国巴黎的沙龙批评。1737年开始，巴黎国立高等美术学院在卢浮宫的"方形沙龙"大厅每年举办"皇家绘画与雕塑学院沙龙展"，此后被称为"沙龙展"。沙龙陈展形式为艺术家开辟了新的展示模式和窗口，提供了新的欣赏者和赞助者，使艺术表达、展示、欣赏、评价更加多元、丰富。随之产生的对展览的宣传、介绍文本成为现代艺术批评的雏形，现存最早的沙龙批评文本，是1741年沙龙展的宣传册，遗憾的是并没有留传下来。由于沙龙展还具备官方性质，对艺术的话语权依然紧握在官方手上，但民间或者自由批评家已经开始尝试利用先进的印刷技术开始向"权威"宣战。例如，1747年埃梯恩·拉·丰特·德·圣耶恩（Etienne La Font de Saint-Yenne）匿名发表《对法国绘画现状一些问题的反思》被视为现代艺术批评的开端。拉·丰特文中明确反对当时占统治地位的洛可可风格，倡导古典主义风格，为公众参与艺术批评活动做出了极大的贡献，正因如此，艺术批评以为公众代言的名义迅速发展起来，由于害怕招致更猛烈地批评，当局取消了1749年的沙龙，由此可见，艺术批评在沙龙展览时期具有强大的影响力（图9-1-3）。

图9-1-3　《1787年沙龙》　彼得罗·安东尼奥·马丁尼（Pietro Antonio Martini）　版画

拉·丰特是沙龙批评家狄德罗（Denis Diderot，1713—1784）唯一崇拜的先驱。狄德罗的沙龙批评文本以充分见长，这在当时多半以简写为主的批评界独树一帜，例如，1781年的沙龙批评，他的撰文长达180页，这样的篇幅不论放在哪个年代都实属罕见。今天狄德罗已被公认为现代艺术批评的奠基人，不过当时狄德罗的沙龙批评风格文式并未受到更多关注，反而在19世纪的法国，大多数文艺批评家都受到过狄德罗的影响。在狄德罗之后还出现了莱辛（Gotthold Ephraim Lessing，1729—1781）、波德莱尔（Charles Pierre Baudelaire，1821-1867）、罗斯金（John Ruskin，1819—1900）、歌德（Johann Wolfgang von Goethe，1749—1832）、格林伯格（Clement Greenberg，1909—1994）这些有重大影响的批评家。

所以说，自有艺术活动开始，特别是艺术活动进入公众视野伊始，艺术批评就伴随其中，成为完整艺术活动中不可分割的一部分。

那么，艺术批评该怎么被定义呢？我们认为，艺术批评是艺术批评家在艺术欣赏的基础上依靠自身的知识结构和艺术理念对艺术作品、艺术活动和艺术家等艺术对象进行理性分析、评价和判断的精神文化研究活动。

## 二、艺术批评的标准

无论是批评家还是欣赏者，由于知识结构、价值观念和解读角度等主观因素的影响，对一个客观艺术现象或作品的评价标准也会有所不同，对艺术批评来说更是如此。要想了解"艺术批评标准"首先要了解艺术欣赏与艺术批评的联系与区别。

艺术批评与艺术欣赏都属于广义的艺术接受，艺术欣赏是构成艺术批评的基础。艺术欣赏活动的进行，不仅使艺术作品的社会意义和美学价值得到表达，提升了欣赏主体阐释艺术能力，更为艺术批评家的审美经验、艺术素养得以补充和丰富，为艺术批评家开展对作品全面、理性、有深度的批评提供直观、准确、可靠的感性素材。任何脱离了艺术欣赏的艺术批评，必然都是苍白空洞、难以服众的。

艺术批评是对艺术欣赏审美感受的科学分析和提炼升华。艺术批评影响着艺术欣赏的发展，它对艺术欣赏起理论指导作用。如对于作品优劣的品评、理念的表达以及对各类艺术形象的鲜明态度和理性分析，都可以帮助艺术接受者提高欣赏能力，引导接受者审美活动向更高层次发展，推动和促进艺术活动朝着正确的方向发展。

虽然两者联系紧密，但艺术批评是一种科学的认识活动，艺术欣赏则是一种审美再创造活动。艺术批评主要是调动理性，对艺术现象进行科学的分析、研究、推理、思考，艺术欣赏则主要是依靠直觉、感知、体验、想象、情感等审美心理要素，丰富艺术作品的形象体系，拓展艺术作品的审美意蕴；艺术批评要求客观，排除个人好恶，艺术欣赏则允许接受者的主观偏爱；艺术批评的目的是做出科学的、理性的评判，艺术欣赏的目的则是生成审美效应，获得审美感受；艺术批评的对象比较广泛，以艺术作品为主，同时还包括其他艺术现象，如艺术家的艺术创作实践、接受者的艺术欣赏实践、艺术流派、艺术思潮、艺术运动等，艺术欣赏的对象比较单一，只是各个门类的艺术作品。

从以上艺术批评与艺术欣赏之间的联系和区别可以看出，艺术批评是艺术欣赏的高级阶段，艺术批评标准不仅包括艺术欣赏差异，还包括批评家时代差异、文化差异、个体差异和理念差异。所以，艺术批评的标准应当是思想性和艺术性的完美统一。思想性是指艺术批评对象应具有思想意义和所达到的思想水平，它是艺术作品内在的灵魂。艺术性是指艺术作品在艺术构思、艺术语言、艺术表现手法等方面所达到的水平，具有成熟的艺术风格和较高的艺术造诣。一件优秀的艺术作品总是能达到思想性和艺术性的统一。

在艺术批评的过程中应当遵循以下几个原则。

（1）美学标准和历史标准的结合，即恩格斯主张的美学的观点和历史的观点。这一原则要求批评家在评价艺术作品艺术性时，既要从美学的角度对艺术作品进行艺术的分析，又要以发展的历史眼光来看待作品，将作品置于历史的维度进行考察，辩证分析其历史传承性和创新性。

（2）形式与内容相结合的原则，即"真""善""美"相统一的标准。"真"就是对艺术作品真实性的要求。"善"就是对艺术作品要符合社会核心价值伦理观的要求。"美"就是对艺术作品美学价值的要求。三者互相依存，不能片面分割。"真""善"是偏重于内容方面的要求，"美"是偏重于艺术形式方面的要求。最早将艺术的真善美并提的大概是荀子，他在《乐论》中说："礼乐之统，管乎人心矣。穷本极变，乐之情也；著诚去伪，礼之经也。"这里说的"礼"即善，"乐之情"即美的音乐所引起的美感，"诚"也就是真，认为如果三者具备，音乐就可以"管乎人心"，发挥"移风易俗"，使"天下皆宁"的作用。

（3）体现马克思主义文艺理论中国化原则。毛泽东同志在《在延安文艺座谈会上的讲话》中提出了"政治标准"与"艺术标准"相结合的原则（图9-1-4）；习近平总书记在文艺工作座谈会上的讲话中也指出："要以马克思主义文艺理论为指导，继承创新中国古代文艺批评理论优秀遗产，批判借鉴现代西方文艺理论，打磨好批评这把'利器'，把好文艺批评的方向盘，运用历史的、人民的、艺术的、美学的观点评判和鉴赏作品，在艺术质量和水平上敢于实事求是，对各种不良文艺作品、现象、思潮敢于表明态度，在大是大非问题上敢于表明立场，倡导说真话、讲道理，营造开展文艺批评的良好氛围。"这些都是针对我国文艺批评工作提出的十分中肯、非常具体的要求。

图 9-1-4  1942 年延安文艺座谈会合影

我国批评家要紧紧围绕这三个标准，提高批评素养和能力，开展文艺批评工作，要坚持深入生活、扎根人民，直面艺术创作现场，运用历史的、人民的、艺术的和美学的观点评判和鉴赏作品，才能真正把好艺术批评的方向盘。

# 单元二　艺术批评的特征与方法

## 一、艺术批评的特征

批评家在开展艺术批评时要把握好几个艺术批评的特征。

一是科学性，艺术批评是一个严谨科学的理性活动，批评家在进行艺术批评时，要依据形式逻辑和辩证逻辑，通过科学、理性、全面综合的分析推理，寻求合理的评价结果或结论，并能在历史维度里找到批评对象的继承性与创新性。艺术批评的基本要求是实事求是。

二是审美性，审美是艺术活动的目的和基础，是艺术批评有别于其他批评类型的重要特征。批评家在对相关艺术对象展开批评时，应把美学分析当作首要方法，以"美"的眼光进行对象分析，努力去探索艺术美的创造和构成规律，积极阐明艺术现象的审美意义与审美价值。

三是实践性，艺术批评有着突出的实践性，它所直接面对的是具体的艺术现象，尤其是具体的艺术作品。优秀的艺术批评，总是敏锐地感应着艺术实践的发展变化，并能在实践中总结规律、升华内涵，准确地捕捉新方向和新趋势，及时解决艺术实践过程中新问题和新矛盾。艺术批评的活力，主要就在于它与日新月异的艺术实践之间的密切联系。

四是创造性，艺术批评的创造性是指批评家在进行艺术批评过程中不局限于对批评对象的评述，而是通过敏锐的观察和研究，提出新的艺术理念或观点。因此，从本质上讲，艺术批评也是一种具有浓厚理性意味的审美创造，即批评家要对艺术家的审美表现进行再次的审美创造。

## 二、艺术批评的方法

艺术批评有自己的理论内涵、批评视角、批评手段和运用范围。不同的艺术批评方法，在理论发展的过程中互相渗透有利于批评方法的完善、丰富，在批评实践中的相互弥补有利于各种方法不断完善全面，以便于对艺术作品进行多角度、全方位的分析和研究。在历史上出现的多种批评形态中，我们着重介绍几种在当时产生过巨大影响，而且也深深地影响了后世的批评方法。

### 1. 社会历史批评

社会历史批评是一种从社会历史角度观察、分析、评价艺术现象的批评方法。它认为作者的生平际遇对作品会产生直接的影响，作者往往会根据自己的生活阅历和对生活的理解融入作品。通过对作者在一定社会历史条件下生活、创作及其社会理想、思想观念等方面的研究，人们将能更好地理解和评价作品。

社会历史批评侧重研究艺术对象与社会生活和历史发展的关系，重视艺术家的思想倾向和艺术作品的社会作用。它是当今批评方法类型中历史最悠久、影响最大的方法体系。它主张艺术与社会、历史、人生关系密切，近乎反映和再现的关系，重视艺术的社会功能和作用。评价艺术作品时一般将作品产生的时代背景、历史条件和艺术家的生活经历联系起来。

法国学者丹纳（Hippolyte Adolphe Taine，1828—1893）在《英国文学史》序言部分提出从种族、环境和时代三要素出发进行艺术批评（图9-2-1）。在哲学上，丹纳受德国哲学家黑格尔（G. W. F. Hegel，1770—1831）和法国实证主义哲学家孔德（Isidore Marie Auguste François Xavier Comte，1798—1857）的影响较大，在《艺术哲学》中，丹纳分析了大量史实，对一些典型的文学现象进行了深入的探讨，书中列举了古希腊、欧洲中世纪、文艺复兴时期的意大利、16世纪的法国、17世纪荷兰的艺术文艺史实，用科学的实证主义论证方法试图从种族、环境、时代三个要素来考察艺术现象。

孟子说："诵其诗，读其书，不知其人，可乎？是以论其世也。"研究作品必须了解作者并且联系作品产生的社会历史状况。鲁迅说："我总以为倘要论文，最好是顾及全篇，并且顾及作者的全人，以及他所处的社会状态，这才较为确凿。要不然是很容易近乎说梦

图9-2-1　法国学者丹纳

的。"美国比较文学奠基人雷纳·韦勒克（René Wellek，1903—1995）全面地指出文学与社会的千丝万缕的联系："文学无论如何都脱离不了下面三方面的问题：作家的社会学、作品本身的社会内容以及文学对社会的影响等。"就艺术是艺术家对现实生活的体验来看，从社会学的角度来研究艺术，通过作品来评价社会确实也是合情合理的。

历史批评侧重强调艺术作品的社会历史内容，如冈察洛夫（俄语：Иван Александрович Гончаров，1812—1891）的《奥勃洛莫夫》发表后，引起了好多非议，批评家杜勃罗留波夫（俄语：Николай Александрович Добролюбов，1836—1861）通过对人物形象的分析来阐述《奥勃洛莫夫》的社会历史性质，他明确指出社会历史环境对"奥勃洛莫夫性格"形成的作用，"奥勃洛莫夫并不是一个在天性上完全失去自由能力的人，他的懒惰、他的冷漠，正是教育和周围环境的产物""在奥勃洛莫夫这个典型中，在这整个的奥勃洛莫夫性格中……我们发现了这是俄罗斯生活的产物，这是时代的征兆"。

艺术作品是艺术家创造的，艺术作品的内容必然和艺术家人生经历紧密相连，考察艺术作品，追溯到艺术家的社会关系有助于理解作品的社会内涵。如司马迁在谈到《离骚》的时候，把它同屈原的生活社会环境和历史环

境联系了起来，他说："屈平疾王听之不聪也，谗谄之蔽明也，邪曲之害公也，方正之不容也，故忧愁幽思而作《离骚》。离骚者，犹离忧也。"艺术家往往是在社会的土壤和时代的气候中成长的。

19世纪末，社会批评理论流派纷呈，其中特别重要的有建立在马克思主义基础上的社会学文艺批评、发生学结构主义的文学社会批评派和实证主义的经验的文艺社会批评。

马克思、恩格斯的辩证唯物主义和历史唯物主义方法为文艺社会批评理论奠定了科学的基石。弗兰茨·梅林（Franz Erdmann Mehring，1846—1919）、保尔·拉法格（PaulLafargue，1842—1911）、克里斯托弗·考德威尔（Christopher Caudwell，1907—1937）和普列汉诺夫（俄文：Георгий Валентинович Плеханов，1856—1918）等人丰富和发展了马克思主义的文艺社会学，在西方文艺批评界产生了重大影响。

西方马克思主义社会批判理论派的代表是乔治·卢卡奇（George Lukacs，1885—1971）、瓦尔特·本雅明（Walter Bendix Schoenflies Benjamin，1892—1940）、西奥多·阿多诺（Theodor Wiesengrund Adorno，1903—1969）和阿诺德·豪泽尔（Arnold Hauser，1892—1978）等。这一流派着重考察社会阶级结构在文学作品中的反映，探索文艺本身的内在规律，他们并不强调用具体的社会学方法研究文艺社会现象，而是更注重理论思辨和批评，认为文学应该反映作为历史现象的社会生活，同时文学本身作为一种社会现象也要接受批评。

发生学结构主义的文学社会批评派的代表人物是吕西安·戈德曼（Lucein Goldman，1913—1970）。在戈德曼的理论中，文学文本的意义结构与集体世界观是同构的。给予两者的同构关系，世界观得以通过文本体现，而文本也有了具体的表现语境。相对总体则为此提供了客观分析的框架，并从历史的角度保证了文本世界的丰富性与多重阅读的可能性。但他只是机械地寻找作品结构和社会结构之间的对应关系，未能上升到更高的理论高度。

实证主义的、经验的文艺社会批评的代表有卡尔·曼海姆（Karl Mannheim，1893—1947）、罗贝尔·埃斯卡皮（Robert Escarpit，1918—2000）等。尽管他们的观点不尽相同，但都主张把文艺社会批评看作社会学的分支，运用社会学统计调查等方法来进行研究工作。

然而，社会历史批评也有着明显的局限性，并非所有的艺术作品都具有鲜明的社会历史内容，而社会历史批评试图从社会历史角度对所有批评对象进行批评研究，这使得艺术批评对象的艺术性容易被忽视，作品被刻意戴上过重的现实枷锁，使欣赏者自主性和创造性一定程度上受到限制。

### 2. 心理学批评

心理学批评是指借用现代心理学成果对艺术作品或艺术家的心理进行分析，从而探求艺术作品的原型、真实意图与内在架构的一种批评方法，也称为精神分析批评，在20世纪的艺术批评史上，心理批评是不容忽略的重要一环。

弗洛伊德无意做一名艺术批评家，但作为研究人类精神世界的权威和精神分析学的创始人，他不得不把艺术领域的心理批评研究纳入思考范围（图9-2-2）。弗洛伊德提出了"潜意识"学说，认为人的精神活动可以分成意识、潜意识和无意识。与意识、潜意识和无意识相对应的是"人格三层次"说，即本我、自我和超我。本我处于人的无意识领域，遵循快乐原则，不受道德和理性的约束，体现着人的生理本能欲望和需求；自我是从本我中逐渐分化出来的，遵循现实原则，以合理的方式来满足本我的需求；超我是道德化了的自我，由社会规范、伦理道德、价值观念内化而来，其形成是社会化的结果，超我遵循道德原则。弗洛伊德在《大学里的精神分析教学》一文中明确指出："精神分析法的应用绝不仅仅局限于精神病的范围，而且可以扩大到解决艺术、哲学和宗教问题。"他在《创作家与白日梦》中指出，作家通过艺术创作的形式使本能欲望经过改装得到满足和升华，这种"艺术即白日梦"的理论，为现代派作家，特别是超现实主义者，提供了理论上的启发和艺术上的借鉴。这种学说被弗洛伊德称为"力比多"，即利比多是一种本能，是一种力量，是人的心理现象发生的驱动力。

图9-2-2　弗洛伊德

卡尔·古斯塔夫·荣格（Carl Gustav Jung，1875—1961）是把弗洛伊德学说推向集体创作动力学说的代表人物，不过遗憾的是后期与弗洛伊德理念不合而分道扬镳，并创立了荣格人格分析心理学理论。他提出"情结"概念，把人格分为内倾和外倾两种，把人格分为意识、个人无意识和集体无意识三层。他在1922年的《论分析心理学与诗的关系》一文中提出"集体无意识"概念，把集体无意识归结为"原型"。荣格认为文学艺术创作的根源和动机来自超越个人的集体无意识。当集体无意识的内容在自我意识中不被主动认知时，就会通过梦、幻觉、形象等方式表达出来，这些表现形式在某种意义上就可以称为艺术，也就是说艺术表现就是集体无意识及其原型。艺术家本人只不过是集体无意识和原型的工具，在荣格看来不是艺术家创造的艺术，而是艺术创作的艺术家。当欣赏者在欣赏艺术作品时，表面上是一幅作品，但作品中包含着很多原始意象或原型。他认为每一个原始意象都凝聚着一些人类心理和人类命运的因素，于是我们在面对艺术作品的时候都会产生一种共鸣，伟大的艺术家是用原型说话的人，伟大的艺术作品回荡着千万人的声音，这就是荣格认为艺术具有永恒魅力的原因。

阿尔弗雷德·阿德勒（Alfred Adler，1870—1937）对弗洛伊德学说进行了改造，把精神分析从生物学定向的本我转向社会文化定向的自我心理学，提出了"社会风格论"，很遗憾，阿德勒在后期也与弗洛伊德不欢而散。他在《阿德勒谈灵魂与情感》一书中提到"人类全部文化都是以自卑感为基础的"，他认为艺术创造的动力来自幼儿的"自卑情结"，也是"追求优越"的动机。在他看来，艺术家艺术行为都受"向上意志"支配。

除此之外还有把结构主义语言学的理论引进弗洛伊德精神分析心理学之中的雅克·拉康（Jacques Lacan，1901—1981），他矫正了弗洛伊德那种机械的生物决定论研究概念，把艺术批评引入一个相对的、互动的、不断生长的、变化不定的符号空间。

### 3. 形式主义批评

形式主义批评又称为本体批评，形式主义是指文学艺术或戏剧中专门强调形式与技巧，而不强调题材的表现手法。形式主义偏重于作品本身的批评方法。西方形式主义批评分为三个发展阶段：俄国形式主义、英美新批评主义和法国的巴黎结构主义。

俄国形式主义者主要来自两个相互关联又有差异的组织：一是莫斯科语言学小组，代表人物是罗曼·雅各布森（Roman Jakobson，1896—1982）；二是彼得堡小组（诗歌语言研究会1916），代表人物有什克罗夫斯基（Shklovsky，1893—1984）、埃亨巴乌姆（Ehenbaum，1886—1959）。

1930年，什克罗夫斯基发表了《学术错误志》，自此宣告俄国形式主义在俄罗斯的发展结束，但其对后来的结构主义与符号学，乃至英美新批评派的形成，都有深远的影响。

俄国形式主义的理论主张：一、文学研究的主题是"文学性"；二、文学具有自主性，但艺术内容不能脱离艺术形式而独立存在；三、"陌生化"是俄国形式主义提出的核心概念，即将对象从正常的感官领域转移出来，通过创造性手段重新构建对象的感知，增加对艺术形式感受的难度，从而达到延长审美过程的目的。

英美新批评是西方现代一个独特的形式主义文论派别。"新批评"一词，源于美国文艺批评家兰色姆（John Crowe Ransom，1888—1974）1941年出版的《新批评》一书，其发端于20世纪20年代的英国，30年代在美国形成，在四五十年代在美国进入发展高峰期，50年代后期趋于衰落。它把文学批评的重点由时代和作者转向作品本身，认为文学作品是一个独立的整体，倡导对文本的形式结构和意义进行细读，推崇"科学化的"解读和客观主义批评。新批评理论受到了欧美文学专业大学的高度推崇，至今在文学研究方法上还有着深远的影响。

英美新批评同俄国形式主义一样以语言学为基础、以作品文本为依据、以文本本体论为特征，不过与俄国形式主义不同的是，新批评没有把文学和现实世界决绝地割裂。新批评的理论基础是艾略特（Thomas Stearns Eliot，1888—1965）的"个性泯灭论"、瑞恰兹（Ivor Armstrong Richards，1893—1979）的"语义批评"、兰色姆的"本体论批评"等。"细读"是新批评最为重要的分析方法，美国文艺理论家韦勒克（René Wellek，1903—1995）和沃伦（Austin Warren，1899—1986）的《文学理论》是对新批评理论家的总结。

结构主义产生于20世纪初，形成于60年代。它不是统一的哲学派别，而是在社会科学和人文科学领域内由结构分析方法联系起来的、继存在主义之后在法国形成的、一种最有影响的哲学思潮。

它先是在语言学中，后在人种学、社会学、心理学、美学、历史学、文艺学等学科中发展起来。结构主义的基本概念是"结构"，认为世界上任何事物在本质上都是一种结构，世界上的事物都是由"结构形式"组成的。

所以，结构主义者研究的重点在于找出事物的表面现象背后的本质，强调关于事物的结构、整体、内部静态的研究。

结构主义先驱者瑞士语言学家索绪尔（Ferdinand de Saussure，1857—1913）提出，语言是一种先验的结构，与人们日常讲的语言是不同的，这就是结构与经验现象之间的不同。20世纪60年代以后，法国社会学家列维·斯特劳斯（Claude Levi-Strauss，1908—2009）用结构主义的语言方法去研究社会学，特别是用于原始部落社会现象与社会意识的研究，使结构主义哲学成为风行一时的哲学。

结构主义方法论的基本特征：认为人们所认识的社会现象是杂乱、没有秩序的，要达到有秩序的认识就要掌握现象结构，而结构是由许多成分组成的，因此，结构主义又把结构区分为深层结构与表层结构。结构主义在自然科学和语言学等科学的发展上有一定的作用，但作为整个思潮来说，它具有唯心主义倾向。

### 4. 读者反应批评

不同于其他的批评方法，读者反应批评并非指代任何一种批评理论，而是注重于文学文本的阅读过程，并被许多欧美文学批评模式所采用。自20世纪初，已经有越来越多的批评家开始注意到"读者"群体的重要性，批评焦点开始向读者转移，读者与作者、作品间的联系越来越紧密。传统批评认为作品是一个有意义的完整结构，不受外界因素的影响，但在读者反应批评家眼里"读者浏览他们眼前的文本书页时持续进行的精神活动与反应才是作品。"更加激进的读者反应批评则把作品的各个环节，包括情节、人物、文体、结构和中心思想等分解解读，解读过程是逐渐深入的，主要由读者结合自身经验、理解、知识产生不同的期待以及对期待的违背、满足、否定和重建所构成，即每一位读者在接受信息时都受到自我意识、社会、政治、文化话语、社会道德规范的支配。

所有理论流派的读者反应批评家或多或少都承认，一部文本的意义是读者个人的"产物"或"创造物"。因此，不论是在语言方面还是在文本整体的艺术性方面，一部文本都没有对所有读者而言是唯一"正确的"意义。读者反应批评在考虑读者对作品的反应同时，也在思考作品能以何种程度控制或者限制读者反应，避免"失控"或"误读"情况。这就对阅读方式提出了丰富的研究方法。

英伽登（Roman Ingarden，1893—1970）将现象学运用到美学和文艺研究领域，提出了现象学原理分析阅读过程的方法。他指出，文学作品既不是一种物质的也不是一种心理的实体，而是一种"纯意向性客体"，这种客体只有在读者的直接阅读经验中才能得以具体化，不过，英伽登局限于对一般阅读的描述。施莱尔马赫（Friedrich Daniel Ernst Schleiermacher，1768—1834）认为，文学作品中文字的含义隐匿在"过去"的时间阶段。只有重构历史语境，利用阐释的方法技巧才能准确把握作者意图。伊塞尔（Wolfgang Iser，1926—2007）在英伽登阅读方法基础上提出，文学文本是作者意图行为的产物，或多或少控制着读者的反应，但文本总会包含许多"空隙"或"不确定因素"。读者必须利用眼前的文本提供给他的信息，创造性地参与其中，填补这些空隙。阅读的经历是一个逐步演变的过程，充满了期待、失望、追忆、重建与满足。伊塞尔还区分了"隐在读者"与"真实读者"概念。

阅读是深化的实践来自斯坦利·费什的理论，读者反应理论的核心即阅读召唤意义苏醒。戴维·布莱奇在《主观性批评》中力图以课堂试验为基础来说明，如果文本阅读不仅仅是理论模式的空洞衍生，那么任何声称是"客观的"文本阅读其实都是以不受文本制约的反应为基础的，是一种由读者个人显著的性格特征所决定的"主观过程"。诺曼·霍兰德则另辟蹊径，对阅读进行精神分析；他借助弗洛伊德提出的相关概念来描述读者对文本做出的反应。一部文学作品的题材是幻想的投射——这些幻想由潜意识需求和保护的相互作用所产生——这些幻想构成了其作者的特定"身份"。读者个人对文本的"主观"反应，是作者投射的幻想与构成读者自己身份的特定防卫、期待以及满足愿望的幻想之间的"相互作用的"遭遇。在这种相互作用过程中，读者"将从其自身保护所接受的故事素材创造的"幻想内容转化成一个统一体，或"有意义的整体"，这个整体构成了读者对文本的特定阐释。

知识拓展：艺术批评与艺术鉴赏、传播、创作有怎样的关系？

# 单元三　艺术批评的价值与功能

## 一、艺术批评的价值

### 1. 艺术批评的理论价值

艺术批评的理论价值，存在于批评的理论建构和精深的内涵之中。

其一，是指艺术批评以其鲜明的理论建树显现其独特的价值。艺术批评的理论价值不仅在于对个别的艺术作品进行分析、研究和评价，而且能够根据艺术史和文化史来探索艺术活动的规律，检视艺术创作原理或方法论的形成，这样，就对艺术创作等艺术活动各个环节具有了指导性意义。

其二，是指艺术批评逐渐确立了自身的理论体系。这一体系，在整体的人文学科中，不仅具有独特的学科意义，而且综合了人文科学与社会科学部分领域知识体系从而具有综合性与交叉性的理论体系特征。

### 2. 艺术批评的精神价值

首先，艺术批评蕴涵一定的哲学精神。艺术批评家对批评客体的深层解读比一般欣赏者更能触及艺术作品内涵的各个层面。一个艺术批评家能够凭借自己丰富的哲学知识和敏锐的洞察力，准确地把握艺术作品中所表现的宇宙、生命、人生、社会、人与自然的关系等哲学问题，并能把这些深层的精神内涵从艺术作品的形式和内容中剥离出来。

其次，艺术批评包容着丰富的美学思想。批评家承担着分析、阐释、评价艺术创造及其作品审美价值的重任，通过探讨艺术家的审美追求、成败得失，凸显出时代的美学精神及批评家主体的审美认知。

最后，艺术批评具有深刻的时代精神内涵。时代精神是代表了一定时代主流意识形态和社会价值取向的精神形态，艺术活动及其作品中，时代精神构成艺术价值的一个基本因素，成功的艺术作品往往能够以其丰富的热情和真诚，多姿多彩地充分显示和张扬时代的普遍精神。艺术批评，能够把艺术作品中的时代精神内涵予以解析和揭示，从而深刻地展现艺术作品的精神实质及其价值。

### 3. 艺术批评的历史价值

艺术批评的历史价值主要体现在以下两个方面。

其一，一定历史时期的艺术批评具有浓郁的时代特征，为人们认识特定时期的精神、文化状况提供了翔实的材料和依据。在人类历史的不同时期，都嵌印着人类艺术创造的智慧和才能，以及每一个民族浓郁而鲜明的艺术气质。艺术批评通过对不同历史时期艺术活动及其作品中蕴涵的民族文化传承、民族精神、民族心理、民族审美趣味和理想的关注，可以起到弘扬优秀传统文化和当代文化建设富有活力和生机的民族精神的作用。

其二，不同历史时期乃至不同国度、民族之间的艺术批评具有比较的意义，对于揭示艺术批评的规律具有重要的价值。古今中外艺术批评理论及其发展演变的历史是人类宝贵的精神财富，通过对于不同历史时期，或不同国家、民族的艺术批评加以梳理和比较，可以揭示艺术批评发展的个性和共性，对于把握艺术批评理论的历史发展规律具有重要的价值。

## 二、艺术批评的功能

艺术批评作为连接艺术对象和欣赏者的桥梁，不仅有着丰富的研究内容和研究方法，对艺术活动的发展起着不可替代的作用，更对社会精神文明的建设起着重要作用。

对于艺术家而言，艺术批评家通过对其社会生活关系、心理状态、艺术追求、艺术风格、艺术作品等进行批评，有益于艺术家艺术行为的再优化，推动其不断深入艺术思考研究；对于欣赏者来说，艺术批评家为其提供了更加专业全面的艺术分析视角，为提升欣赏者审美能力、规范审美意识甚至转化为艺术从业者都有着积极的作用。总结来说，艺术批评主要具有以下四个方面的功能。

### 1. 通过对艺术作品的分析、阐释，评判其审美价值

艺术作品审美价值蕴涵在作品中，不会被欣赏者直接感受，需要对作品的内容进行分析和阐释。往往优秀的艺术作品，其表达的核心思想是比较深层次的，一般不容易被欣赏者直接把握，甚至可能会出现"误解""误读"的现象，这就需要艺术批评家从更高的维度对作品风格、表现手法、艺术追求等进行全面分析和解读，对大众审美进行正向引导，将作品中要表达的人性之光、艺术追求完美展现给欣赏者。甚至在批评过程中，为艺术家给社会发展做出的努力和成果进行肯定和鼓励。立体主义大师毕加索（Pablo Picasso，1881—1973）的反战主题巨幅油画作品《格尔尼卡》，如不经过分析解读，欣赏者很难理解画面展现的是二战时期法西斯轰炸西班牙北部巴斯克重镇格尔尼卡，并残忍进行杀戮的场景，黑白灰压抑的色调渲染了悲剧性色彩，表达了作者对法西斯的痛恨和对战争的失望与愤怒。

艺术作品往往是要通过展览、展示、宣传等传播环节才会被欣赏者欣赏，在作品完成和展出的环节之间，批评家通过艺术批评为欣赏者进行艺术作品的评判和定位，对符合审美标准并对艺术发展和记录表现有价值意义的作品进行评判筛选，为引导大众审美走向正确方向，提升群体审美能力做出积极贡献。

### 2. 通过将批评的信息反馈给艺术创作者，对创作产生影响

对于艺术创作者来说，艺术批评能够起到反馈信息、提升创作能力的作用。所有负责、严谨的艺术创作者，都会欢迎批评家和大众对其作品的评论。

首先，艺术批评能够把有关信息反馈给艺术创作者。艺术作品完成后，艺术创作者既迫切希望作品与观众见面，也希望了解各阶层对作品的反应，特别是专业的批评家的批评文章不但有利于创作者了解作品在社会层面显现价值和获得反响，更有利于深入创作，不断调整创作方向，优化创作环节。"平民"艺术家丰子恺即受到过朱自清、朱光潜等大师对其作品的积极评价，丰子恺也会经常深入群众"偷听"普通观众对其绘画内容和风格的意见，不断完善自己的画面效果。

其次，受限于个人创作环境和成长环境的差异，艺术创作者创作的作品从艺术创作者个人角度出发对作品的解读阐释往往较为单一，很难从更多的维度和深度深挖作品的更多深刻含义，艺术批评家的出现对于丰富作品内涵，提升观众理解，拓宽艺术家思考深度和广度都有巨大作用。如围绕《红楼梦》研究产生的红学就是文学批评家和爱好者从多角度、多学科、多层次对《红楼梦》和曹雪芹进行研究和价值挖掘的流派。

### 3. 通过批评的开展，对艺术接受者的欣赏活动予以影响和指导

艺术批评能够影响和指导人们更好地欣赏艺术作品，提高欣赏能力和欣赏水平。如前所述，艺术作品的核心思想很难被受众直观把握，甚至对于初入门者，如果没有艺术批评家的指导和解读，对作品的理解不但吃力甚至出现"误读"情况，阻碍艺术审美传播活动。同时，除了核心思想，艺术作品的构成因素中，又存在着内容与形式、感性与理性、再现与表现的统一，因此，艺术作品深刻的思想内涵和真正的艺术魅力，常常不是一下子就能领悟和把握到的，这就需要艺术批评来发现和评价优秀的作品，指导和帮助广大群众进行艺术欣赏。俄国著名诗人普希金曾指出："批评是揭示文学艺术作品的美和缺点的科学。"苏联著名作家托尔斯泰也认为："批评家应该是广大读者群众在艺术上的成长、要求和创造热情的一个最理想的表达者。"因为艺术批评家具有高度的欣赏力和判断力，并且在欣赏的基础上对艺术作品进行了科学、认真、全面的分析和研究，所以一般能够从人们未曾注意的地方发现作品的审美价值，能够更加正确、更加深刻地理解艺术作品和艺术现象，从而给人们的艺术欣赏以有益的指导、帮助和启发。

### 4. 通过艺术批评，协调艺术与意识形态其他领域的关系，促进社会文化的发展

具有社会使命感的艺术批评，不仅对于艺术活动本身具有重要作用，而且对于协调艺术与意识形态其他领域的关系也具有重要的作用。艺术是人类社会活动的能动反映，社会意识形态其他领域，如哲学、伦理、宗教、政治、文学等领域也会有艺术的身影，它们相互促进、共同发展，深刻影响着人们的思想意识活动，我们应该重视艺术批评，善于利用艺术批评研究、阐释意识形态领域问题，善于利用艺术批评分析、优化社会文明前进方向，为新时代繁荣发展社会主义文艺做出更多探索。

## 模块小结

　　艺术批评是实现艺术接受的关键。艺术批评是对艺术作品等进行的理性分析、评价和判断，常采用社会历史批评、心理批评、审美批评等方法，发挥阐释评价艺术作品价值，帮助促进艺术创作水平，影响指导艺术欣赏活动等作用。本模块主要介绍艺术批评的内涵与标准、艺术批评的特征与方法、艺术批评的价值与功能。

## 练习思考

　　1. 艺术批评的标准有哪些？
　　2. 艺术批评的方法有哪些？
　　3. 艺术批评的价值包括哪些？
　　4. 艺术批评的功能有哪些？

# References

参考文献

[1] [古希腊] 亚理斯多德, 贺拉斯. 诗学·诗艺 [M]. 罗念生, 杨周翰, 译. 北京: 人民文学出版社, 1962.

[2] [德] 柏拉图. 柏拉图文艺对话集 [M]. 朱光潜, 译. 北京: 人民文学出版社, 1963.

[3] [德] 黑格尔. 美学 (1-3 卷) [M]. 朱光潜, 译. 北京: 商务印书馆, 1979.

[4] 朱光潜. 朱光潜美学文学论文选集 [M]. 长沙: 湖南人民出版社, 1980.

[5] 王朝闻. 美学概论 [M]. 北京: 人民出版社, 1981.

[6] [英] 罗宾·乔治·科林伍德. 艺术原理 [M]. 王至元, 陈华中, 译. 北京: 中国社会科学出版社, 1985.

[7] [奥] 弗洛伊德. 弗洛伊德美学论文选 [M]. 上海: 上海译文出版社, 1986.

[8] 宗白华. 美学散步 [M]. 上海: 上海人民出版社, 1981.

[9] 徐复观. 中国艺术精神 [M]. 上海: 华东师范大学出版社, 2001.

[10] 李泽厚. 美的历程 [M]. 天津: 天津社会科学院出版社, 2001.

[11] 彭吉象. 艺术学概论 [M]. 北京: 北京大学出版社, 2021.

[12] 张前, 王次炤. 音乐美学基础 [M]. 北京: 人民音乐出版社, 1998.

[13] 王宏建, 袁宝林. 美术概论 [M]. 北京: 高等教育出版社, 1994.

[14] 宗白华. 美学与意境 [M]. 北京: 人民出版社, 2009.

[15] 贾文昭. 中国古代文论类编 [M]. 福州: 海峡文艺出版社, 1990.

[16] 钟惦棐. 电影美学·1982 [M]. 北京: 中国文艺联合出版公司, 1983.

[17] 谭霈生. 论戏剧性 [M]. 北京: 北京大学出版社, 1984.

[18] 黄佐临. 导演的话 [M]. 上海: 上海文艺出版社, 1979.

[19] 叶朗. 现代美学体系 [M]. 北京: 北京大学出版社, 1999.

[20] 王宏建. 艺术概论 [M]. 北京: 文化艺术出版社, 2000.

[21] 王朝元. 艺术概论 [M]. 北京: 首都师范大学出版社, 2022.

[22] 柳福萍. 艺术概论 [M]. 上海: 上海交通大学出版社, 2015.

[23] 徐恒醇. 设计美学 [M]. 北京: 清华大学出版社, 2006.

[24] 叶朗. 中国美学史大纲 [M]. 上海: 上海人民出版社, 1985.

[25] [美] 王受之. 世界现代设计史 [M]. 北京: 中国青年出版社, 2015.

[26] 高师《艺术概论》教材编写组. 艺术概论 [M]. 北京: 高等教育出版社, 1999.